图解昆虫学
Illustrated Entomology

张传溪　编著

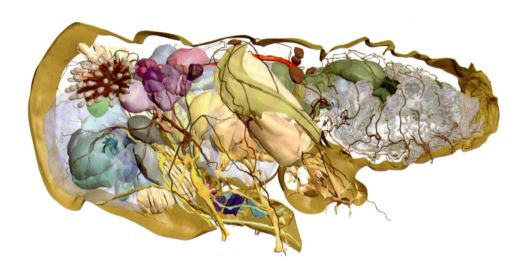

科学出版社

北　京

内 容 简 介

　　昆虫的物种数约占地球上已知动物物种数的 2/3，与人类生活息息相关。本书精选了 2000 多张高质量原创彩色照片、3D 重构图和 Illustrator 制图，辅以 146 个视频和 1 个可以互动的 PDF 文件，融合了最新研究成果，用一种直观的方式展示了昆虫奇妙的外部形态、精巧的内部结构、纷繁的生物学特性、多样的昆虫类群，以及复杂的生存环境。这些精美的图片及其注释，兼顾了科学性、前沿性、美观性、易读性和普及性，便于专业和非专业读者都能轻松愉快地阅读理解并获得系统的昆虫学知识。

　　本书可为农林牧业及检验检疫、植物保护、生物多样性与资源保护利用等相关部门和大、中专院校相关专业师生及科研人员，以及昆虫爱好者提供参考。

图书在版编目（CIP）数据

图解昆虫学/张传溪编著. — 北京：科学出版社，2024.6
ISBN 978-7-03-077460-6

Ⅰ.①图… Ⅱ.①张… Ⅲ.①昆虫学–图解 Ⅳ.① Q96-64

中国国家版本馆 CIP 数据核字（2024）第 007478 号

责任编辑：罗　静　刘新新/责任校对：郑金红
责任印制：肖　兴/封面设计：无极书装

科　学　出　版　社　出版
北京东黄城根北街 16 号
邮政编码：100717
http://www.sciencep.com

北京汇瑞嘉合文化发展有限公司印刷
科学出版社发行　各地新华书店经销
*

2024 年 6 月第　一　版　　开本：889×1194　1/16
2024 年 6 月第一次印刷　　印张：33 3/4
字数：1 100 000
定价：498.00 元
（如有印装质量问题，我社负责调换）

褐背小萤叶甲 *Galeruncella grisescens*

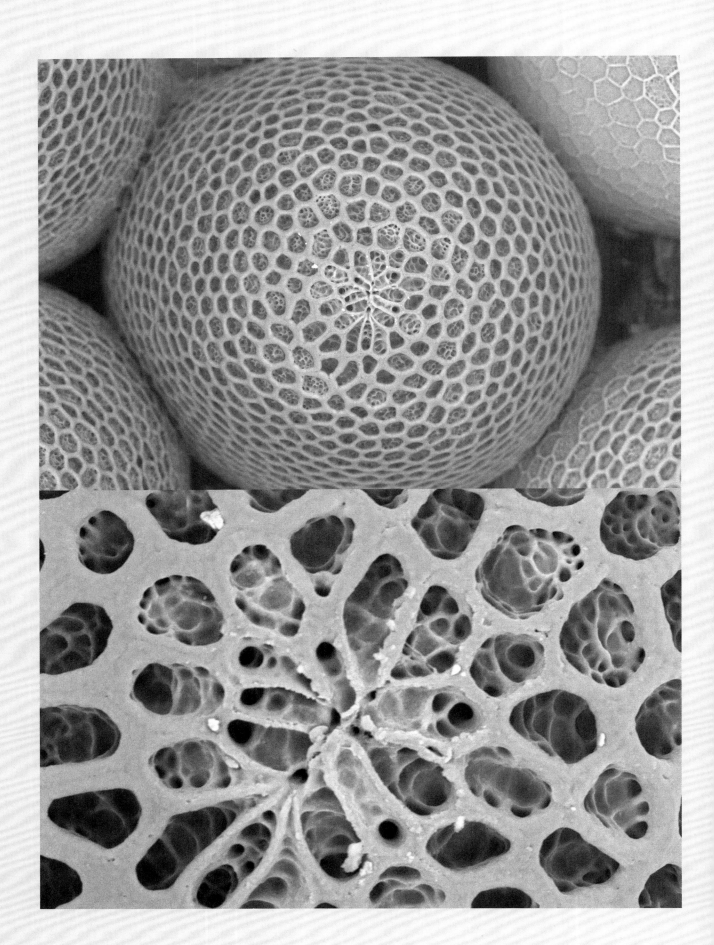

前　言

　　自 1982 年研究生毕业留在浙江农业大学植物保护系工作后，我一直从事普通昆虫学的教学和昆虫科研工作，其间担任浙江农业大学（后合并为浙江大学）植物保护专业本科生普通昆虫学课程的主讲长达 30 多年，教学形式也从依靠黑板板书发展为多媒体教学。30 多年间带领本科生进行过 30 多次昆虫学野外教学实习，实习场地也从早期的杭州山区逐步扩展到中国浙江天目山、莫干山、四明山、黄茅尖、清凉峰，湖北的大别山，陕西秦岭，海南黎母山、尖峰岭，以及东南亚的马来西亚等地。1999 年与原浙江大学电化教育中心合作，用 Authorware 制作了昆虫学的计算机辅助教学 CAI 课件，开始了昆虫学全面电子化教学原创图片素材的积累工作。2021 年，我们课题组利用 Serial Block-Face 扫描电镜（SBF-SEM）技术在国际上率先构建了纳米水平的第一个完整的昆虫内部结构，使我们对微小昆虫的内部精细结构也有了更深入的理解。

　　我在教学过程中一直没有独立编写浙江大学自己的普通昆虫学教材，除忙于科研工作外，还有一个重要原因是国内许多兄弟院校的前辈和同辈朋友已经编写了多本优秀的相关教材，我们再编写同类型书籍，无论内容还是形式都难以有很好的突破，也难以达到易于读者阅读和直观理解的程度。但随着时代的进步和生活节奏的加快，读者对教材的简要性、直观性、互动性和可欣赏性等都提出了新的要求。同时，我们在教学过程中，也感受到由于客观条件限制，同学们解剖和观察的标本都是浸渍和针插标本，这会导致对活体昆虫实际状态缺乏理解。因而深感目前尚缺乏一本集生动形象、美丽直观的教学参考读本与知识系统的昆虫学科普读本于一体的书籍。基于这一想法，我把近二十年来授课的讲义素材进行了编辑补充，采用长期在各地和实验室拍摄积累的昆虫学各方面图片和视频材料，形成了这本彩色《图解昆虫学》。

　　本书内容包括了昆虫的外部形态学、内部结构及生理学、生物学、系统学和生态学等部分，使用了许多精美的原创昆虫图片和视频（视频可通过扫描书中二维码呈现），力图兼顾科学性、前沿性、系统性、美观性、易读性和普及性，便于读者能愉快和轻松地阅读。通过阅读掌握昆虫学基础知识，期望大家在阅读过程中能欣赏和享受昆虫世界的精彩。本书既可以作为普通昆虫学的教材或参考书，也可以作为昆虫学知识普及读本和参考工具书。

　　本书在图片收集过程中，得到了国内外同行的大力支持和帮助，王琛柱、王桂荣、王四宝、周树堂、刘素宁、程道军、谢致敬、高梅香、莫建初、徐鹏、张宏瑞、李鸿杰、田彩红、钟武洪、赵敏、王竹红、黄鸣柳、缪迪、王景顺、王敦、何佳春、吴桂填、黄健华、吴琼、吕要斌、王军、刘同先、李一丹、周浙山、朱海燕、张宝琴、徐海君、徐瑛等提供了若干彩色图片或昆虫标本；浙江大学植物保护系历届学生在昆虫学实习过程中对标本和图片采集也贡献良多；我在浙江大学和宁波大学的课题组老师和学生也提供了相关标本；宁波周尧昆虫博物馆、浙江大学医学院冷冻电镜中心、浙江大学农生环测试中心电镜室、宁波大学农产品质量安全危害因子与风险防控国家重点实验室电镜平台均给予了大力支持，郭建胜、王欣秋、李丹婷、王冠、黄海剑、薛建、谢雨澄、鲁嘉宝、沈艳、张小雅、卓继冲、毛倩卓、钱明江、应金均、雷镓宁、吴维、任朋朋等参与了一些昆虫的三维重构或部分昆虫的显微照片、半薄切片照片和电镜照片的拍摄，以及部分蝇类的分子鉴定；在对部分昆虫所属种类的鉴定过程中，请教了昆虫分类学专家杨星科、彩万志、乔格侠、张雅林、卜文俊、任东、杜予州、任国栋、李利珍、刘广纯、虞国跃、陈斌、周长发、魏琮、牛泽清、周欣、王玉玉、石福明、马丽滨、孙长海、于海丽、徐志宏、马恩波、袁向群、杨玉霞、王瀚强、潘昭、李轩昆、闫凤鸣、刘星月、尚素琴、刘文彬、Kazantsev、曹成全等。此外，我的夫人高瞻老师花费了大量时间帮忙绘制了全书除 3D 重构图外的所有 Illustrator 制图。对于以上各位同仁和学生的帮助，谨致谢忱！

本书出版得到了浙江大学相关经费支持！

由于作者水平所限，本书难免存在一些错误，望广大读者不吝指教，以便我能进一步修改和提高。

张传溪

2023 年 11 月

七只黄猄蚁 *Oecophylla smaragdina* 捕食一只双带凸顶花蚤 *Macrosiagon bifasciata*

目　　录

第一篇　昆虫的外部形态学

第二篇　昆虫的内部结构及生理学

第三篇　昆虫生物学

第四篇　昆虫系统学

第五篇　昆虫生态学

绪　　论

　　昆虫是进化最为成功的动物，物种数约占地球上已知动物物种数的 2/3，除少量种类是害虫外，更多的种类在地球生命系统中起着不可替代的作用。昆虫有极强的适应能力，你可以在火热的沙漠和温泉区找到它们，也能在冰冷的雪山顶和冰湖中发现它们的踪迹。昆虫是最早飞向空中的动物，也是唯一能够飞行的无脊椎动物。让我们一起认识、研究它们，以更好地保护和利用昆虫资源、控制害虫。

一、什么是昆虫？

昆虫纲是动物界中进化最成功的类群。已知的昆虫种类约 106 万种（Foottit & Adler，2017），占已知动物种类的 2/3，且每年还有近万种新种不断被发现。据较保守估计，地球上昆虫种类有 200 万 -300 万种，甚至有人估计有 1000 万种。同时昆虫的数量十分惊人，一个蝗虫群可达 20 亿只，重量可达 3000 吨；一个蚂蚁群可达 50 万只以上，全球蚂蚁的总数量估计达 20 万亿只，生物量约为 12 兆吨。昆虫无处不在，与我们的生活息息相关！

容易混淆的昆虫近亲节肢动物

图中海蟑螂、球形马陆属于软甲纲，蜈蚣属于唇足纲，马陆属于倍足纲，蜘蛛、蝎子、螨、蜱属于蛛形纲，它们只是昆虫的节肢动物近亲，不是昆虫。

<table>
<tr><td>蝴蝶</td><td>蚂蚁</td><td>蜻蜓</td></tr>
<tr><td>蝉</td><td>螳螂</td><td>蝇</td></tr>
<tr><td>蚊</td><td>蟑螂</td><td>甲虫</td></tr>
</table>

真正的昆虫

　　如何识别哪些是昆虫呢？昆虫最基本特征是什么？典型的昆虫成虫形态特征可以概括为"二对翅三对足、身体分头胸腹"。蜘蛛、螨、蜱、马陆、蜈蚣的成体没有明显的头、胸、腹三段，足都是 4 对以上，因此都不是昆虫。

3

触角

前足

头部

胸部

前翅

后翅

腹部

中足

后足

丽艳虹螳 *Caliris elegans*

具体地说，六足类昆虫具有下列主要特征：

• 一生要经过卵-幼虫（-蛹）-成虫几个发育阶段，即变态；

• 体躯分为头、胸、腹三个体段；

• 头部具触角、复眼各 1 对（原尾纲缺），上颚和下颚各 1 对，胸部具 3 对足（六足类），0-2 对翅，腹部无步行附肢。

二、昆虫在动物界中的地位

昆虫纲（Class Insecta）属于动物界（Kingdom Animalia）节肢动物门（Phylum Arthropoda）。广义的昆虫指节肢动物门中的所有六足动物，所以也叫六足纲。但目前随着分类和进化研究的发展，六足纲被提升为六足亚门或六足总纲（Hexapoda），包括了原尾纲、双尾纲、弹尾纲和昆虫纲。本书介绍的是广义的昆虫。

节肢动物门形态特征：

- 体躯由一系列体节组成，体节组成不同的体段；
- 体躯被有含几丁质的外骨骼；
- 体节上具有成对的分节附肢。

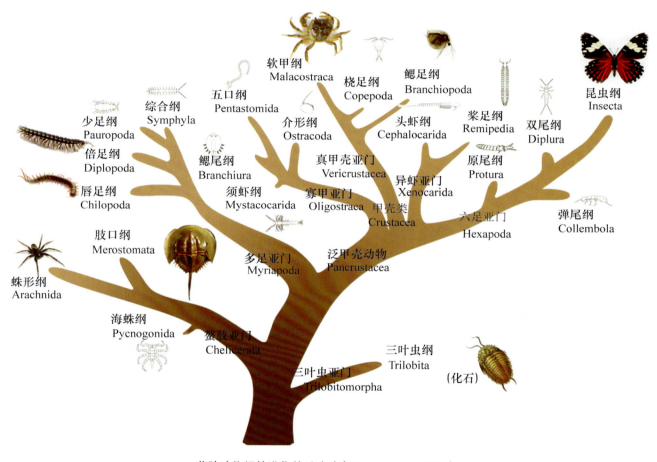

节肢动物门的进化关系（改自 Regier et al., 2010）

节肢动物门包括了 7 个亚门 20 多个纲，除六足亚门外，常见的有螯肢亚门的蛛形纲（蜘蛛、蝎、螨）和肢口纲（鲎）、多足亚门的倍足纲（马陆）和唇足纲（蜈蚣）、甲壳类的软甲纲（蟹、虾）和鳃足纲（水蚤），而三叶虫纲已经灭绝，只有化石。六足亚门属于泛甲壳类，与其最接近的是甲壳类的两个不常见的纲（头虾纲和桨足纲）。

三、昆虫在进化上为何如此成功?

1. 唯一能飞翔的无脊椎动物: 昆虫在石炭纪早期就进化出能飞翔的翅,这对其分布、避敌、求偶、觅食带来独特好处,也是其繁荣昌盛的主因。

早白垩纪的古蜓 *Sinaeschnidia* sp. 化石　　中侏罗纪的曲阿原鸣螽 *Sigmaboilus* sp. 化石

玉带凤蝶 *Papilio polytes* 翩翩飞舞,求偶和觅食

2. 广谱的适应能力: 从赤道到两极,从河流到沙漠,从地下到空中均有分布。有的能耐 –55℃低温,而有的甚至专在 55-56℃温泉中生活;口器分化,有的取食固体,有的取食液体。

成虫

盐湖城大盐湖的盐水浓度是海水的 **50** 倍以上,卤水蝇 *Ephydra* sp. 却适应良好

3. 普遍小型化的个体：昆虫个体一般不大，大多数昆虫体长在 5-30mm。个体小，使得它在任何极小的生境中都可以避敌。如 1 粒米可以供几头米象生存。假如个体太大，受气管呼吸限制，活动会迟钝。有报道说古蜻蜓化石翅展可达 760mm，但现存蜻蜓一般都较小。最长的昆虫是最近在广西发现的一种竹节虫，体长可达 361mm。最重的昆虫是热带美洲的巨大犀金龟（硕犀金龟），幼虫重量可达 100g 以上，相当于两个鸡蛋的重量。最大的甲虫是长戟犀金龟 *Dynastes hercules*，从头部突起到腹部末端长达 170mm以上，身体宽 100mm。乌桕大蚕蛾及同属的帕拉大蚕蛾是最大蛾类，翅面大，翅展可达 250mm。最小的昆虫是一种缨小蜂，无翅雄成虫体长仅 0.139mm。

长戟犀金龟（大力士甲虫）*Dynastes hercules*，长达 170mm 以上

缨小蜂 *Dicopomorpha echmepterygis* 雄性无翅，体长仅 139μm，来自哥斯达黎加，是已知的最小昆虫

寄生于烟粉虱的海氏桨角蚜小蜂 *Eretmocerus hayati*

乌桕大蚕蛾 *Attacus atlas*，翅展可达 250mm

粗壮巨䗛 *Tirachoidea cantori*，前足到腹末可达 400mm 以上

4. 惊人的繁殖能力：1 只蜜蜂的蜂后每天产卵 2000-3000 粒；1 只白蚁蚁后 1 年产卵达 100 多万粒；1 只苍蝇可以产卵 120 粒，1 年可以繁殖 20 多代；蚜虫 7 天就可以繁殖 1 代。

西方蜜蜂 *Apis mellifera*　　　　　　　　　　豌豆修尾蚜 *Megoura crassicauda*

5. 奇妙的变态特性：85% 以上昆虫是完全变态，幼虫和成虫的生活环境与取食食物均可不同，这大大扩展了完全变态昆虫的生存空间和可以利用的环境资源。

大帛斑蝶 *Idea leuconoe* 幼虫（食叶）和成虫（取食花蜜和汁液）

6. 其他方面：昆虫具有刚柔相济的几丁质外骨骼，蜡质上表皮的高抗干燥能力，高效供氧的气管呼吸系统，巧妙的保护色和令人惊叹的拟态等。

叶蜻的拟态和保护色

四、昆虫与人类的关系

昆虫是地球生命系统的重要组成部分，是生物多样性不可或缺的类群。除少量害虫和被利用的益虫外，更多的昆虫在维护地球生态系统平衡中发挥重大作用，但我们还所知甚少。

（一）有害方面

昆虫对人类健康和经济活动产生了明显的影响。

1. 农林业方面： 昆虫中约 48% 种类是植食性，其中，对农林生产造成的损失达到一定经济阈值的昆虫被称为害虫。尽管人们全力防治，但害虫造成的农产品产前和产后损失仍高达 20%。有的害虫严重时可以导致农作物颗粒无收。

褐飞虱为害水稻

四纹豆象为害仓储的黑豆

1000μm

飞蝗若虫（蝻）为害小麦

印度谷螟为害仓储的黑豆

2. 医、畜牧方面：许多昆虫不仅吸血，有的还通过吸血传播疾病，如蚊、蠓、虻、虱、蚤、臭虫；通过污染食物传病的有蝇、蟑螂等。因蚊虫传播疾病造成的死亡人数每年高达 72.5 万，居各种动物之首。

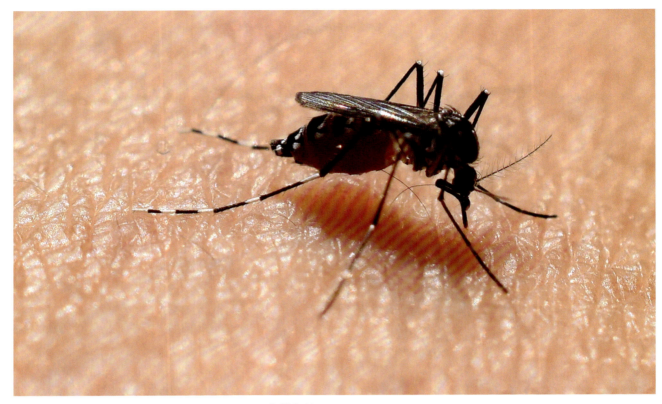

白纹伊蚊 *Aedes albopictus*

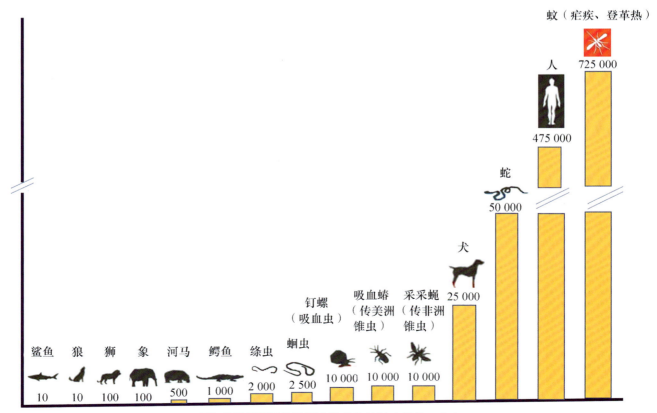

每年世界不同动物致死人数估值统计（单位：人）

（二）有益方面

1. 维持生态平衡：28%昆虫捕食性，2.4%昆虫寄生性，这些捕食性和寄生性昆虫将许多潜在害虫长期控制在为害水平以下。合理利用还可以以虫治虫，开展生物防治。

蚜小蜂在寄生粉蚧

七星瓢虫可捕食蚜虫

2. 传播花粉：85%显花植物依靠各种昆虫传播花粉，包括蜜蜂类、蝇类、蝶蛾类、甲虫等。没有昆虫，就没有鲜花盛开，也没有水果蔬菜。

蜜蜂授粉

熊蜂授粉

3. 生产工业原料：多种昆虫可生产工业原料，如蚕、蜂、紫胶虫、五倍子蚜虫、白蜡虫等。

五倍子蚜虫的虫瘿　　　　　　　　紫胶虫分泌的紫胶　　　　　　　白蜡虫雄虫分泌的白蜡

4. 清洁环境：17.3%昆虫是腐食性的，较为著名的清洁环境昆虫如蜣螂、白蚁等，它们都是自然界生物物质循环的重要力量。

蜣螂　　　　　　　　　　　　　　　　　　　白蚁

5. 具有药用价值: 如冬虫夏草、地鳖虫、蛹虫草等都是重要中药材。

冬虫夏草

地鳖虫　　　　　　　　　　蛹虫草　　　　　　　　虫草钩蝙蛾幼虫

6. 具有食用价值: 蜂蛹、龙虱、柞蚕蛹、棕榈象甲幼虫等都是可食用昆虫,此外,昆虫生物量超过所有陆生动物,是亟待开发的蛋白质和食品资源。

柞蚕蛹　　　　　　　　　　　　　　　　　胡蜂蛹

7. 具有观赏价值：如蝴蝶、蟋蟀、螽斯、竹节虫等，都是重要的观赏昆虫。

蝈蝈

迷卡斗蟋

周尧昆虫博物馆用 199 只大蓝闪蝶组成的观赏
蝴蝶树

红紫蛱蝶被黄帽吸引

8. 可作为科研模式生物和仿生对象：模式生物如黑腹果蝇等，为生命科学做出重要贡献，以果蝇为
材料进行相关研究的科学家中，就有 6 位先后获得诺贝尔奖。同时，昆虫的巧妙结构为仿生学的产品设
计提供了模板。

黑腹果蝇及其白眼突变体在生命科学上贡献巨大，有 6 位诺贝尔奖获得者的研究采用了果蝇为研究对象

9. 作为生物反应器: 如杆状病毒 - 粉纹夜蛾细胞系统、杆状病毒 - 家蚕幼虫(蛹)都已经作为生物反应器,用于生产干扰素、HPV 疫苗和新冠病毒疫苗等生物药品,有些已经上市。

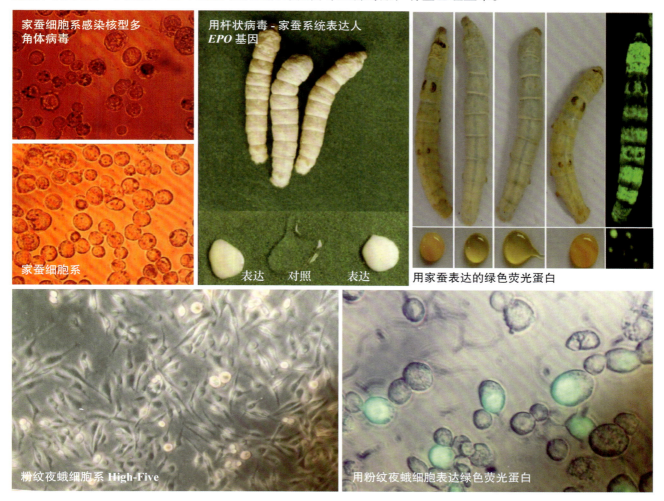

家蚕细胞系感染核型多
角体病毒

家蚕细胞系

用杆状病毒 - 家蚕系统表达人
EPO 基因

表达　　对照　　表达

用家蚕表达的绿色荧光蛋白

粉纹夜蛾细胞系 **High-Five**

用粉纹夜蛾细胞表达绿色荧光蛋白

10. 充实基因库: 如萤火虫的萤光素酶(luciferase)基因,可作为报告基因广泛用于科学研究以及生物污染检测。

黄缘窗萤 *Pyrocoelia analis*　　　　北美窗萤 *Photinus pyralis*

第一篇

昆虫的外部形态学

昆虫的外部形态学是研究昆虫的外部形态结构和功能的科学。形态学研究还可以进一步追溯相关结构的同源关系及其适应生活环境而产生的形态演化，也是识别昆虫及研究昆虫系统学的基础，以及仿生学的依据。

第一章
昆虫体躯的一般构造

一、体节

腹部拉伸
的节间膜

飞蝗

雌虫腹部未膨大

褐飞虱

产卵前腹部侧膜
和节间膜延伸

褐飞虱

　　昆虫的身体由许多连续的环节组成，这每一个环节就被称为体节（somite）。较原始的昆虫，根据胚胎学和比较解剖学研究，共有 18-20 个体节（不包括头前叶、尾节，这两者不是真正的体节）。体节（至少在胚胎期）应具备 3 个特征：1 对神经节、1 对附肢和 1 对体腔囊。

　　昆虫体节的外表多骨化，不能直接曲折，而在体节之间，有膜质可伸缩的部分，即节间膜（intersegmental membrane）。

二、体段

头

胸

腹

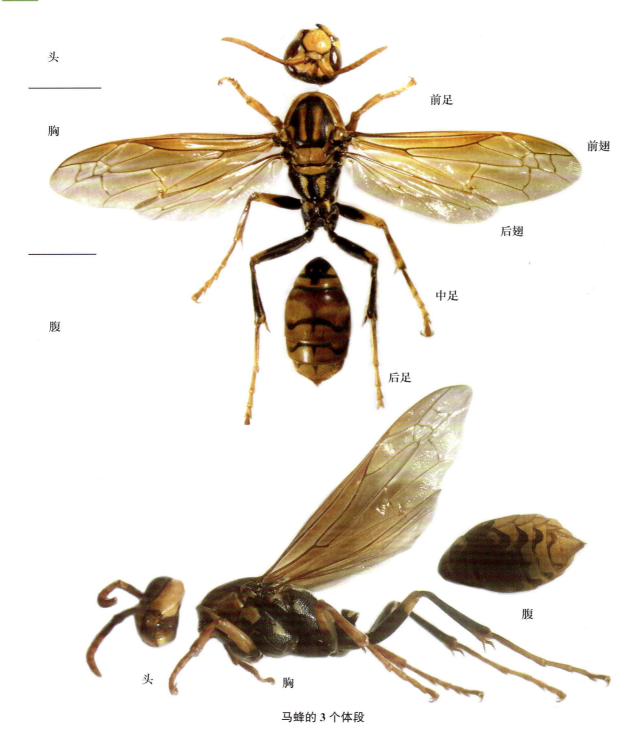

前足

前翅

后翅

中足

后足

腹

头　胸

马蜂的 3 个体段

昆虫的体节，集合成为形态、功能不同的 3 个体段（tagma），即头、胸、腹 3 个部分。

头部（head）：由头前叶和 4-6 个体节集合而成，通常有复眼 1 对、单眼 3 只、触角 1 对，以及 3 对附肢组成的口器和脑，是取食、感觉和协调的中心。

胸部（thorax）：由 3 体节组成，有 3 对足，多有 1-2 对翅，是运动中心。

腹部（abdomen）：由 11 个体节和尾节组成（常有减少、合并），内有内脏、生殖系统，还有外生殖器，是代谢及生殖中心。

飞蝗的前足

基节
转节
腿节
胫节
跗节
前跗节

三、附肢

节肢动物许多体节上长有成对、分节的附肢（appendage），其原始功能是运动器官，在长期演化过程中，有些附肢的形状和功能发生了变化，但由于是同源器官，基本结构仍一致，昆虫学所用的附肢各节名称与其他节肢动物习惯上不同。昆虫附肢通常包括基节（coxa）、转节（trochanter，1-2节）、腿节（femur）、胫节（tibia）、跗节（tarsus，1-5节）、前跗节〔pretarsus，又称爪（claw）〕。

四、体面和骨化区

昆虫每个体节可以分为背面、侧面和腹面。背面（dorsum）骨化为背板（tergum），其被褶陷分成几块骨片，称背片（tergite）；侧面（laterum）骨化为侧板（pleuron），被褶陷分成不同侧片（pleurite）；腹面（ventrum）骨化为腹板（sternum）并被褶陷分成各腹片（sternite）。褶陷可分为沟（sulcus）和缝（suture）2种情况，沟是骨板内陷，内有脊状突起（内脊），有些部位内陷较大形成内突，构成"内骨骼"，可增强体躯和供肌肉着生，而缝只是两个骨片合缝处，内无内脊。

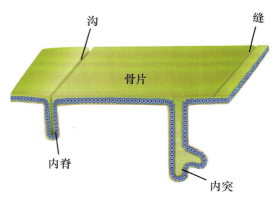

沟
缝
骨片
内脊
内突

昆虫体壁上沟和缝示意图

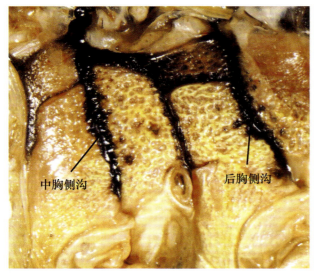

中胸侧沟
后胸侧沟

飞蝗中、后胸侧板体壁表面的沟

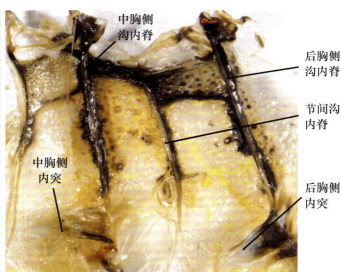

中胸侧沟内脊
后胸侧沟内脊
节间沟内脊
中胸侧内突
后胸侧内突

飞蝗中、后胸侧板体壁内侧的内脊和内突

昆虫的头部及其附器

一、头部的起源和分节

昆虫头部的起源比较认可的有六节说和四节说。六节说认为一个体节在胚胎时要具备 1 对神经节、1 对体腔囊和 1 对附肢。而四节说认为口前的为口前叶,由此发生眼和触角,口后才是真正的体节,神经节应该在消化道腹面,闰节神经节原在腹面,后来移至消化道背面,在腹面留有神经连锁。

体节	神经节	体腔囊	附肢		
触角前节	前脑	有时有	有时胚胎时有		六节说
触角节	中脑	有	触角		
闰节	后脑	有	胚胎时有	四节说	
上颚节	上颚神经节	有	上颚		
下颚节	下颚神经节	有	下颚		
下唇节	下唇神经节	有	下唇		

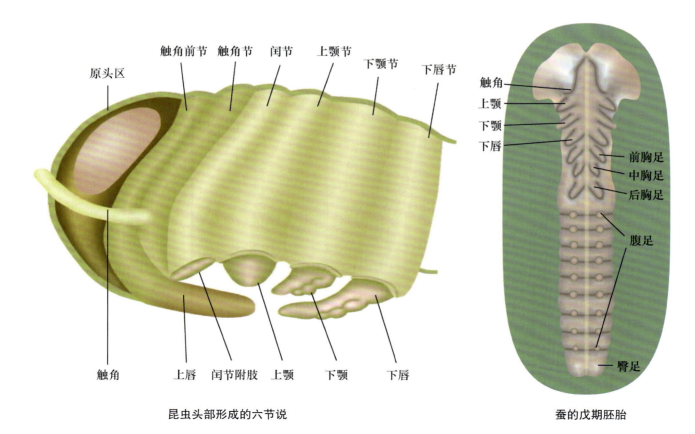

昆虫头部形成的六节说

蚕的戊期胚胎

二、头壳的构造

蜕裂线
头顶
单眼
复眼
触角
额
额颊沟
颊
额唇基沟
唇基
唇基上唇沟
上唇
上颚
下颚
下颚须
下唇
下唇须

围眼片
后头沟
后头
后头孔
次后头沟
后颊
后幕骨陷

额隆线
侧隆线
前幕骨陷

飞蝗头部沟和骨片

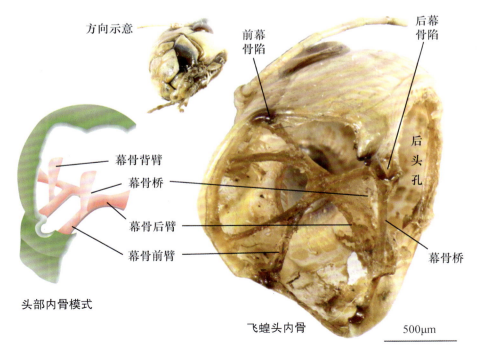

方向示意

前幕骨陷
后幕骨陷

幕骨背臂
幕骨桥
幕骨后臂
幕骨前臂

后头孔
幕骨桥

头部内骨模式

飞蝗头内骨

500μm

蜕裂线（ecdysial line），即昆虫头部背面中央的丫形缝，沿蜕裂线外面无沟，里面无脊，仅外表皮不发达，若虫蜕皮时沿此线裂开。

三、头部的内骨骼

飞蝗头内骨骼有 2 对幕骨：次后头沟下侧后幕骨陷形成的内突称为幕骨后臂，其相互连接形成幕骨桥。额唇基沟两端的前幕骨陷形成的内突称为幕骨前臂。幕骨用于加固头部和着生控制口器等的强大肌肉。

四、头式（口式）

1. 下口式（hypognathous type）：口器朝下，与体躯纵轴几乎成直角，该类昆虫一般为植食性，如蝗虫、螽斯等。

螽斯若虫

2. 前口式（prognathous type）：口器朝前，与身体纵轴成钝角，或在同一条直线上，该类昆虫多钻蛀、打洞、追捕其他小动物，如步甲等。

步甲 *Carabus* sp.

3. 后口式（opisthognathous type）：口器向后，与身体的纵轴成锐角。如半翅目昆虫，刺吸植物的汁液或动物的体液，口器不用时贴于腹面。

云斑瑞猎蝽 *Rhynocoris incertis*

五、头部的附属器官

附器是指有特殊功能的外部器官。

（一）触角

1. 触角基本构造和功能

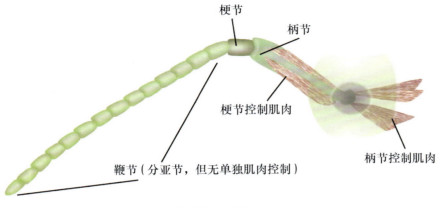

触角基本构造

感觉器和感觉孔

角倍蚜秋迁蚜触角及其感觉器（扫描电镜）

触角（antenna）是昆虫头部最重要的感觉器官之一。除原尾虫无触角以及完全变态的膜翅目、双翅目幼虫触角退化外，大多数昆虫具有 1 对触角。触角多着生于额上。四节说认为系触须，六节说认为是第 2 体节的附肢。

触角分为柄节、梗节和鞭节，鞭节上分布有很多感觉器，有的昆虫如雄性蟑螂触角上有多达 25 万个感觉器。触角主要功能是嗅觉和触觉，有的还有听觉和味觉功能。在觅食、寻偶、寻找产卵场所和个体间信息交流方面起不可缺少的功能。

豆芫菁交配，雌虫和雄虫触角互相缠绕

2. 触角的类型

（1）**丝状**（filiform）：也称线形，鞭节各亚节细长圆筒形，大小、形状相似，如蝗虫、蟋蟀触角。

（2）**刚毛状**（setaceous）：也称鬃形，鞭节细如刚毛，如蝉、蜻蜓触角。

蟋蟀

黑蚱蝉触角

蜓

（3）**念珠状**（moniliform）：鞭节各亚节圆珠状，似串珠，如白蚁、褐蛉触角。

（4）**栉齿状**（pectimate）：鞭节各亚节向一侧突出很多，似梳状，如雄绿豆象触角。

白蚁

白蚁触角

雄绿豆象触角

绿豆象 *Callosobruchus chinensis*（雄）

雌四纹豆象触角

雌绿豆象触角

斑叩甲 *Cryptalaus* sp.

（5）锯齿状（serrate）：鞭节各亚节向一侧齿状突起，如雌绿豆象、部分叩头虫触角。

东方菜粉蝶 *Pieris canidia*

菜粉蝶触角

（6）棍棒状（clavate）：也称球杆状，鞭节基部若干亚节细如线状，端部数亚节渐膨大呈棒球杆状，如蝶类触角。

（7）羽毛状（bipectinate）：也称双栉齿状，鞭节各亚节向两侧突出，似羽状，如蚕蛾、大蚕蛾触角。

大蚕蛾触角

长尾大蚕蛾 *Actias dubernardi*

（8）锤状（capitate）：类似球棒状，但端部数节不是逐渐膨大，而是突然膨大成锤状。如小蠹、露尾甲触角。

坏恶方胸小蠹 *Euwallacea destruens*　　　小蠹触角　　　小蠹触角

（9）鳃片状（lamellate）：鞭节端部 3-7 亚节向一侧延展成薄片状，叠合在一起状如鱼鳃，是金龟甲总科所特有的触角类型。

小云鳃金龟 *Polyphylla gracilicornis*　　　金龟甲触角

（10）具芒状（aristate）：触角一般3节，短而粗，末节特别大，其上有一刚毛，有的刚毛上还长细毛。为蝇类所特有的触角类型。

寄蝇头部　　　　　　　　蝇触角

（11）膝状（geniculate）：柄节长，其余各节与之成膝状弯曲，如蜜蜂、蚂蚁触角。

蚂蚁　　　　　　　　　　蜜蜂触角

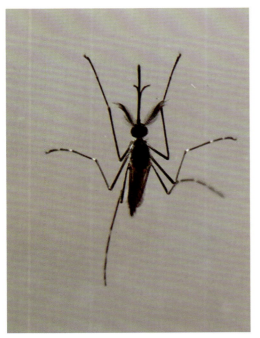

（12）环（轮）毛状（plumose）：鞭节各亚节有一圈细毛，越接近基部毛越长，如蚊触角。

蚊（雄）　　　　　　　　蚊（雄）触角

（二）复眼和单眼

1. 复眼（compound eye）：1 对位于头顶两侧，由许多小眼组成，是主要视觉器官。其形状多变，白天活动的昆虫较发达，穴居和寄生种类常退化，宽头实蝇和突眼蝇类复眼着生在外突的柄上。

蝇复眼

五纹宽头实蝇 *Themara maculipennis*

淡色库蚊复眼

2. 单眼（ocellus）

（1）背单眼（dorsal ocellus）：成虫和若虫具有，着生在额和头顶上，常 3 只，有的 2 只，也有的 1 只或无。可感受光的强弱。

蝉的单眼

500μm

黑尾虎头蜂头部

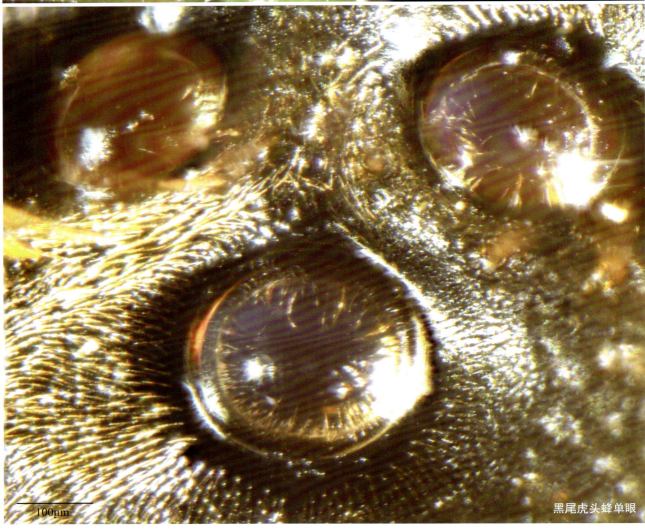

100μm

黑尾虎头蜂单眼

螽类多有 2 只单眼

（2）侧单眼（lateral ocellus）：一些完全变态的幼虫具有，位于头下侧缘。1-7 对，鳞翅目幼虫多 6 对，也称蚴单眼。

草地贪夜蛾幼虫头每侧 6 只蚴单眼

（三）口器

昆虫的口器（mouthparts）是取食器官，位于头下方。因食性和取食方式的不同，昆虫的口器结构亦不同，常见的可以分为 10 种类型，其中最基本最原始的构造是取食固体食物的口器，称为咀嚼式口器（chewing mouthparts）。其余口器据比较形态学研究，都是由咀嚼式口器演化而来。吸取汁液的口器统称为吸收式口器（sucking mouthparts）。口器类型是分类的重要依据，害虫防治也要根据口器类型选择合适的农药种类。

天牛咀嚼式口器

小长喙天蛾 *Macroglossum neotroglodytus* 吸收式口器

口器

1. 咀嚼式口器

咀嚼式口器由上唇、上颚、下颚、下唇、舌等五部分组成。

上唇

上颚

舌

下颚

下唇

下颚须

下唇须

内唇

飞蝗口器

500μm

飞蝗口器剖开状

上唇（labrum）是与唇基相连的一块骨片，形成口器的前盖，可防止食物前漏。内壁柔软，具有味觉器、毛，特称内唇（epipharynx）。

上颚（mandible）是一对坚硬的锥块构造，用以切断和磨碎食物。

舌（hypopharynx）是狭长囊状构造，位于口中央。其上有许多毛和感觉器。功能是味觉和运咽食物。

下颚（maxilla）由轴节、茎节、外颚叶、内颚叶和下颚须等组成。下颚可以握持食物和帮助上颚刮切食物，而下颚须有嗅觉和味觉功能。

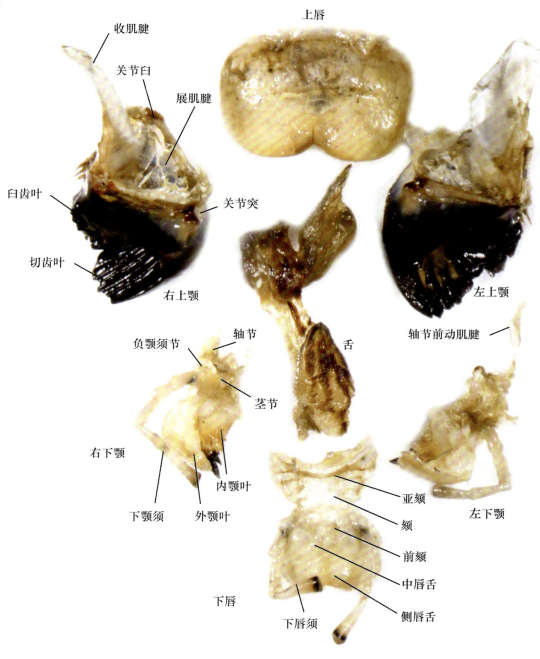

收肌腱
关节臼
展肌腱
上唇
臼齿叶
切齿叶
右上颚
关节突
左上颚
轴节前动肌腱
负颚须节
轴节
舌
茎节
右下颚
内颚叶
下颚须
外颚叶
亚颏
颏
前颏
中唇舌
侧唇舌
左下颚
下唇
下唇须

飞蝗口器组成的各部分

下唇（labium）是由 1 对类似于下颚的附肢愈合而成，所以也称第 2 下颚。下唇取食时可防止食物后漏，下唇须亦具嗅觉和味觉功能。

2. 咀纺式口器

吐出的丝

蚕的吐丝器复合体，正在吐拉丝

吐丝器

200μm

蚕头部口器

吐丝下垂的重阳木锦斑蛾幼虫

丁香天蛾 *Psilongramma increta*

上唇

上颚

触角

下颚须

下唇须

吐丝器

咀纺式口器（chewing-spinning mouthparts）为蝶蛾类幼虫特有，与咀嚼式口器基本相同，但下颚、下唇和舌合并成为一个复合体，中央端部有一突出的吐丝器，如蚕幼虫口器。

钩蝠蛾 *Thitarodes (Hepialus)* sp.

3. 嚼吸式口器

嚼吸式口器（chewing-lapping mouthparts）为蜜蜂类所特有，兼有咀嚼和吸收两种功能。其上唇和上颚同咀嚼式，上颚可咀嚼固体食物（花粉）和筑巢。变化大的是下颚和下唇。下颚的轴节和茎节柱状，内颚叶退化，下颚须变小，外颚叶变成内侧具槽沟的片状构造。下唇的中唇舌延长，腹面凹成纵槽，端部膨大成中舌瓣，侧唇舌较退化，下唇须4节，延长为片状。取食花蜜等液体时，外颚叶盖在中唇舌的背侧面形成食物道，下唇须贴于中唇舌腹面的槽沟形成唾液道。中舌瓣有刮取花蜜的功能。

蜜蜂

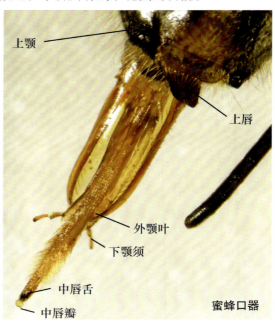

蜜蜂口器

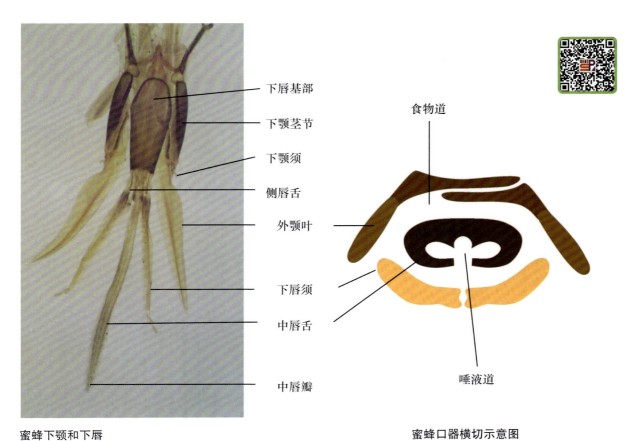

蜜蜂下颚和下唇

蜜蜂口器横切示意图

4. 刺吸式口器

刺吸式口器（piercing-sucking mouthparts）用于刺入动、植物组织内，吸食组织内汁液，如蚊、蝉、缘蝽、稻飞虱等的口器。蝉的上唇很小，三角形；上颚成 1 对口针，用于刺入组织，末端有倒刺；下颚的外颚叶也成为 1 对口针，内具 1 大 1 小的两个槽，大的槽合成食物道，小的槽合成唾液道；下唇形成喙，为分节的槽管状构造，用于藏纳 2 对口针；舌位于喙基部，前方空腔为吸食泵（食窦唧筒），后方有注射出唾液的唾唧筒（salivary syringe）。雌蚊口器除上下颚口针外，其上唇和舌也成为口针，共有 6 根口针。

上颚口针
上唇
下颚口针
喙（下唇）

上颚口针
下颚口针
食物道
喙（下唇）

熊蝉 *Cryptotympana* sp.

黑炸蝉口器

触角
喙
舌
下颚
上唇
上颚

喙（下唇）
上唇
合在一起的上下颚口针

　　淡色库蚊 *Culex pipiens pallens* 口器　　　　　点蜂缘蝽 *Riptortus pedestris* 口器

200μm

取食时喙留在植物表面,只有口针插入植物组织

下唇(喙)

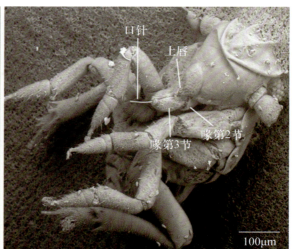

口针

上唇

喙第3节

喙第2节

100μm

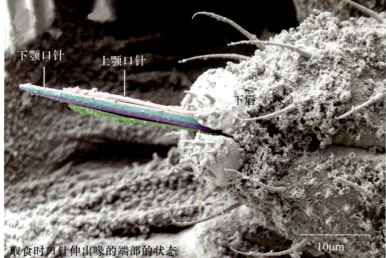

下颚口针

上颚口针

下唇(喙)

取食时口针伸出喙的端部的状态

10μm

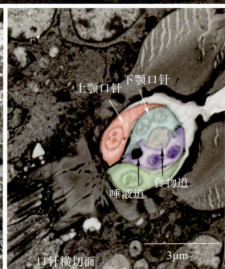

上颚口针

下颚口针

唾液道

食物道

口针横切面

3μm

褐飞虱的口针和取食活动

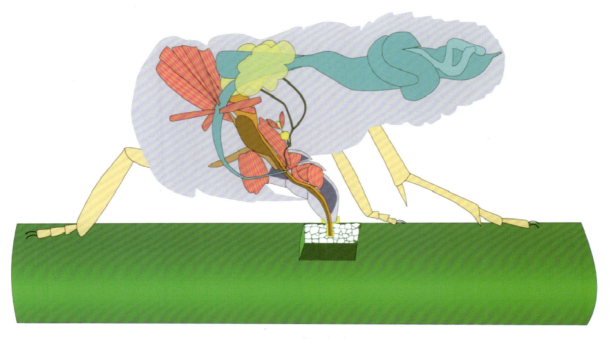

褐飞虱取食示意图

5. 锉吸式口器

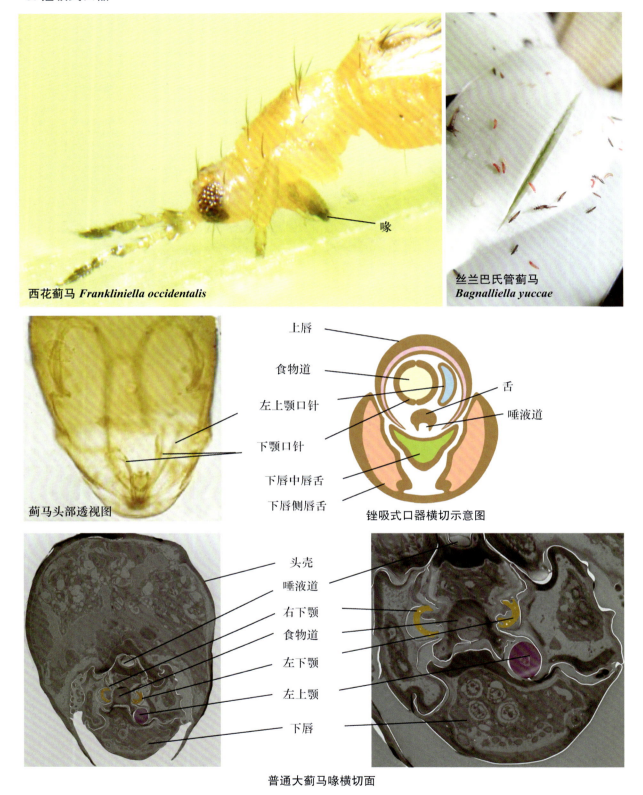

西花蓟马 *Frankliniella occidentalis*

丝兰巴氏管蓟马
Bagnalliella yuccae

喙

蓟马头部透视图

上唇
食物道
左上颚口针
下颚口针
下唇中唇舌
下唇侧唇舌

舌
唾液道

锉吸式口器横切示意图

头壳
唾液道
右下颚
食物道
左下颚
左上颚
下唇

普通大蓟马喙横切面

　　锉吸式口器（rasping-sucking mouthparts）为蓟马类昆虫所特有，由上、下唇组成短喙。右上颚退化，左上颚形成口针，用于锉破组织表皮使之流出汁液，两下颚口针形成食物道，吸取寄主表皮受损后流出的汁液。

6. 虹吸式口器

虹吸式口器（siphoning mouthparts）为蝶蛾类成虫所特有，用于吸取花蜜。其上唇并入头壳，上颚在绝大多数鳞翅目种类中均退化，只有在少数低等蛾类中还存在。下颚的外颚叶形成发条状的喙，内具食物道，用于吸取花蜜。下唇仅下唇须较发达，舌也退化。

1000μm

喙

下唇须

喙

苎麻夜蛾 *Arete coerula*

喙

猫脸蛱蝶 *Agatasa calydonia*

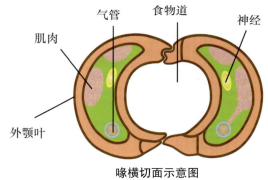

肌肉　气管　食物道　神经

外颚叶

喙横切面示意图

黑长喙天蛾 *Macroglossum pyrrhosticta*

7. 舐吸式口器

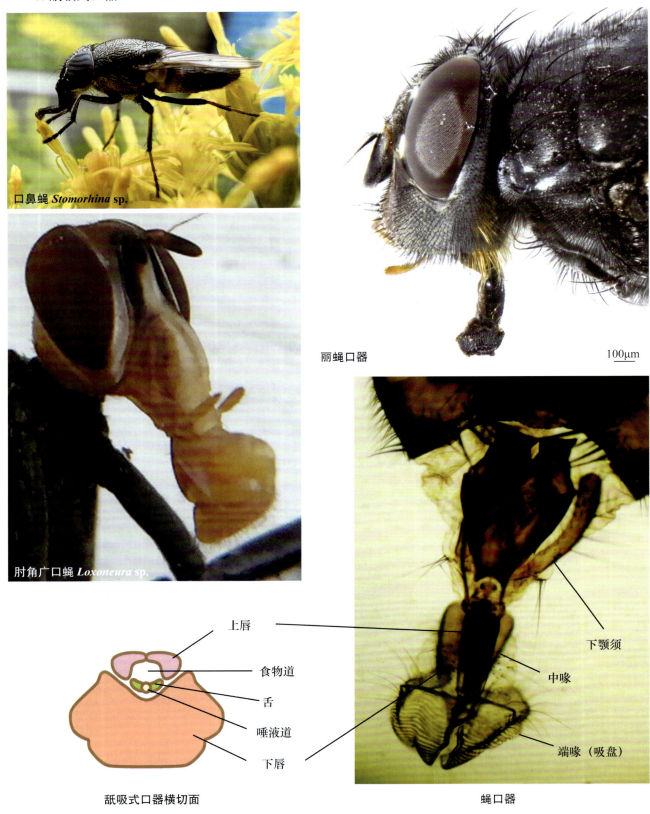

口鼻蝇 *Stomorhina* sp.

肘角广口蝇 *Loxoneura* sp.

丽蝇口器

100μm

上唇

食物道

舌

唾液道

下唇

舐吸式口器横切面

下颚须

中喙

端喙（吸盘）

蝇口器

舐吸式口器（sponging mouthparts）为蝇类所特有。其上唇片状，下方具槽沟；上颚退化；下颚形成中喙的一部分，下颚须1节；下唇的前颏形成中喙（mediproboscis，又称唇鞘），端部形成吸盘，即端喙（distiproboscis）；舌片状，贴于上唇之下形成食道，舌中央有唾液道，分泌唾液以溶解固体食物。

8. 捕吸式口器

捕吸式口器（grasping sucking mouthparts）为脉翅目幼虫独有，其上、下颚分别组成一对刺吸构造，也称双刺吸式口器。

1 种草蛉幼虫

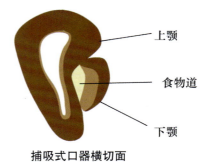

上颚

食物道

下颚

捕吸式口器横切面

1 种蝶角蛉幼虫

9. 刮吸式口器

刮吸式口器（scratching mouthparts）为蝇类幼虫特有，其头缩入胸部，外观仅见 1 对口钩。取食时先用口钩刮食物，然后吸收汁液和固体碎屑。

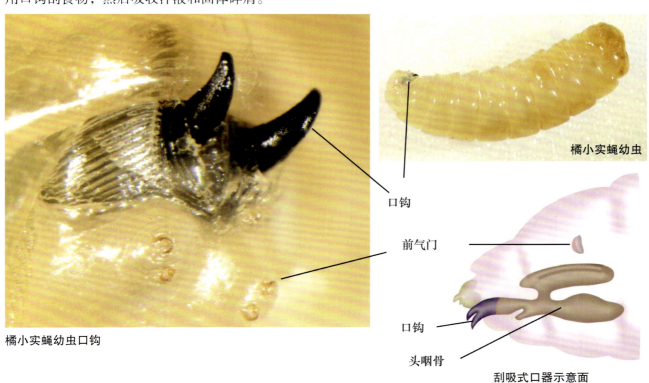

橘小实蝇幼虫

口钩

前气门

口钩

头咽骨

橘小实蝇幼虫口钩

刮吸式口器示意面

10. 刺舐式口器

刺舐式口器（piercing sponging mouthparts）为吸血虻类所特有。其上唇长且端尖，上颚宽刀片状，上唇和上颚一起刺破动物皮肤，两者之间还形成食物道。下颚外颚叶形成口针，其抽动能使刺破伤口扩大，下唇柔软，端部形成唇瓣用于吸血使之汇集于食物道。舌也形成一细口针，中央有唾液道。

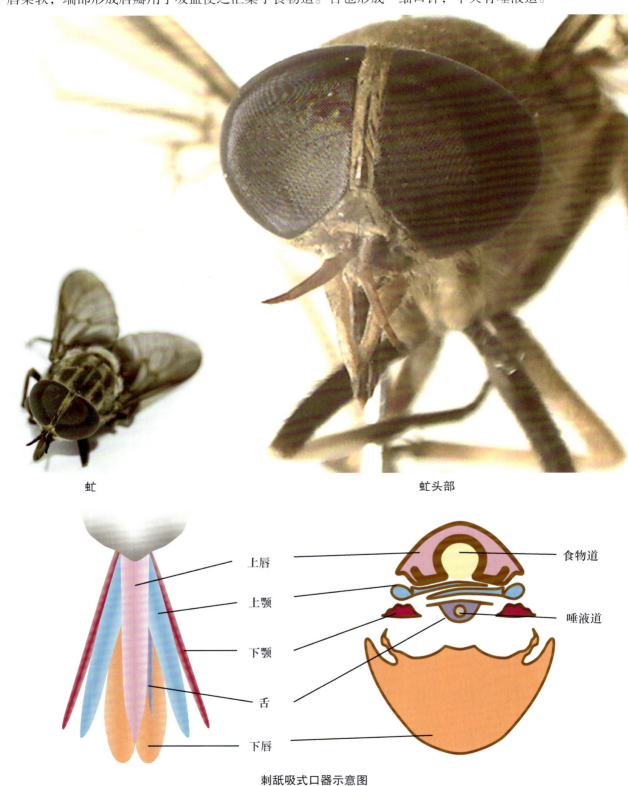

虻   虻头部

上唇

上颚   食物道

下颚

舌   唾液道

下唇

刺舐吸式口器示意图

第三章

昆虫的胸部及其附器

一、胸部的基本构造

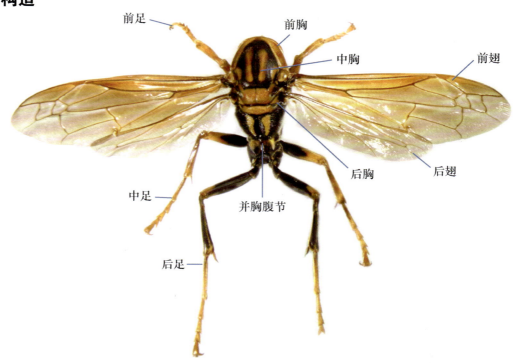

马蜂胸部

胸部由 3 个体节组成，分别称为前胸（prothorax）、中胸（mesothorax）、后胸（metathorax）。每一胸节各有一对足，分别称前足（fore leg）、中足（middle leg）、后足（hind leg）。大多数昆虫在成虫期中胸和后胸上还各有 1 对翅，分别称为前翅（fore wing）和后翅（hind wing）。

昆虫中、后胸由于适应翅的飞行运动，互相结合紧密，内有发达的内骨和强大的肌肉，在构造上与前胸有所不同，特称为具翅胸节（pterothorax）。而无翅昆虫和全变态类幼虫，胸部往往各节大小、形状较相似。

棉蝗胸部侧面观

1. 胸部的背板（tergum）

前胸背板构造简单，通常为一整块骨板，不再分骨片。蝗虫前胸背板很大，两侧向下扩展，上面常有前、中、后3条横沟并分出骨片。但与中、后胸不同，一般对骨片未予命名。

翅发达的昆虫，其腹部第1节的端背片常并入后胸，成为后胸后背片（postnotum）。

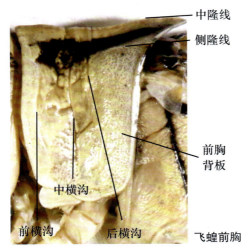

中隆线
侧隆线
前胸背板
中横沟
前横沟
后横沟
飞蝗前胸

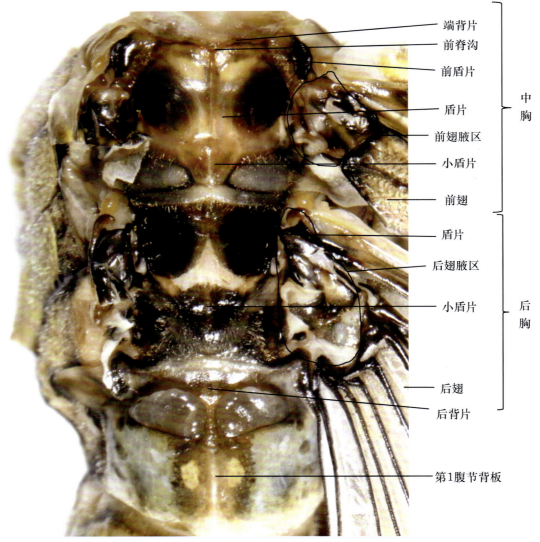

端背片
前脊沟
前盾片
盾片
前翅腋区
小盾片
前翅
} 中胸

盾片
后翅腋区
小盾片
后翅
后背片
} 后胸

第1腹节背板

飞蝗中、后胸背板

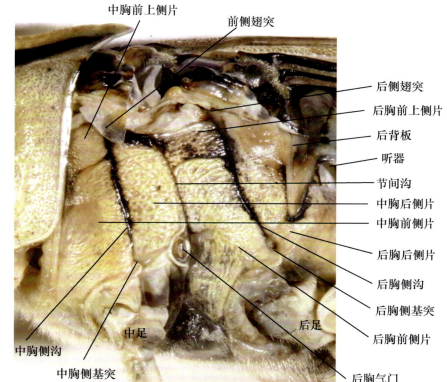

中胸前上侧片　前侧翅突

后侧翅突
后胸前上侧片
后背板
听器
节间沟
中胸后侧片
中胸前侧片
后胸后侧片
后胸侧沟
后胸侧基突
后胸前侧片
后胸气门

中胸侧沟
中胸侧基突　中足　后足

飞蝗中、后胸侧板

2. 胸部的侧板（pleuron）

蝗虫等前胸侧板常退化至很小。

中、后胸侧翅突是翅运动的一个支点（与翅的第二腋片相接）。

侧基突是与胸足基节相接的关节突。

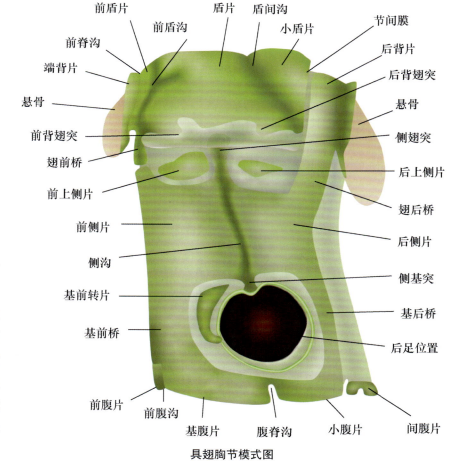

前盾片　　盾片　盾间沟
前盾沟　　　　小盾片　节间膜
前脊沟　　　　　　　后背片
端背片　　　　　　　后背翅突
悬骨　　　　　　　　悬骨
前背翅突　　　　　　侧翅突
翅前桥　　　　　　　后上侧片
前上侧片　　　　　　翅后桥
前侧片　　　　　　　后侧片
侧沟　　　　　　　　侧基突
基前转片　　　　　　基后桥
基前桥　　　　　　　后足位置
前腹片　前腹沟　　　　间腹片
基腹片　腹脊沟　小腹片

具翅胸节模式图

3. 胸部的腹板（sternum）

腹板被前腹沟和腹脊沟分为前腹片、基腹片和小腹片。

具翅胸节腹板前腹沟往往退化，成为一个凹陷，即内刺突陷。前腹沟之后常发生膜质带，膜前称间腹片，包括端腹片、前腹沟，以及前腹沟至膜质带之间的部分。间腹片常并入前节。

蝗虫腹板小腹片被分为左右两部分，间腹片几乎看不见，只有其内刺突陷还明显存在，位于腹脊沟的2个腹内突陷中间位置。

在变异情况下，可据内刺突陷和叉突的存在证明间腹片和主腹片（基腹片＋小腹片）的存在。

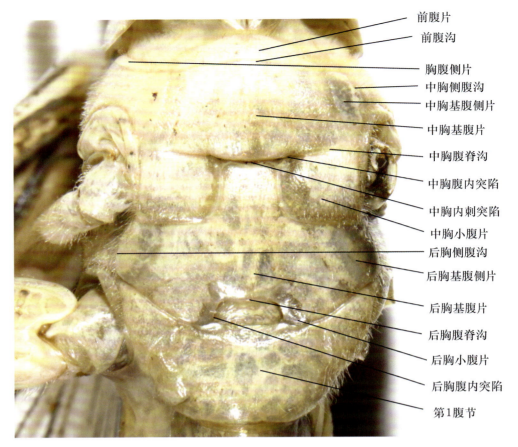

前腹片
前腹沟
胸腹侧片
中胸侧腹沟
中胸基腹侧片
中胸基腹片
中胸腹脊沟
中胸腹内突陷
中胸内刺突陷
中胸小腹片
后胸侧腹沟
后胸基腹侧片
后胸基腹片
后胸腹脊沟
后胸小腹片
后胸腹内突陷
第1腹节

飞蝗中、后胸腹板

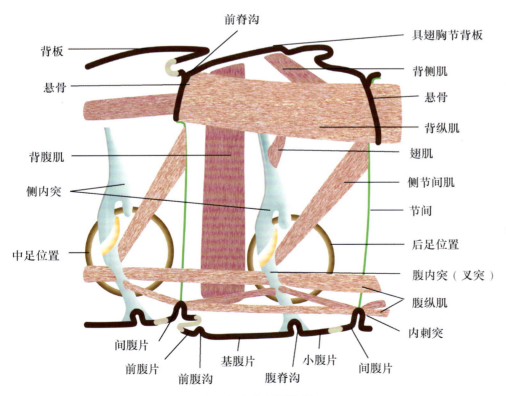

前脊沟
背板
悬骨
背腹肌
侧内突
中足位置
间腹片
前腹片
前腹沟
基腹片
小腹片
腹脊沟
间腹片

具翅胸节背板
背侧肌
悬骨
背纵肌
翅肌
侧节间肌
节间
后足位置
腹内突（叉突）
腹纵肌
内刺突

昆虫具翅胸节内骨模式图

4. 胸部的内骨

在翅发达的昆虫中，其中、后胸背板的前脊沟内脊形成2-3对悬骨（phragma），着生主要间接飞行肌，即背纵肌（dorsal longitudinal muscle）。腹板腹脊沟的内脊常形成腹内突（sternal apophysis），又称叉突（furca），是腹纵肌的着生处。间腹片的内刺突（spina）是另一部分腹纵肌着生处。侧板侧沟内陷形成侧内突，是部分翅肌和足肌的着生处。

二、胸足

1. 胸足的构造

昆虫转节大多仅 1 节，蜻蜓和叶蜂等有 2 节，捻翅目的转节常与腿节合并。跗节 1-5 节，各足跗节数可以不同，如跗节式 3-3-3 指前、中、后足跗节数均为 3 节。前跗节一般为一对爪（claw），两爪之间常有中垫（arolium），蝇类爪下有爪垫（pulvillus）。这些构造有助于昆虫在光滑表面上行走。

基节　　转节　　腿节　　胫节　　跗节　　前跗节（爪）

中垫　　　　　　爪垫

昆虫足的构造

2. 胸足的类型

昆虫胸足的原始功能为行动器官，但在各类昆虫中，由于适应不同的生活环境和生活方式，常在进化过程中特化成具不同结构和功能的足。常见的有下列 8 类。

（1）步行足

步行足（walking leg）各节细长，宜于行走，为最普通类型，如蝗虫前、中足，步甲和蜚蠊的三对足。

步甲　　　蝗足　　　蜚蠊足

（2）开掘足

开掘足（digging leg）一般由前足特化而成，胫节宽扁，外缘具齿，适应于掘土，如蝼蛄、金龟子等在土中活动的昆虫前足。

华北蝼蛄 *Gryllotalpa unispina* 的开掘足（前足）

（3）游泳足

游泳足（swimming leg）为生活在水中的甲虫和蝽类等所有，如龙虱、田鳖。后足各节扁平，边缘有长毛，用于划水。

黄缘龙虱（中华真龙虱）*Cybister chinensis* 后足

（4）跳跃足

跳跃足（saltatorial leg）一般由后足特化而成，腿节膨大，胫节细长，适于跳跃，如蝗虫、瓢跳甲的后足。

蝗及其后足

背面观

侧腹面观

100μm

后足

腿节

胫节

双斑瓢跳甲 *Argopistes biplagiatus*

（5）捕捉足

捕捉足（raptorial leg）由前足特化而成，基节长，腿节腹面有槽，胫节可以折嵌其内，形似一把折刀，用以捕捉猎物，有的腿节和胫节上还有刺列，如螳螂、螳蛉的前足。

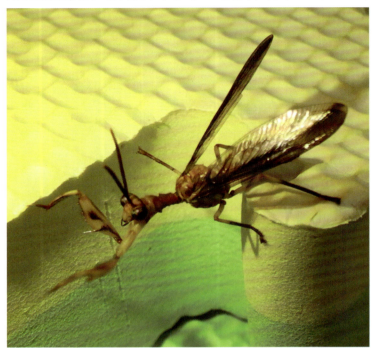

铜头螳蛉 *Euclimacia badia*

广斧螳 *Hierodula petellifera* 前足

（6）携粉足

携粉足（corbiculate leg）是蜜蜂类用以采集和携带花粉的后足。胫节宽扁，两边有长毛，构成携带花粉的花粉篮（corbicula）；基跗节（第一跗节）特别长而扁大，其上有 10-12 列硬毛，用于梳集身上黏附的花粉贮于花粉篮内，称为花粉刷（scopa）。

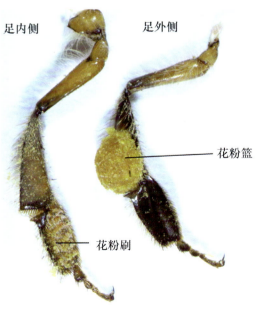

小蜜蜂 *Apis florea*

蜜蜂携粉足

足内侧　　　足外侧

花粉篮

花粉刷

龙虱（雄）

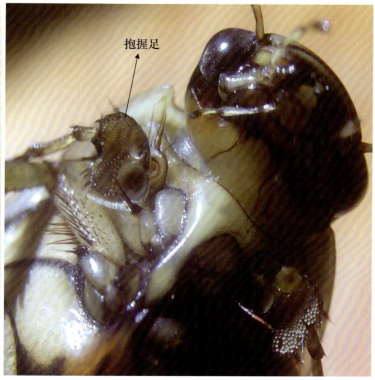

抱握足

黄缘龙虱（雄）前足

抱握足

（7）抱握足

抱握足（clasping leg）是雄性龙虱的前足，其基部 3 跗节膨大成吸盘状，在水中交配时用以抱握光滑的雌虫。

（8）攀援足

攀援足（clinging leg），又称攀附足、攀握足，为生活于寄主毛发上的虱类所具有，其跗节仅 1 节，前跗节为一大型钩状的爪，向内弯曲时与胫节端部指状突起密接，可牢牢夹住寄主的毛发。

猪虱 *Haematopinus* sp.

水牛血虱足

三、翅

1. 翅的基本构造

昆虫的翅（wing）与鸟类和蝙蝠类的不同，不是由前肢演化而来，一般认为由背板两侧体壁（integument）向外延伸的侧背叶（paranotum）演化而来。翅的形状往往为三角形，可以分为臀前区、臀区、轭区和腋区。

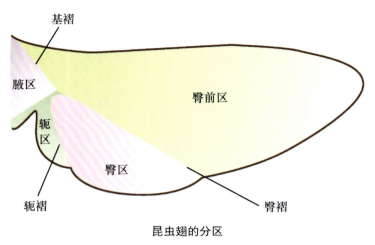

昆虫翅的分区

2. 翅脉和脉序

（1）翅脉（vein）：在形成翅的两层体壁之间分布着气管的部位，该部位加厚，加厚的部分就形成翅脉；翅脉是整个翅膜的支架；翅脉腔中还有神经和血液循环。

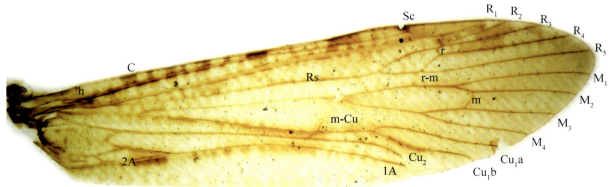

石蛾前翅翅脉

（2）脉序（venation）：指翅脉在翅面上的分布型式。脉序在昆虫分类中是很重要的依据。根据现存昆虫与化石昆虫脉序比较研究，结合昆虫幼期翅芽中的气管分布情况，昆虫学家推论出一种假设原始脉序（hypothetical primitive venation），其与石蛾的脉序比较接近。低等的昆虫翅的纵脉常凹凸相间。

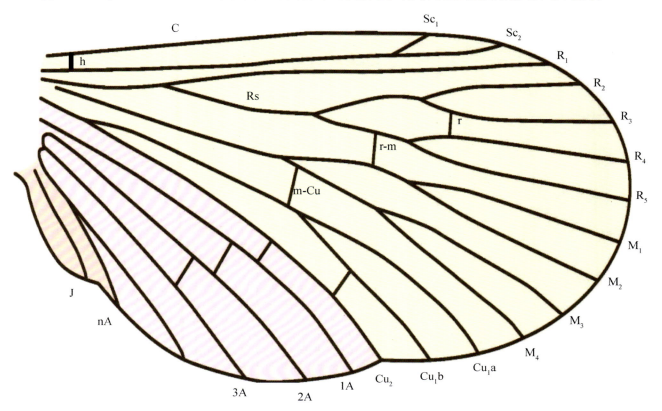

通用假设脉序（改自 Comstock & Needham, 1898）

纵脉名称

C：costa 前缘脉，不分支

Sc：subcosta 亚前缘脉，常分二支 Sc_1、Sc_2

R：radius 径脉，常分 R_1 和 Rs（径分脉），Rs 再分 R_2、R_3、R_4、R_5

M：media 中脉，常分 M_1、M_2、M_3、M_4

Cu：cubitus 肘脉，分 Cu_1、Cu_2；Cu_1 再分 2 支：Cu_1a、Cu_1b

A：anal vein 臀脉，位于臀区内，数目 1-12 不等，常 3 条，称 1A、2A、3A……

J：jugal vein 轭脉，位于轭区的 2 根短小的脉 J_1、J_2。有的昆虫无此翅脉，轭区全膜状

横脉的名称常根据所连接的纵脉而命名，用小写字母

h：humeral crossvein 肩横脉，连接纵脉 C 和 Sc

r：radial crossvein 径横脉，连接纵脉 R_1 和 R_2

s：sectorial crossvein 分横脉，连接纵脉 R_3 和 R_4，或 R_{2+3} 和 R_{4+5}

r-m：radio-medial crossvein 径中横脉，连接纵脉 R_{4+5} 和 M_{1+2}

m：medial crossvein 中横脉，连接纵脉 M_2 和 M_3

m-Cu：mediocubital crossvein 中肘横脉，连接纵脉 M_{3+4} 和 Cu_1

（3）翅室（wing cell）指翅面上由纵脉和横脉或翅缘围成的小区。可以分为开室（翅室一边不被翅脉封闭而向翅缘开放）和闭室（翅室四周都为翅脉封闭）。翅室通常以其前缘的纵脉名称来命名。

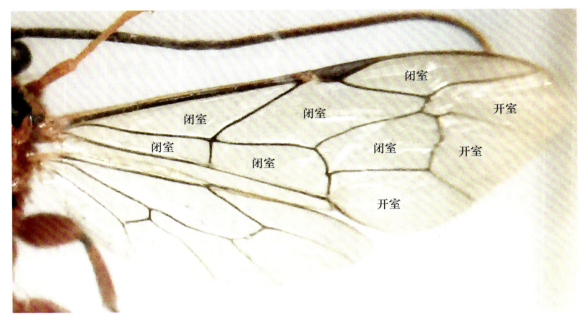

松毛虫黑点瘤姬蜂 *Xanthopimpla pedator* 翅室

（4）翅脉的变化

大多数昆虫的翅脉与假想原始通用脉序并不一样。翅脉增多情况之一是出现副脉（accessary vein），即原有的纵脉出现分支，命名一般加小写字母，如 R_1a、R_1b……；另一情况是原有的纵脉之间加插的纵脉，不是原有纵脉分支，基部游离或以横脉与邻近纵脉相连，称为闰脉（intercalary vein），在原纵脉前加"I"，如 M_3 和 M_4 间的闰脉，可称 IM_3。

六斑曲缘蜻 *Palpopleura sexmaculata*

蜉蝣的翅脉

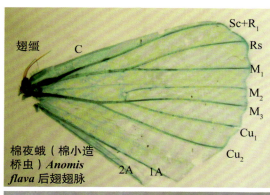

翅缰　C　Sc+R₁
Rs
M₁
M₂
M₃
Cu₁
Cu₂
2A　1A

棉夜蛾（棉小造桥虫）*Anomis flava* 后翅翅脉

翅脉减少的情况之一是合并，即 2 条脉合在一起，如蛾类后翅的 Sc+R₁、M₃₊₄ 等；另一情况就是消失，如蓟马类、小蜂总科昆虫的翅脉都非常少。

缨小蜂翅脉

西花蓟马简单的翅脉

3. 翅的类型

（1）膜翅

膜翅（membranous wing）：膜质透明，翅脉明显，如蜂、蝇、蜻蜓的翅。

丽蝇

青条花蜂 *Amegilla calceifera*

碧伟蜓 *Anax parthenope*

（2）覆翅

覆翅（tegmen）：都为前翅特化，翅质坚韧皮纸状，有网状翅脉，平时覆盖在体背侧面和后翅上，主要起保护和辅助飞行作用，如蝗虫、蜚蠊、螳螂等的前翅。

1 种蜚蠊

短额负蝗（红后负蝗）*Atractomorpha sinensis*

龙头螽斯 *Eumegalodon* sp.

华丽金属螳 *Metallyticus splendidus*

（3）鞘翅

鞘翅（elytron）：为甲虫类（鞘翅目）的前翅，坚硬如角质，无翅脉，主要起保护作用。

亚特拉斯南洋大兜 *Chalcosoma atlas*

宽翅吉丁虫指名亚种 *Catoxantha opulenta opulenta*

维多利亚宝石金龟 *Plusiotis victorina*

59

（4）半鞘翅

半鞘翅（hemielytron）：为半翅目异翅亚目（蝽类）前翅，其基半部为角质，端半部为膜质，主要起保护和辅助飞行作用。

硕蝽 *Eurostus validus*

硕蝽

菜蝽 *Eurydema dominulus*

伊锥同蝽 *Sastragala esakii*

（5）毛翅

毛翅（trichopterous wing）：为毛翅目（石蛾类）昆虫所特有，其膜质翅面上密生刚毛。

石蛾

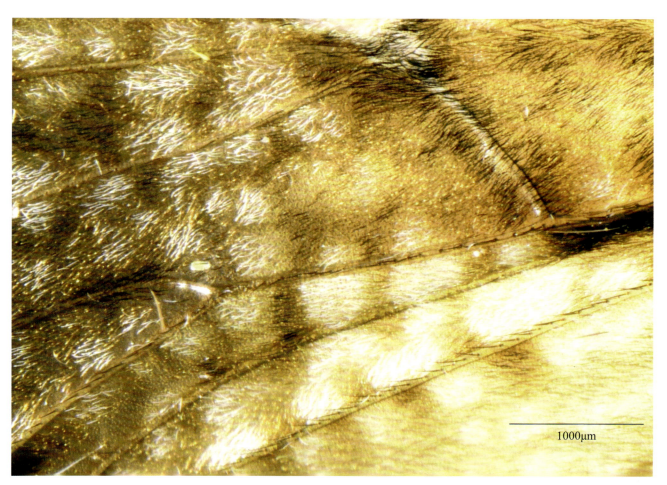

1000μm

石蛾翅面

（6）鳞翅

鳞翅（lepidotic wing）：为鳞翅目（蝶蛾类）所特有，其膜质翅面密盖鳞片（scale）。鳞片是从刚毛演化而来的。

三尾褐凤蝶 *Bhutanitis thaidina*

核桃美舟蛾 *Uropyia meticulodina* 鳞片

卷翅裳夜蛾 *Bematha extensa*

（7）缨翅

缨翅（fringed wing）：为缨翅目（蓟马类）昆虫所特有，其翅狭小细长，边缘有缨毛状的长毛。

普通大蓟马 *Megalurothrips usitatus*   蓟马缨翅

（8）平衡棒

平衡棒（halter）：是双翅目（蝇、虻、蚊类）后翅特化而成，呈小棒状，能感觉气流，为飞行平衡器。

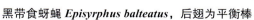
黑带食蚜蝇 *Episyrphus balteatus*，后翅为平衡棒   1 种大蚊

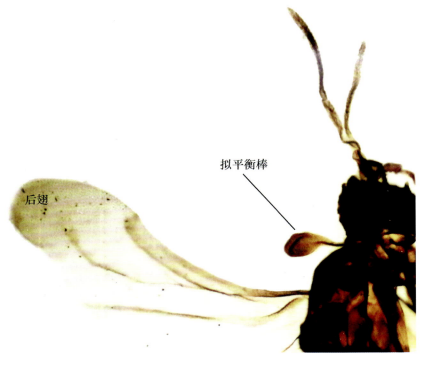

后翅

拟平衡棒

（9）拟平衡棒

拟平衡棒（pseudohalteres）：捻翅目昆虫（螏）雄虫的前翅特化为棒状，与双翅目的后翅平衡棒来源不同，特称为拟平衡棒。

4. 翅的连锁器

以前翅为主要飞行器，而后翅较小的昆虫，如蝉、蝶蛾、蜂等，前翅和后翅一般通过连锁器（coupling apparatus）连锁，使前后翅在飞行时互相配合，协调动作。连锁器主要有以下几种类型。

（1）卷褶型：前翅后缘有一段向下卷褶，后翅前缘一段向上卷褶，飞行时扣在一起，如蝉。

蒙古寒蝉 *Meimuna mongolica* 前后翅连锁器腹面观

（2）翅轭型：前翅轭区有指状突出，即翅轭（jugum），夹住后翅，如蝙蝠蛾等低等蛾类。

钩蝙蝠蛾 *Thitarodes (Hepialus)* sp.

（3）翅缰型：后翅前缘基部有 1-9 根硬刚毛称翅缰（frenulum），前翅 Sc 或 Cu 脉腹面有毛簇，称翅缰钩（frenulum hook）。翅缰插在翅缰钩内，使前后翅连成一体，如多数蛾类。

斜纹夜蛾 *Spodoptera litura* 前后翅的翅缰型连锁器

（4）膨肩型（翅抱型）：后翅肩角膨大，上有短的肩脉（humeral vein），突伸于前翅后部之下，使前后翅一起下降，如蝶类、一些大蛾类。

枯叶蛾

美凤蝶 *Papilio memnon*

（5）翅钩型：前翅后缘向上卷折，后翅前缘有一排弯钩，称翅钩列（hamuli），后翅翅钩列扣住前翅的卷折，使两翅连锁，如蜂类。

马蜂前后翅

前翅后缘向上的卷折和后翅前缘翅钩列

前后翅通过翅钩列连锁在一起

第四章
昆虫的腹部及其附器

一、腹部的基本构造

飞蝗雌（上）、雄（下）成虫腹部侧面观

听器 · 肛上板

昆虫腹部原始节数为 11 节 + 尾节。高等种类昆虫多数 9-11 腹节，有的减至 3-5 节。一般第 8 或第 9 节以后各节缩入体内或退化。也有的前端 1-3 节愈合，有的部分并入后胸。

飞蝗第 1 腹节有听器，雄成虫第 9 腹节或雌成虫第 8、9 腹节，具外生殖器，称为生殖节（genital segment）；而前面的腹节称生殖前节（pregenital segment），无附肢，各有气门一对，内包含大量内脏，故也称脏节（visceral segment）；第 10、11 节可称生殖后节（postgenital segment），有肛门，常有一对尾须。

较原始昆虫的腹节由背板、侧板和腹板构成。但大多数昆虫的多数腹节无附肢，侧板多并入腹板，故称侧腹板（pleurosternum）。背腹板之间膜质部分，称侧膜（lateral membrane），其有利于腹节上下伸缩活动，适应呼吸、消化、产卵等活动。腹部各节之间的节间膜也发达，其伸缩同样有利于消化、循环、交配、产卵等活动。

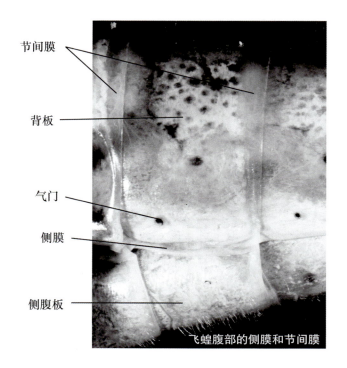

节间膜 · 背板 · 气门 · 侧膜 · 侧腹板

飞蝗腹部的侧膜和节间膜

二、腹部的附器

1. 外生殖器（genitalia）

（1）雌外生殖器：生于第 8、9 腹节上，来源于附肢，是产卵的工具，故称产卵器（ovipositor）。

背产卵瓣

腹产卵瓣

背腹产卵瓣不停张合用于凿开沙土

内产卵瓣

生殖孔

尾须

导卵器

腹产卵瓣

▲ 飞蝗产卵器：其产卵于土中，雌成虫产卵器的背产卵瓣和腹产卵瓣很发达，内瓣很小，背、腹瓣用于凿开沙土，使尾部深入土壤中产卵

◀ 褐飞虱产卵器：其产卵于水稻叶鞘组织中，产卵器锯刀状，可以很快切开水稻组织

蒙古寒蝉 *Meimuna mongolica*

西方蜜蜂 *Apis mellifera* 螫刺，2 侧有倒刺

长尾茧蜂 *Meganura* sp.

家蟋蟀 *Acheta domesticus*

端尖斜缘螽 *Deflorita apicalis* 6 龄雌若虫

　　蝉与飞虱一样，产卵于植物组织中，产卵器由腹瓣和内瓣组成，背瓣形成保护构造；蜜蜂、胡蜂工蜂产卵器特化成螫针（sting）；蟋蟀产卵器矛状，螽斯的刀状，可产卵于土中。寄生的长尾茧蜂产卵器特长，可以将卵产到钻蛀在大树干深处的宿主幼虫体上。

　　甲虫、蚊蝇、蝶蛾等无由产卵瓣形成的产卵器，多由腹末几个体节互相套成管状缩藏在体内，产卵时伸出体外，属于伪产卵管。

螯刺

黑尾虎头蜂（黑尾胡蜂）*Vespa ducalis* 腹部末端的螯刺

（2）雄外生殖器：又称交配器（copulatory organ），一般包括阳具（phallus）和抱握器（clasper）两部分。抱握器是第9腹节的附肢。阳具是第9腹节腹板的外长物，平时藏在生殖腔中，交配时伸出体外。生殖腔由肛上板、肛侧板、第9腹节腹板（下生殖板）围成。

下生殖板

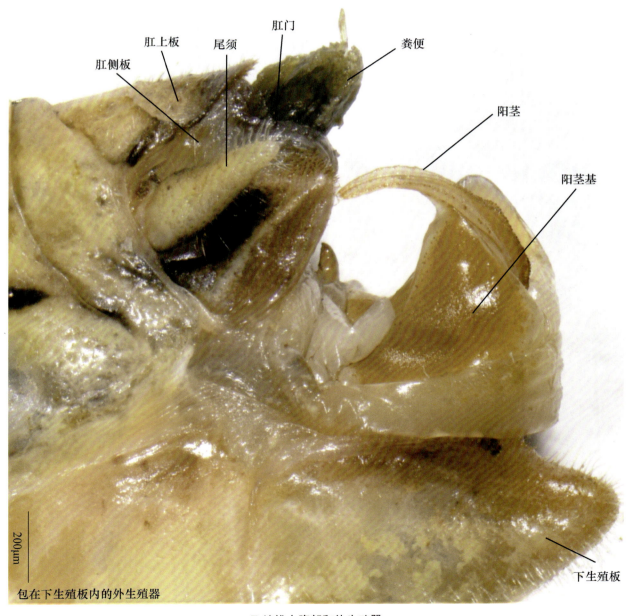

肛侧板　肛上板　尾须　肛门　粪便　阳茎　阳茎基

下生殖板

200μm

包在下生殖板内的外生殖器

飞蝗雄虫腹部和外生殖器

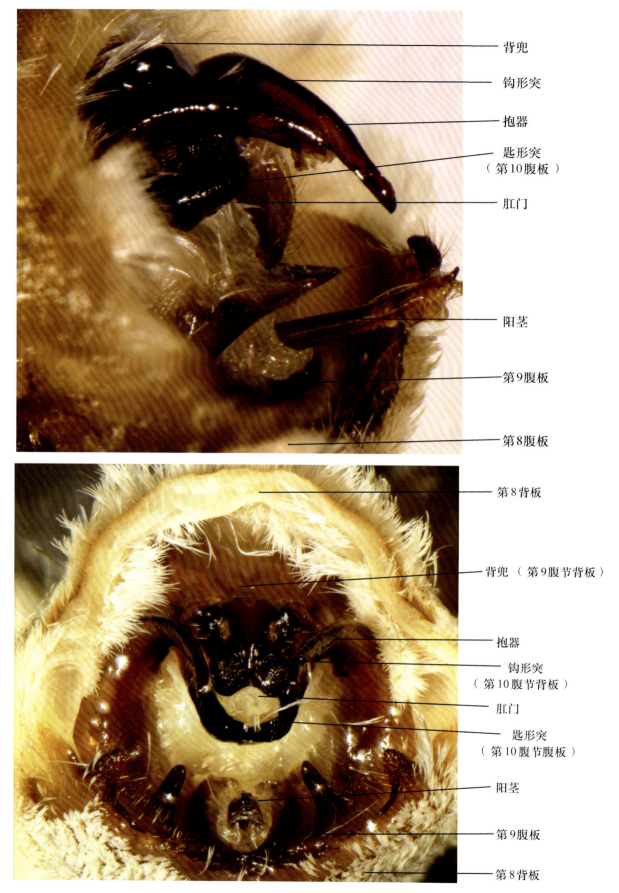

背兜

钩形突

抱器

匙形突
（第10腹板）

肛门

阳茎

第9腹板

第8腹板

第8背板

背兜 （第9腹节背板）

抱器

钩形突
（第10腹节背板）

肛门

匙形突
（第10腹节腹板）

阳茎

第9腹板

第8背板

家蚕雄蛾外生殖器

2. 尾须

尾须（cercus）是第 11 腹节的附肢，着生在肛上板两侧膜上，形状多变，有的锥状不分节，有的线状多节，是触觉器官。革翅目（蠼螋）的尾须硬化为铗状，用以防御和捕食，有时可帮助折叠后翅。高等昆虫尾须多退化。

蠼螋

3. 中尾丝

中尾丝（caudal filament）是石蛃目、缨尾目和部分蜉蝣目昆虫的肛上板向后延伸成丝状，位于两尾须之间，也有感觉功能。

斑衣鱼 *Thermobia domestica*

中尾丝

蜉蝣

4. 其他昆虫腹部附肢

（1）无翅亚纲昆虫：在生殖前节有针突等附肢，如衣鱼、石蛃等。

石蛃

（2）弹尾纲昆虫：在腹部有弹器、握弹器、黏管等来源于附肢的构造，用于弹跳。

曲毛裸长蚖 *Sinella curviseta*

（3）全变态昆虫幼虫，如蝶蛾类和叶蜂类幼虫，其腹部有行动用的附肢，即腹足（proleg）。

苎麻夜蛾 *Arcte coerula* 幼虫　　　　　　　　叶蜂幼虫

紫光箩纹蛾 *Brahmaea porpuyrio* 幼虫

（4）蜉蝣稚虫等的气管鳃也是由附肢进化而来，用于在水中进行氧气交换。

气管鳃

蜉蝣稚虫　　　　　　　　　　　　　　蜉蝣稚虫

第二篇

昆虫的内部结构及生理学

昆虫的内部结构与生理学是研究昆虫的内部组织器官的结构及其生理功能的科学。昆虫内部组织器官可分为体壁、肌肉系统、消化系统、排泄系统、循环系统、呼吸系统、神经系统、感觉器官、生殖系统、内分泌系统等。

第五章
昆虫内部器官系统和位置

一、昆虫内部器官系统和生理特点

与脊椎动物内部器官系统相比，昆虫具有以下特点。

（1）昆虫骨骼系统是含几丁质的外骨骼，包在体外层，运动肌肉附着于骨骼内；而脊椎动物的运动肌肉着生在骨骼之外。

（2）昆虫循环系统开放式，血液和淋巴液相混，称为血淋巴；而脊椎动物的血液是在血管系统中循环的，血液和淋巴液基本是独立循环的。

（3）昆虫中枢神经系统的腹神经索位于消化道腹面；而脊椎动物的神经索位于消化道背面的脊椎内。

（4）昆虫用气管系统呼吸，氧气是通过气管-微气管系统直接输送到需氧的组织细胞；脊椎动物肺吸入的氧气则是通过血液的血红素运送到需氧的组织细胞。

（5）昆虫排泄器官主要为马氏管，氮排泄物多为尿酸；而脊椎动物的排泄器官为肾，氮排泄物多为尿素。

二、血腔和血窦

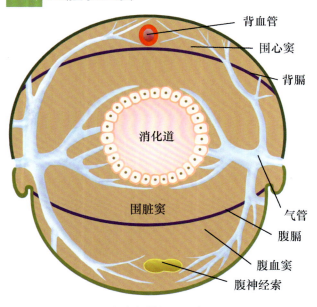

昆虫腹部横切面示意图

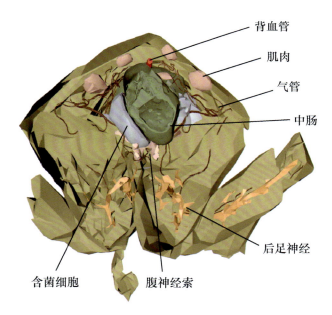

褐飞虱若虫后胸横截面的 **3D** 图

昆虫的血腔（haemocoel）常由薄薄的膜（即背膈）分成背血窦（pericardial sinus，也称为围心窦）和围脏窦（perivisceral sinus）。有些如直翅目和鳞翅目昆虫还有腹膈，在其下方形成腹血窦（ventral sinus）。

三、内部器官系统位置

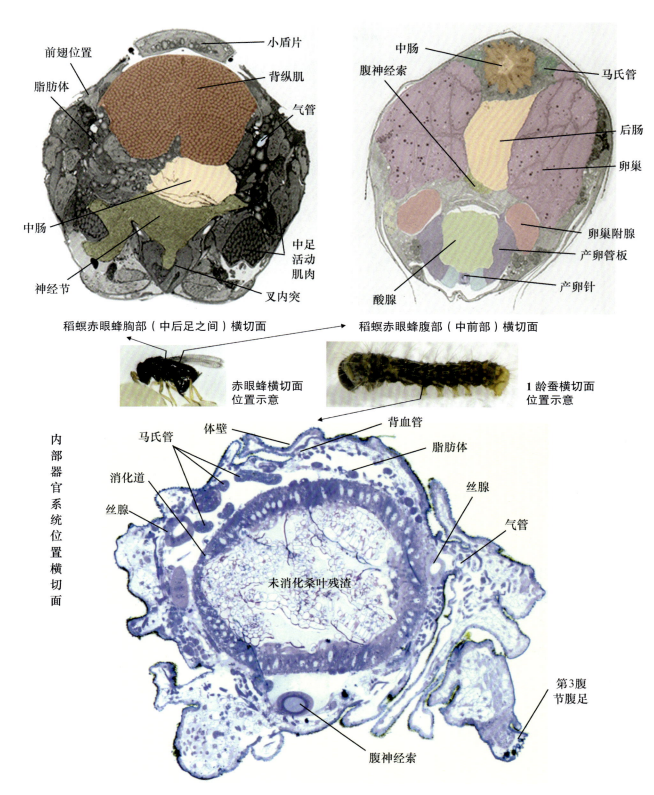

稻螟赤眼蜂胸部（中后足之间）横切面

前翅位置
脂肪体
小盾片
背纵肌
气管
中肠
中足活动肌肉
神经节
叉内突

稻螟赤眼蜂腹部（中前部）横切面

中肠
腹神经索
马氏管
后肠
卵巢
卵巢附腺
产卵管板
产卵针
酸腺

赤眼蜂横切面位置示意

1龄蚕横切面位置示意

内部器官系统位置横切面

马氏管
体壁
背血管
脂肪体
消化道
丝腺
丝腺
气管
未消化桑叶残渣
第3腹节腹足
腹神经索

蚕1龄幼虫腹部第3节横切面

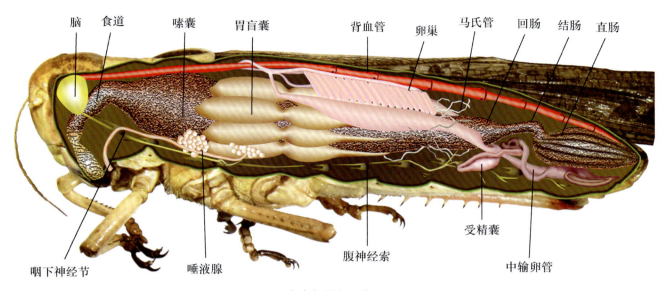

脑　食道　嗉囊　胃盲囊　背血管　卵巢　马氏管　回肠　结肠　直肠

咽下神经节　唾液腺　腹神经索　受精囊　中输卵管

蝗虫内部器官系统位置

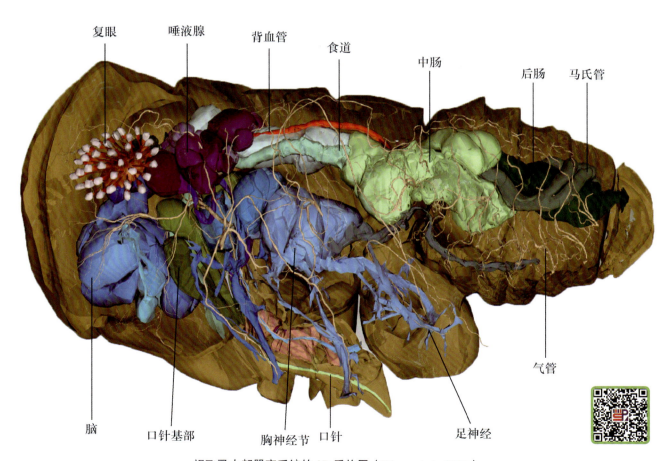

复眼　唾液腺　背血管　食道　中肠　后肠　马氏管

脑　口针基部　胸神经节　口针　足神经　气管

褐飞虱内部器官系统的 3D 重构图（Wang et al., 2021）

下载链接：https://cdn.elifesciences.org/articles/62875/elife-62875-supp1-v3.pdf

一、体壁结构和功能

昆虫的体壁可以分为底膜、皮细胞层和表皮三部分。其中底膜是由含糖蛋白的胶原纤维组成的非细胞性薄膜，用于隔离血淋巴和皮细胞。皮细胞层在蜕皮过程中分泌蜕皮液，消化旧表皮，合成和分泌新表皮。表皮是昆虫的外骨骼。

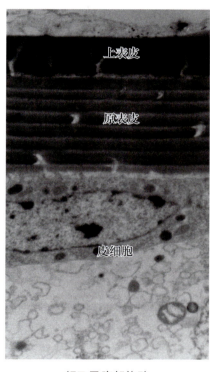

褐飞虱腹部体壁

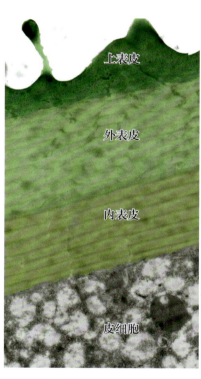

蚕幼虫头壳体壁

飞蝗头部体壁

昆虫的表皮可以分为原表皮（procuticle）和上表皮（epicuticle）。原表皮含几丁质的片层结构和镶嵌其间的 100 多种表皮蛋白。褐飞虱的表皮蛋白可多达 140 余种。新形成的原表皮中靠近体表的一些片层在每次脱皮后不久会被醌类物质鞣化，形成硬化的外表皮（exocuticle），而靠近内部的未被鞣化的片层部分则成为内表皮（endocuticle），内表皮具有很好的延展性。上表皮通常包括角质精层、蜡层和护蜡层。

几丁质的分子结构式

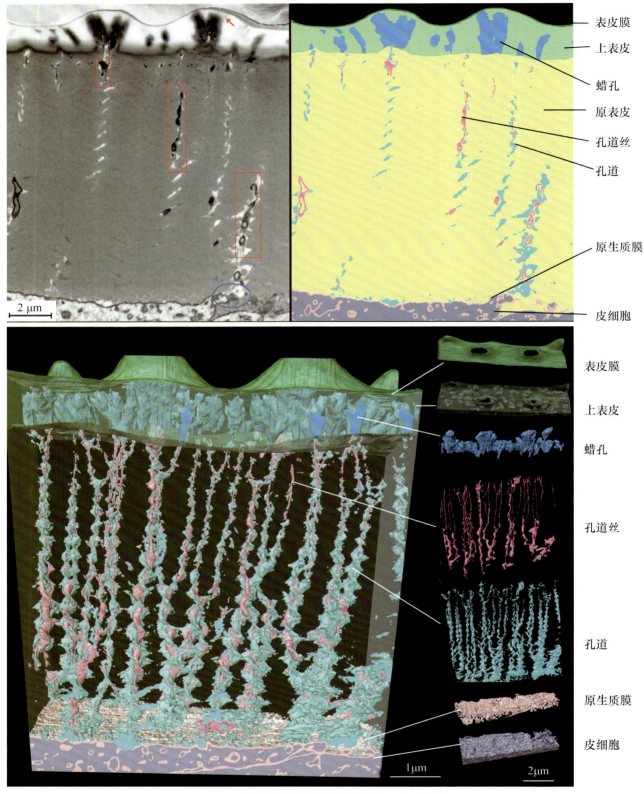

表皮膜

上表皮

蜡孔

原表皮

孔道丝

孔道

原生质膜

皮细胞

表皮膜

上表皮

蜡孔

孔道丝

孔道

原生质膜

皮细胞

褐飞虱表皮的三维结构（Li et al., 2021）

　　褐飞虱原表皮中有许多螺旋状的孔道（pore canal），其中含孔道丝物（外送至表皮表面的蜡质等物质），上表皮中也有很多蜡孔，向表皮膜表面运输碳氢化合物等脂质，在表皮的外表面形成蜡层，使表皮能够抵抗外水等入侵和体内水分的蒸发损失。

二、昆虫表皮的通透性

表皮除含有几丁质、各种表皮蛋白外，还含有酶类、酯类、多元酚和色素等。其中表皮酯类主要为各种碳氢化合物，包括长链饱和烃与不饱和烃，酯类物质使表皮具有疏水性，能够抵御体内水分蒸发和防止外水渗入。

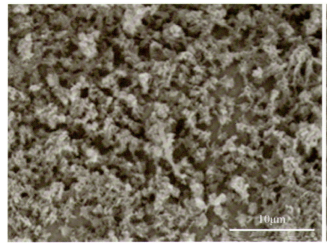

褐飞虱表皮上的碳氢化合物扫描电镜照片　　　　　　褐飞虱表皮上的碳氢化合物被清除后的扫描电镜照片

褐飞虱身体体表面具有疏水性　　缺乏表面酯质的褐飞虱会被水滴黏附　　正常褐飞虱能漂浮在水面上　　缺乏表面酯质的褐飞虱会沉入水中

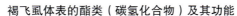

褐飞虱体表的酯类（碳氢化合物）及其功能

三、昆虫的脱皮过程

昆虫的体壁外表皮硬化，阻碍了虫体的生长和发育，因此，幼期阶段需要周期性地脱去旧表皮，形成面积更大的新表皮。同时，昆虫生长过程需要进行变态，在化蛹和羽化时，需要脱去旧表皮，形成具有蛹或成虫形态的新表皮。

幽灵竹节虫 *Extatosoma popa* 脱皮

83

脱皮过程机理：一般开始于1个龄期的中后期，皮细胞层与旧表皮之间开始出现间隙，即皮层溶离（apolysis），皮细胞向间隙分泌含多种几丁质酶原和蛋白酶原等的蜕皮液（ecdysial fluid），绛色细胞分泌角质精层（tanned cuticulin）于细胞表面，角质精层外的几丁质酶原和蛋白酶原等被激活，消化旧的内表皮转为氨基酸和 N- 乙酰 -D- 葡萄糖胺。皮细胞合成新的几丁质和蛋白等物质，形成新的原表皮片层。皮细胞通过伸出原生质丝构成的孔道，穿过新的原表皮，不断回收被消化的旧表皮物质重新利用。即将脱皮前，皮细胞分泌酯类经孔道运送到角质精层上形成蜡层、护蜡层。

即将脱皮的4龄蚕

新头　4龄旧头壳

正在脱皮的蚕，旧的蜕已经脱下一半

旧的蜕

黑色的旧气管表皮被拉拽出

4 龄家蚕脱皮过程

即将脱皮的 4 龄家蚕幼虫会停止取食，昂头进入静息（上面 1 头），头壳后已经可见新头。脱皮时通过身体不断蠕动使旧表皮不断往后蜕去。气管来源于外胚层，脱皮时气管的上表皮和外表皮也随体壁旧表皮一起脱掉。图中为 1 头正在脱皮的蚕，由于蚕的气管是深褐色的，因此气管旧表皮从气管中拉出来时，会在旧表皮下看到体侧气管线上形成一深黑色的旧气管条带。新表皮柔软多皱，特别是头壳宽度比前一龄期明显增大。

许多昆虫脱皮前常大量吞吸空气或水，借助肌肉收缩，使蜕裂线部位内压增大而裂开，开始脱皮。刚脱皮的昆虫，外表皮未鞣化，表皮色浅柔软多皱。通过继续吞吸空气或水，使新表皮扩展、翅和附肢充分展开。然后皮细胞分泌物质经孔道上送到角质精层上，形成多元酚层，多元酚形成的醌类物质向下扩散，将原表皮的外层鞣化和硬化，形成外表皮，原表皮的内层未被鞣化，即为内表皮。

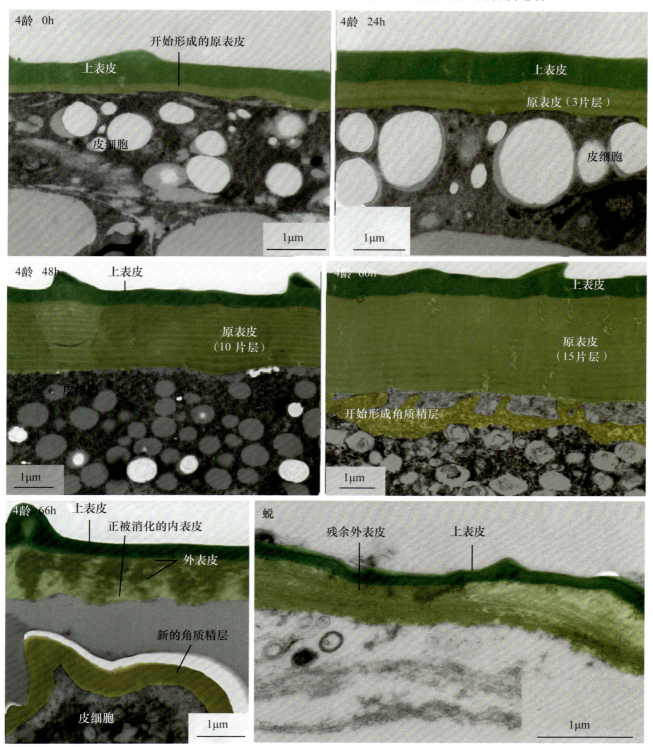

褐飞虱 4 龄若虫脱皮周期过程体壁变化

四、昆虫的体壁颜色

拟叶螽若虫色素色

金闪宝石金龟 Chrysina (Plusiotis) aurigans   银闪宝石金龟 C. chrysargyrea

宝石金龟的结构色

色素色，又称化学色，其体色是由于体内含有色素化合物，能吸收部分波长的光而反射其他光波，从而使昆虫呈现特定的色彩。除黑色素不易降解外，其他色素颜色很容易随昆虫死亡而降解变色。

结构色，又称物理色，是由于昆虫表面的特殊结构如鳞片、刻点等，使光波发生折射、散射、衍射或干扰而产生的鲜艳色彩，颜色稳定，如金龟甲、青蜂、金小蜂等。

混合色，也称结合色，同时含有结构色和色素色。如紫闪蛱蝶，其中黄色是色素色，而紫色闪光是结构色。

塞浦路斯闪蝶 Morpho cypris 的混合色

五、昆虫的内骨骼

昆虫内骨骼包括了各种内脊、内突等。外部形态部分已经介绍了主要内骨骼，这里再介绍一下头部的幕骨（tentorium）和具翅胸节的悬骨 (phragma) 等及其与肌肉的关系。

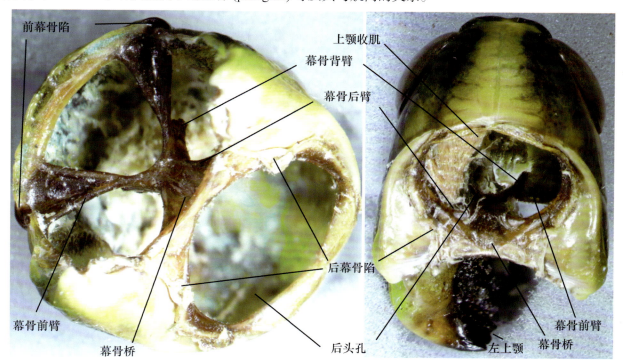

棉蝗头部的内骨骼 与飞蝗一样（参见第二章），也由幕骨后臂、幕骨前臂、幕骨背臂和幕骨桥组成。强大的上颚肌腱和肌肉穿过幕骨前臂和幕骨后臂围成的孔洞连接到头壳上

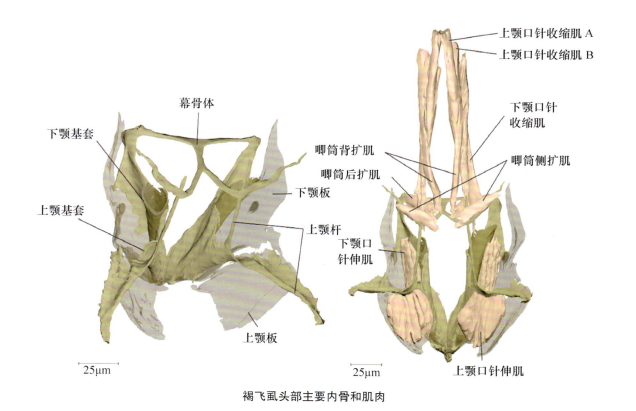

褐飞虱头部主要内骨和肌肉

棉蝗中、后胸内骨骼和肌肉

棉蝗等翅发达的昆虫中、后胸和第一腹节背板前脊沟的内脊形成 3 对悬骨，着生主要间接飞行肌（背纵肌）。腹板腹脊沟的内脊常形成腹内突，又称叉突，是腹纵肌的着生处。

六、昆虫体壁的外长物

昆虫体壁外表一般很少光滑，常长有刻点、微毛、小棘等非细胞性表皮突起物，具有保护或疏水等功能。另外，昆虫体壁也有许多细胞性外长物，单细胞性的有刚毛、鳞片等。多细胞性的外长物有刺（基部不能活动）和距（基部能活动）等。

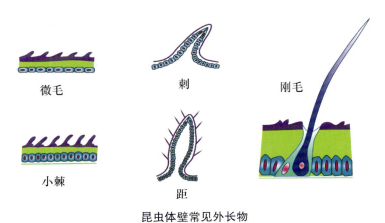

昆虫体壁常见外长物

褐飞虱后足的刺和距

第七章

昆虫的肌肉系统

昆虫肌肉系统（muscular system）来源于中胚层，是昆虫运动的动力系统，其在神经系统支配下，通过肌纤维收缩，为各种机械动作提供动力，同时肌肉收缩还可以产生热量，调节体温。昆虫肌肉为横纹肌，与脊椎动物类似，但神经控制机制有所不同，特别是昆虫飞行肌有很特殊的适应性机制。

一、昆虫肌肉的类型

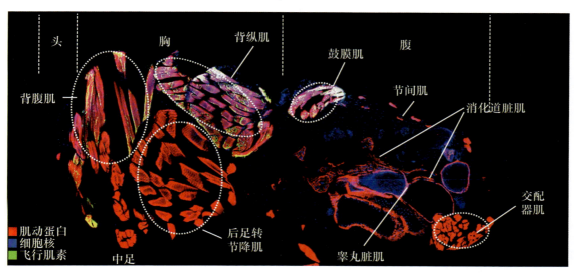

褐飞虱长翅型雄成虫纵切面，主要骨骼肌（背纵肌、背腹肌、足肌、鼓膜肌、交配器肌）和脏肌（睾丸脏肌、消化道脏肌）的分布

骨骼肌（skeletal muscle），或称体壁肌，是昆虫肌肉主要类型，连接在体壁之间，或一端连体壁，另一端连接器官。主要分布在头部、胸部和附肢，带动口器、翅、足、外生殖器和体节的运动。也有人把骨骼肌分为节间肌、附肢肌和飞行肌。

脏肌（visceral muscle），昆虫少数肌肉包围在器官外围，由小纺锤形的单核肌纤维组成，大多与围鞘或围膜结合在一起，负责消化道、马氏管、背血管和输卵管等内脏器官伸缩和蠕动。

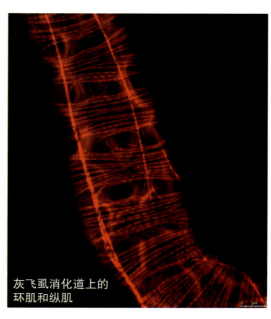

灰飞虱消化道上的环肌和纵肌

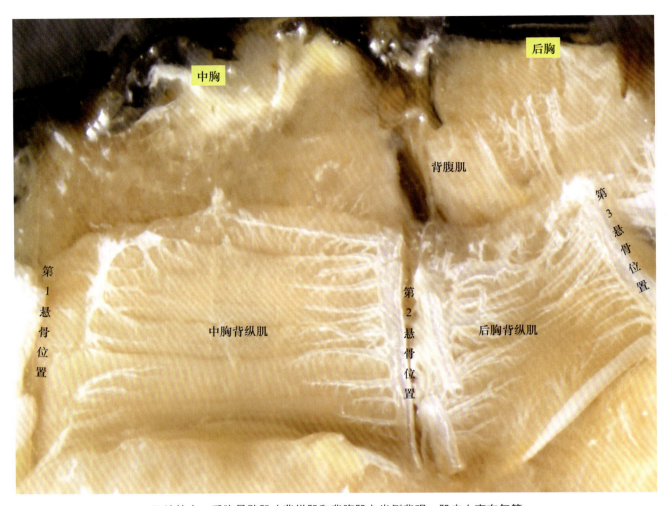

中胸　后胸

背腹肌

第3悬骨位置

第1悬骨位置

中胸背纵肌

第2悬骨位置

后胸背纵肌

飞蝗的中、后胸骨骼肌（背纵肌和背腹肌）半侧背观，肌肉上密布气管

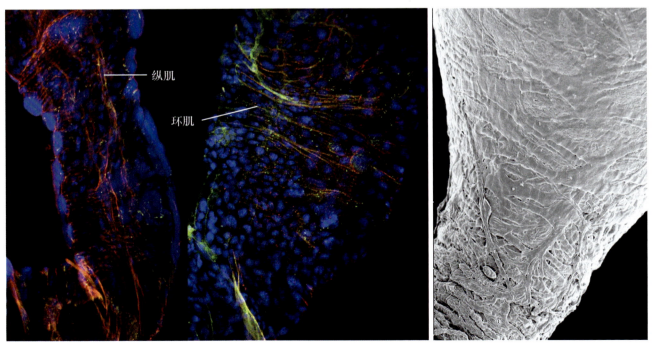

纵肌

环肌

褐飞虱脏肌（消化道纵肌和环肌）

褐飞虱脏肌（侧输卵管表面）

褐飞虱背纵肌中肌原纤维排列紧密，在肌原纤维中间布满线粒体，线粒体产生的 ATP 为飞行肌的活动提供能量。从肌丝横切面图还可以看到肌原纤维中粗肌丝和细肌丝是相间排列的，每条粗肌丝周围排列 6 条细肌丝。

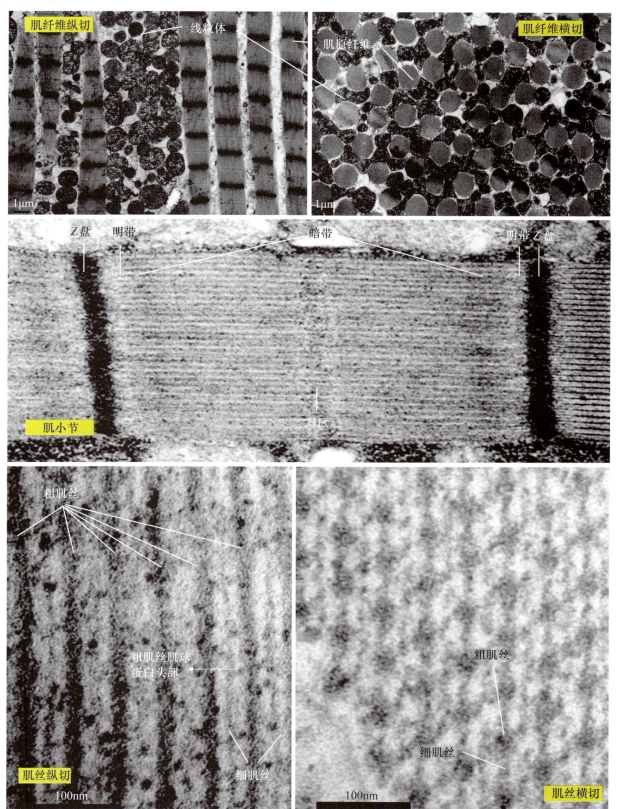

褐飞虱背纵肌的超薄切片透射电镜照片

二、昆虫肌肉的结构

肌纤维（muscle fiber）即肌细胞，是组成肌肉的基本单位，为单核（内脏肌）或多核（大多数骨骼肌）的细长细胞，由肌膜、肌质、肌原纤维组成。肌膜（sarcolemma）就是肌纤维的细胞膜，膜上往往分布大量的微气管，为肌纤维收缩提供氧气。肌质就是肌细胞的细胞质。肌原纤维是具有收缩功能的特殊细胞器，一个肌纤维中有许多平行的肌原纤维。肌原纤维之间还排列着大型的线粒体，可为肌原纤维收缩时提供三磷酸腺苷（ATP）。

肌原纤维（myofibril）由粗肌丝和细肌丝组成，昆虫肌肉的粗细肌丝比例为 1 : 3。粗肌丝由单一的纤维状肌球蛋白（myosin）分子聚合而成，肌球蛋白分子杆状，直径约 20nm，由头部、颈部和尾部组成。其头部有 1 个与肌动蛋白结合的中心，能与肌动蛋白结合形成横桥，头部还有一个 ATP 酶活性部位，在与肌动蛋白结合形成横桥时由于构象变化被激活，水解 ATP。

细肌丝由 2 条纤维状的肌动蛋白（actin）相互缠绕形成，在缠绕的凹槽处还镶嵌原肌球蛋白和肌钙蛋白等多种功能蛋白。

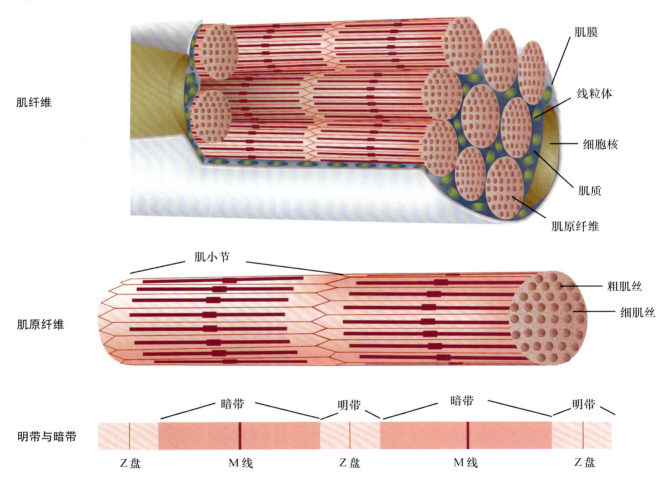

在肌原纤维中，两种肌丝纵向和横向整齐排列，粗肌丝的肌球蛋白头端向着细肌丝，细肌丝的一端向着粗肌丝肌球蛋白的分子头端，另一端固定在端膜（telophragma，也称 Z 盘）上。两相邻端膜之间的部分就是一个肌小节（sarcomere），是肌原纤维收缩的基本单位。

　　由于 Z 盘、粗肌丝、细肌丝在肌原纤维中规则分布排列，在偏光显微镜下可以看到肌小节中形成明暗相间的带状结构，因此昆虫肌肉又称为横纹肌。有粗肌丝排列的部位颜色较暗，称暗带（anisotropic band，A 带），只有细肌丝的部分颜色较浅，称为明带（isotropic band，I 带）。在 A 带中央，只有粗肌丝，没有细肌丝的部分称 H 带（区）。

三、肌肉的收缩机制

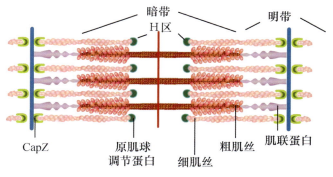

松弛状态粗、细肌丝排列

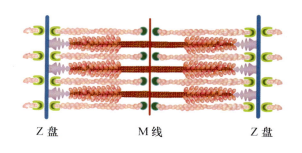

收缩状态粗、细肌丝排列

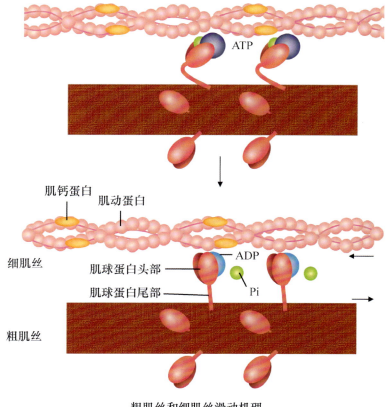

粗肌丝和细肌丝滑动机理

　　静息时，粗肌丝上肌球蛋白与细肌丝上肌动蛋白由于受肌钙蛋白 - 原肌球蛋白的抑制不能结合。当动作电位传入肌细胞肌质网时，肌质网释放 Ca^{2+}，Ca^{2+} 与肌钙蛋白结合，肌钙蛋白构型发生变化，原肌球蛋白的构型也随之变化，其抑制作用被解除，肌球蛋白与肌动蛋白结合位点暴露。肌动蛋白与横桥结合，肌球蛋白头部横桥上的 ATP 酶被激活，降解 ATP 成二磷酸腺苷（ADP）和磷离子（Pi），ATP 提供的能量使横桥向 M 线扭动，细肌丝向粗肌丝相对滑动，整个肌小节缩短，肌肉收缩。

　　肌小节在伸长或者收缩的情况下，粗肌丝和细肌丝的长度是不变的，只是细肌丝在粗肌丝之间滑行。由于粗肌丝的长度不变，A 带的宽度也不会改变，但由于肌肉收缩时，两边的细肌丝向 A 带中间方向滑行，H 带的宽度会变小或消失，粗肌丝两端会接近 Z 盘。

四、肌肉的收缩调控

　　昆虫的每一条肌肉，通常受 1 个或少数几个运动神经元控制。蝗虫的前足基节肌只受 1 个运动神经元控制；而后足胫节屈肌受 6 个运动神经元控制，包括 2 个快神经元、2 个慢神经元和 2 个中间神经元，神经元之间的配合协调可以调节收缩强度。

　　运动神经元末端以大量的分支与肌膜形成突触联系。神经和肌膜之间突触的递质与神经元之间的突触递质不同，不是乙酰胆碱，而是 L- 谷氨酸（兴奋性神经）或 γ - 氨基丁酸（抑制性神经）。

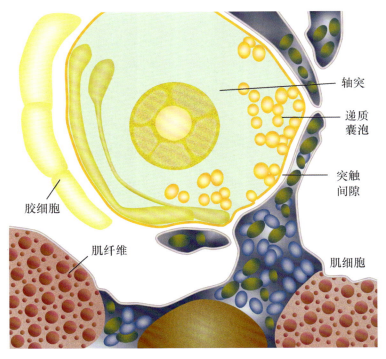

蜚蠊基节肌纤维中神经与肌肉间的突触（改自 Smith, 1984）

右侧标注：轴突；递质囊泡；突触间隙；肌细胞
左侧标注：胶细胞；肌纤维

五、肌肉与昆虫的活动

　　昆虫各种活动和行为，都有肌肉参与。这里介绍与取食和飞行相关的肌肉。

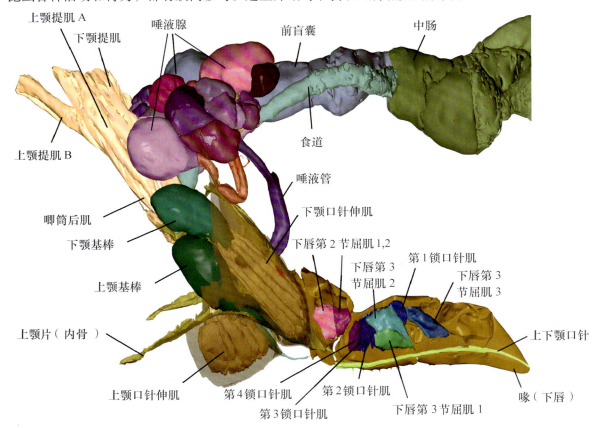

褐飞虱与取食相关的肌肉

标注：上颚提肌 A；下颚提肌；唾液腺；前盲囊；中肠；上颚提肌 B；唧筒后肌；下颚基棒；上颚基棒；上颚片（内骨）；上颚口针伸肌；食道；唾液管；下颚口针伸肌；下唇第 2 节屈肌 1,2；下唇第 3 节屈肌 2；第 1 锁口针肌；下唇第 3 节屈肌 3；上下颚口针；喙（下唇）；第 4 锁口针肌；第 3 锁口针肌；第 2 锁口针肌；下唇第 3 节屈肌 1

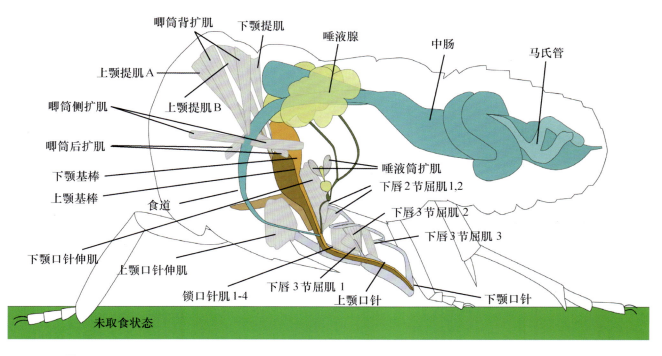

唧筒背扩肌　下颚提肌　唾液腺　中肠　马氏管
上颚提肌A
唧筒侧扩肌　上颚提肌B
唧筒后扩肌　唾液筒扩肌
下颚基棒　下唇2节屈肌1,2
上颚基棒　下唇3节屈肌2
食道　下唇3节屈肌3
下颚口针伸肌
上颚口针伸肌　下唇3节屈肌1
锁口针肌1-4　上颚口针　下颚口针

未取食状态

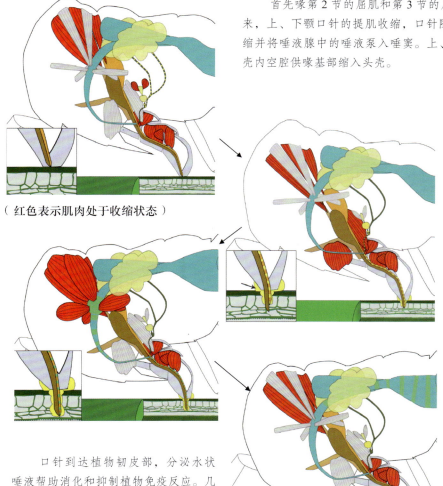

（红色表示肌肉处于收缩状态）

首先喙第2节的屈肌和第3节的屈肌收缩，喙从平放在体下方开始竖起来，上、下颚口针的提肌收缩，口针随着缩入下唇（喙）中。唾液筒扩肌收缩并将唾液腺中的唾液泵入唾窦。上、下颚提肌保持收缩状态，以便腾出头壳内空腔供喙基部缩入头壳。

左右上颚口针伸肌交替收缩，使上颚口针交替伸出插入植物组织；下颚口针伸肌收缩，下颚口针跟随上颚口针插入植物组织。头不断往下压，口针不断插入植物组织，喙基部不断缩入头壳；唾液筒扩肌放松，唾液被唾液管道弹性压入口针唾液道，其中胶状唾液在植物表面形成环状唾液鞘固定口针，在植物组织中形成套状唾液鞘保护口针。

最后唧筒扩肌放松，植物汁液吞入前肠和中肠。

口针到达植物韧皮部，分泌水状唾液帮助消化和抑制植物免疫反应。几组唧筒扩肌不断交替收缩，使植物汁液不断被吸入食道。

褐飞虱取食过程的肌肉活动

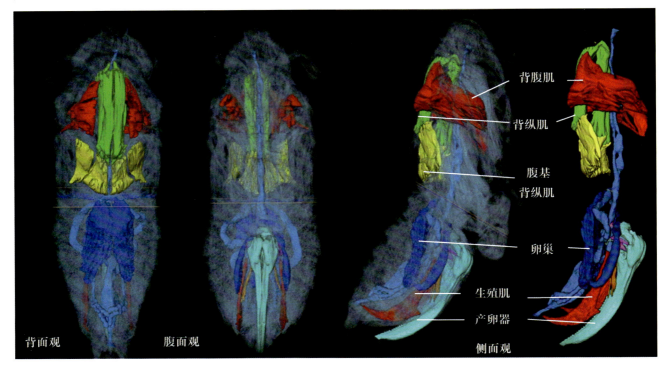

背腹肌

背纵肌

腹基
背纵肌

卵巢

生殖肌

产卵器

背面观　　　腹面观　　　　　　　　　　　　　侧面观

褐飞虱雌成虫的主要肌肉系统

蝉的间接飞行肌：背纵肌和背腹肌

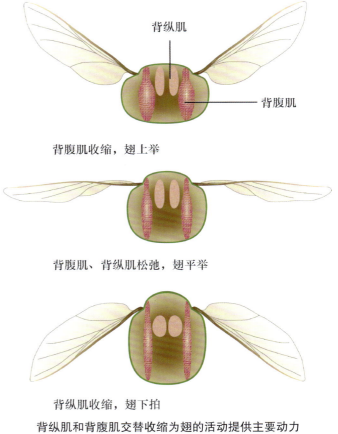

背纵肌

背腹肌

背腹肌收缩，翅上举

背腹肌、背纵肌松弛，翅平举

背纵肌收缩，翅下拍

背纵肌和背腹肌交替收缩为翅的活动提供主要动力

第八章

昆虫的消化系统

昆虫消化系统（digestive system）包括一根自口至肛门的消化道，以及与消化有关的唾液腺。消化过程包括物理消化（机械磨碎）和化学消化（酶）。消化作用指食物在酶的作用下分解为简单成分，并被肠壁吸收的过程。

一、消化道的基本构造

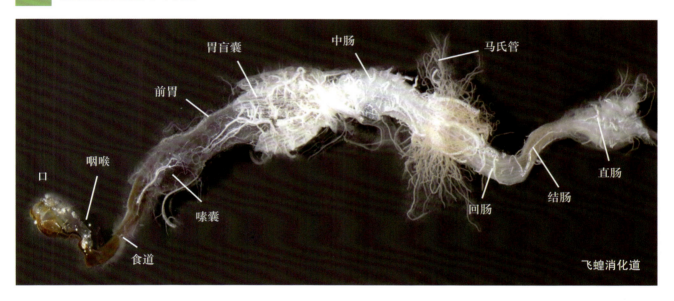

飞蝗消化道

飞蝗消化道，其口位于口器内方；咽喉（pharynx）和食道（oesophagus）是食物进入嗉囊的通道；嗉囊（crop）是食道后膨大部分，可贮存食物；前胃（proventriculus）的内壁有刺（齿），外有强大肌肉，可磨碎食物；胃盲囊（gastric caecum）是中肠前端向外突出的囊状构造，常 6 个，可增大中肠分泌和吸收表面积。中肠（midgut），即胃（ventriculus）是消化吸收主要部位；前肠和中肠交界有贲门瓣调节食物进入中肠，而中肠和后肠交界处有幽门瓣和大量马氏管。幽门瓣可调节食物残渣进入后肠，其关闭时，只让马氏管液进入后肠。后肠包括回肠（ileum）、结肠（colon）和直肠（rectum）。

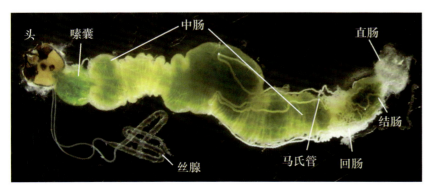

家蚕幼虫消化道几乎是一条直管，且中肠占了绝大部分

（1）前肠（foregut）：源于外胚层内陷，具储存和磨碎食物及初步消化功能。

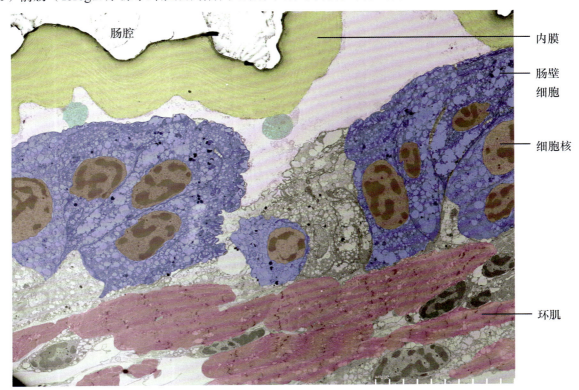

飞蝗嗉囊横切面

内膜
肠壁细胞
细胞核
环肌
肠腔

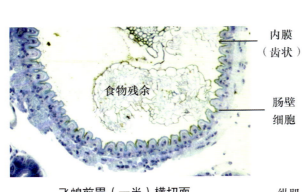

飞蝗前胃（一半）横切面

食物残余

环肌：其功能是使肠收缩蠕动。

纵肌：其功能是使前肠能纵向收缩蠕动。

肠壁细胞：相当于体壁的皮细胞层，能分泌内膜。

内膜：含几丁质，相当于体壁的表皮层，对消化酶和消化产物为不透性，因而前肠没有吸收作用。前胃内膜齿状，可以帮助磨碎食物。

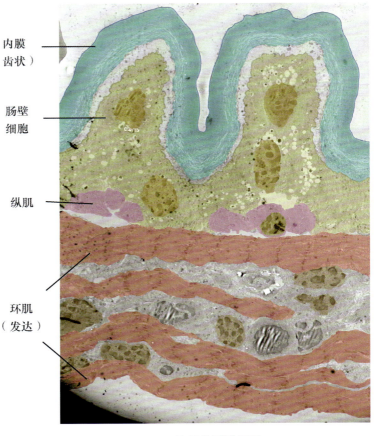

内膜（齿状）
肠壁细胞
纵肌
环肌（发达）

飞蝗前胃横切面

（2）中肠（midgut）：源于中胚层，是分泌酶进行消化和吸收的主要场所。

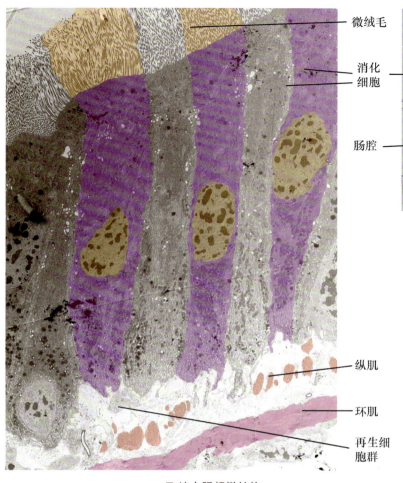

飞蝗中肠横切全貌

飞蝗中肠超微结构

环肌：其功能是使肠收缩蠕动。

纵肌：其功能是使肠能纵向收缩蠕动。

再生细胞：能分裂，可补充老化的消化细胞。

消化细胞：柱状细胞，分泌消化液，吸收消化产物；杯形细胞，分泌消化液。

围食膜：保护肠壁细胞，使食物不与之接触。可不断的脱落与新生。

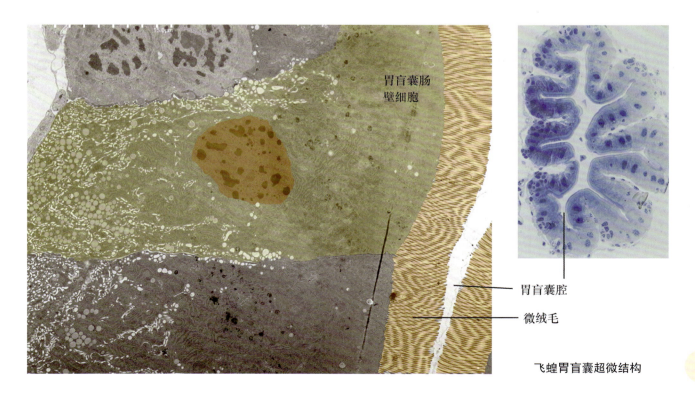

飞蝗胃盲囊超微结构

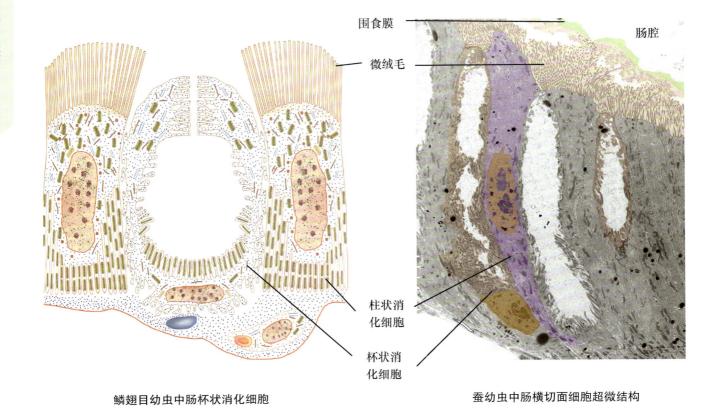

围食膜

微绒毛

肠腔

柱状消
化细胞

杯状消
化细胞

鳞翅目幼虫中肠杯状消化细胞

蚕幼虫中肠横切面细胞超微结构

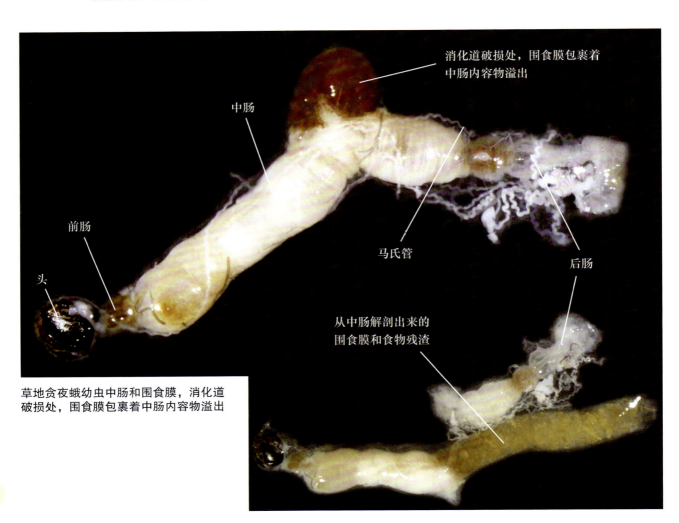

消化道破损处，围食膜包裹着
中肠内容物溢出

中肠

前肠

头

马氏管

后肠

从中肠解剖出来的
围食膜和食物残渣

草地贪夜蛾幼虫中肠和围食膜，消化道
破损处，围食膜包裹着中肠内容物溢出

（3）后肠（hind gut）：源于外胚层内陷，结构与前肠近似，但环肌在内，纵肌在外；直肠垫内膜较薄，可从食物残渣中回收水分和无机盐。

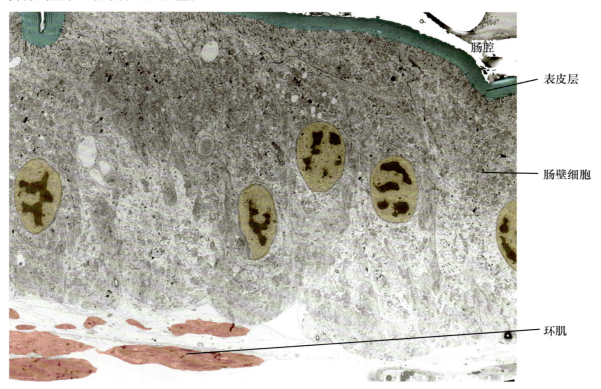

肠腔

表皮层

肠壁细胞

环肌

飞蝗后肠前部细胞超微结构

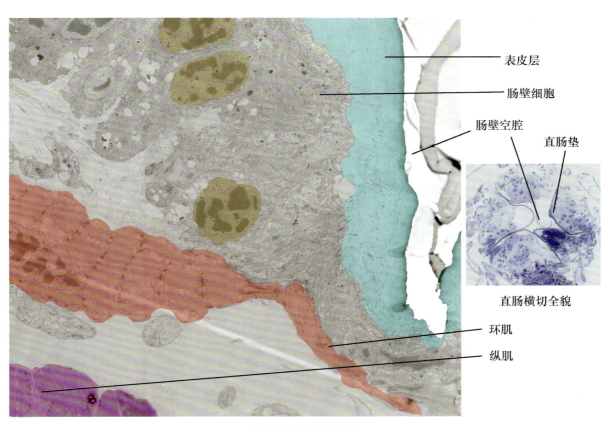

表皮层

肠壁细胞

肠壁空腔　　直肠垫

直肠横切全貌

环肌

纵肌

飞蝗的直肠垫超微结构

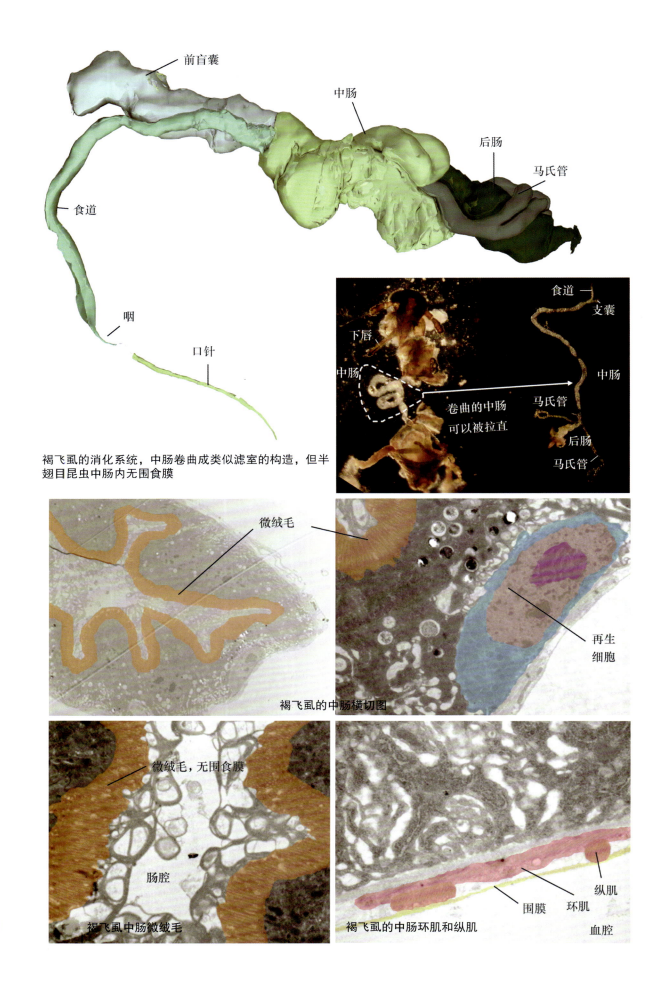

前盲囊

中肠

后肠

马氏管

食道

咽

口针

食道
支囊

下唇

中肠

马氏管

后肠

马氏管

中肠

卷曲的中肠
可以被拉直

褐飞虱的消化系统，中肠卷曲成类似滤室的构造，但半翅目昆虫中肠内无围食膜

微绒毛

微绒毛

再生
细胞

褐飞虱的中肠横切图

微绒毛，无围食膜

肠腔

褐飞虱中肠微绒毛

纵肌

环肌

围膜

血腔

褐飞虱的中肠环肌和纵肌

二、消化道对食物适应性变化

（1）消化道长度：肉食性昆虫的消化道一般较短，植食性昆虫一般中等，腐木食性昆虫一般较长。咀嚼式口器昆虫消化道常粗短，而吸收式口器昆虫消化道常细长。

（2）前胃：咀嚼式口器昆虫常发达，吸收式口器的昆虫常缺或退化。

（3）滤室（filter chamber）是一个结缔组织，将中肠前端与后肠前端包在一起后形成的构造，使一些刺吸式口器的昆虫吸收的多余水分和糖分直接从中肠前端进入后肠，能使主要营养物质如氨基酸等浓缩，被中肠更有效地消化吸收。

（4）围食膜：咀嚼式口器昆虫的发达，吸收式口器的昆虫常缺。

（5）嗉囊与中肠：咀嚼式口器昆虫嗉囊常膨大，贮存食物，吸血种类的常中肠膨大，尽量最大限度地贮存一次吸食的血液。

（6）直肠垫：生活于干燥环境的昆虫常发达；水生环境则不发达。

（7）其他：刺吸式口器昆虫食道有专门的唧筒构造，帮助抽吸液体食物。白蚁的消化道有发酵室，内有鞭毛虫共生。不同昆虫消化道的酶种类和特定共生菌种类有很大差异。

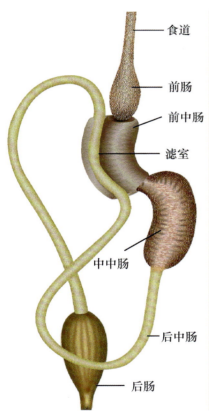

部分刺吸式口器昆虫消化道
构造示意图（有滤室）

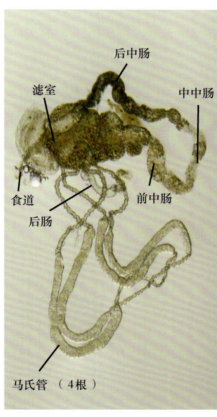

黑尾叶蝉 *Nephotettix cincticeps* 消化道

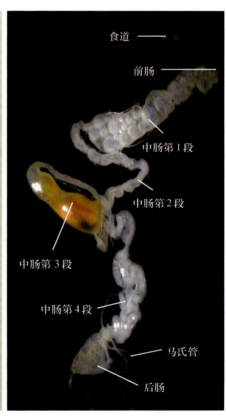

点蜂缘蝽 *Riptortus pedestris* 消化道

103

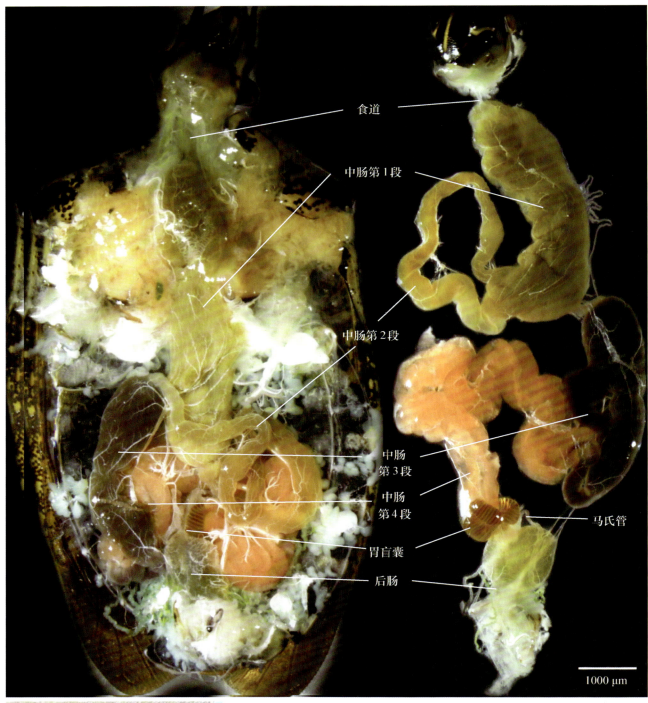

食道

中肠第1段

中肠第2段

中肠
第3段

中肠
第4段

胃盲囊

后肠

马氏管

1000 μm

麻皮蝽消化道

麻皮蝽 *Erthesina fullo*

　　蝽类消化道的中肠第1段（第1胃）用于储存吸取的食物；中肠第2段（第2胃）可以调节食物进入后一段流量；中肠第3段（第3胃）是消化吸收的主要场所；中肠第4段（第4胃）内含有多种共生菌，帮助寄主合成多种营养物质。

104

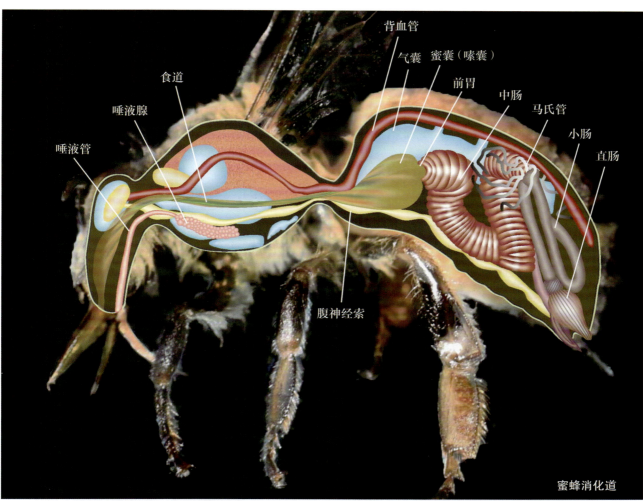

食道
唾液腺
唾液管
背血管
气囊　蜜囊（嗉囊）
前胃
中肠
马氏管
小肠
直肠
腹神经索

蜜蜂消化道

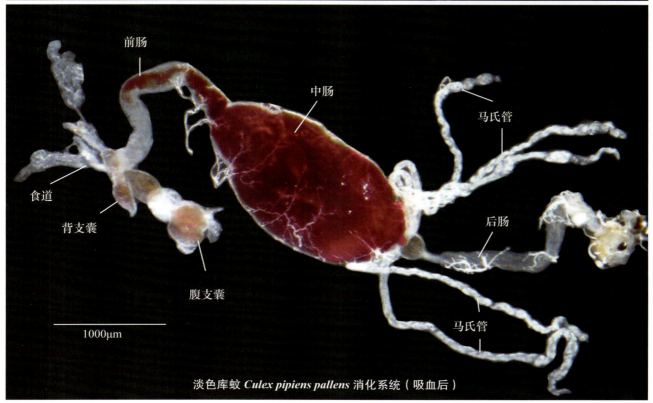

前肠
中肠
马氏管
食道
背支囊
腹支囊
后肠
马氏管

1000μm

淡色库蚊 *Culex pipiens pallens* 消化系统（吸血后）

三、唾液腺

唾液腺（salivary gland）最常见为下唇腺，开口于下唇与舌之间，腺体常管状或葡萄串状，多位于头胸部的前肠之下。唾液可以湿润口器（刺吸式），溶解食物（舔吸式、虹吸式），含消化酶、抗凝素等，还可抑制寄主的免疫反应。鳞翅目丝腺是从部分唾液腺演化而来，但仍保留有涎腺（唾液腺）。

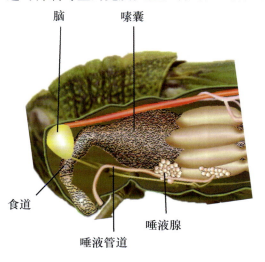

蝗虫唾液腺

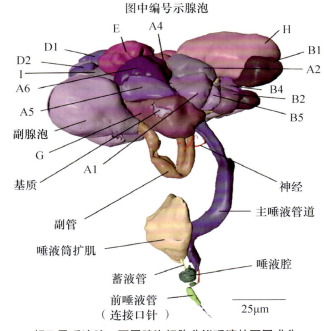

褐飞虱唾液腺，不同腺泡细胞分泌唾液的不同成分

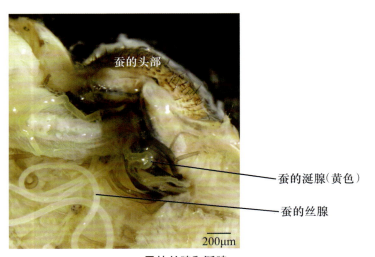

蚕的丝腺和涎腺

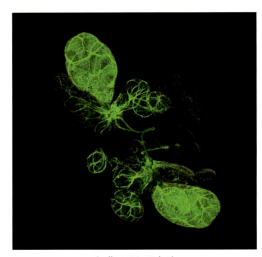

白背飞虱唾液腺

四、消化道与杀虫剂

胃毒剂对咀嚼式口器昆虫的药效与药剂能否在中肠内溶解关系很大。例如，酸性砷酸铅对鳞翅目幼虫效果好，因为中肠液 pH 呈碱性，容易溶解；而金龟子和蝗中肠液呈酸性，同样药剂不易溶解，效果就差。又如鱼藤酮，杀夜蛾幼虫效果差，主要是其不能被夜蛾幼虫消化道吸收。部分共生菌可分解农药。有些昆虫中肠分泌高活性 RNA 酶，能降解双链 RNA，对用口服双链 RNA 方法进行基于 RNAi 的防治效果就很差。

第九章

昆虫的排泄系统

排泄系统（excretory system）主要功能是移除体内新陈代谢废物，调节体液中无机盐和水分的平衡，保持血液的一定渗透压和化学成分，使各器官能进行正常生理活动。昆虫的排泄器官主要为马氏管，有的昆虫脂肪体、后肠、外分泌腺体等也参与排泄。

一、马氏管

马氏管（Malpighian tube）一般位于后肠前端，顶端盲状，多游离于血腔，基端与后肠相通，来源于外胚层。马氏管是多数昆虫的主要排泄器官。

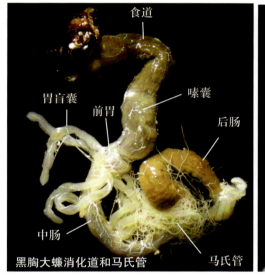

黑胸大蠊消化道和马氏管

（标注：食道、胃盲囊、前胃、嗉囊、后肠、中肠、马氏管）

蚕马氏管（白色）

200μm

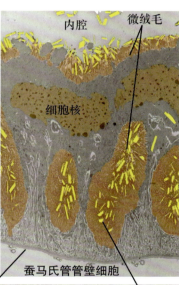

蚕马氏管管壁细胞

（标注：内腔、微绒毛、细胞核）

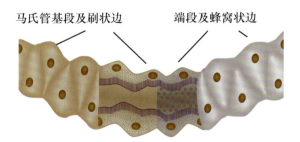

吸血蝽马氏管将血淋巴中的含氮代谢废物以形成尿酸颗粒形式，经后肠排出体外

（标注：马氏管基段及刷状边、端段及蜂窝状边）

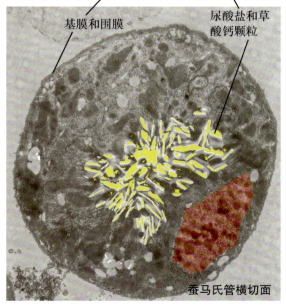

蚕马氏管横切面

（标注：基膜和围膜、尿酸盐和草酸钙颗粒）

家蚕的马氏管细胞内有很多管道通往马氏管腔，管道也分布有微绒毛。马氏管将排泄物中的水分吸收，最后血淋巴中的含氮代谢废物以尿酸盐颗粒形式由后肠排出体外。

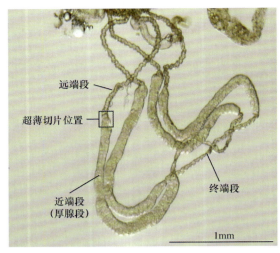

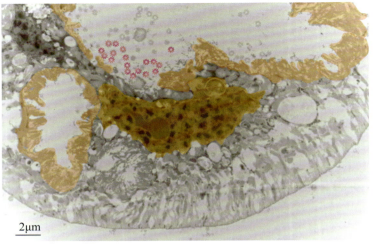

远端段
超薄切片位置
近端段
（厚腺段）
终端段
1mm

黑尾叶蝉马氏管

2μm

黑尾叶蝉马氏管远端段和近端段（厚腺段）结合处透射电镜照片

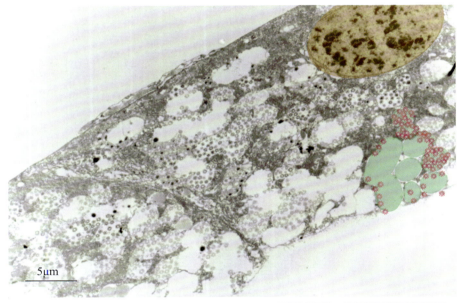

5μm

合成微小体的马氏管近端段（厚腺段）细胞。

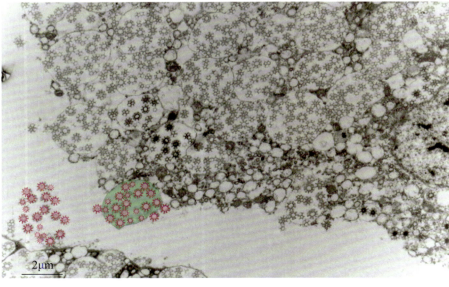

2μm

黑尾叶蝉 *Nephotettix cincticeps* 马氏管（吴维拍摄）

向外分泌微小体的马氏管近端段（厚腺段）细胞。叶蝉将分泌到体外的微小体涂抹到翅表面，可改变光反射，使虫体不易被天敌发现。

二、脂肪体

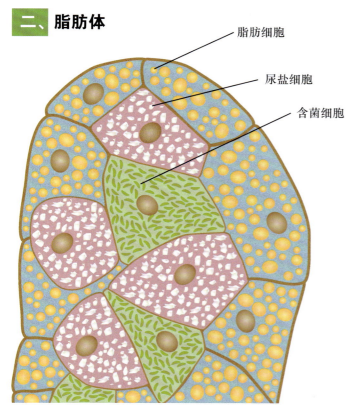

脂肪细胞
尿盐细胞
含菌细胞

东方蜚蠊的部分脂肪体

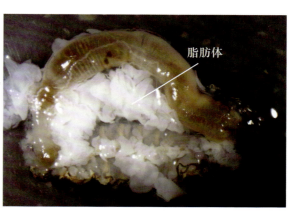

草地贪夜蛾幼虫的脂肪体

脂肪体

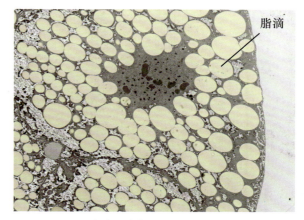

脂滴

蚕脂肪细胞超微透射电镜切片

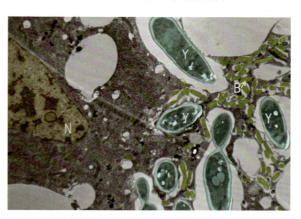

褐飞虱脂肪体内含酵母状共生真菌（飞虱共生子囊菌 *Entomomyces delphacidicola*）（Y）和 *Wolbachia* 细菌（B），N 是脂肪体细胞核

脂肪体包括营养细胞、含菌细胞、尿盐细胞。尿盐细胞可参与储藏方式排泄。

营养细胞：是脂肪体主要细胞，充满脂肪、糖原和蛋白质，贮存养分。

含菌细胞：含共生的杆状细菌，合成虫体必需的维生素 B 等营养。稻飞虱还含有形状似酵母的子囊菌类真菌，为虫体合成和提供必需氨基酸和甾醇，并能利用尿酸进行氮素再循环利用。

尿盐细胞：沉积尿酸盐，贮藏排泄。

三、其他具有排泄功能的器官

1. 直肠：在排泄中起重要作用，如选择性吸收 K^+、Na^+、H_2O、Cl^- 等。还分泌 H^+，使直肠液从前部弱碱性变为酸性，以使尿酸沉淀，排出体外。

2. 围心细胞：选择性集聚和包被代谢物，颗粒在 1.6-2.0mm。

3. 体壁：蜕皮，向外泌蜡、毒汁、外激素均可看作一种排泄方式。

4. 消化道：蚜虫等无马氏管，由消化道代替，可排泄蜜露。

5. 下唇肾：弹尾纲和双尾纲无马氏管，具下唇肾，有排泄和吸收水功能。

第十章
昆虫的呼吸系统

　　呼吸作用包括两个过程，一个是气体交换，即氧气进入体内，二氧化碳排出体外的过程；另一个是细胞呼吸过程，即呼吸基质（糖、氨基酸、脂肪）在一系列酶作用下被氧化并释放出 ATP 等能量物质的过程。昆虫呼吸系统（respiratory system）的特点是由气管系统进行气体交换，并直接将氧气输送到组织或细胞内（不需血色素）。

一、气管系统的构造

　　大部分昆虫是利用气门 - 气管系统呼吸。昆虫的气管系统由外胚层内陷而成（单层细胞和表皮），由气门、气管、微气管、气囊等组成。呼吸系统在身体总体积的占比在不同昆虫及其不同时期是不同的，在褐飞虱一龄若虫中仅占 0.12%，而在有气囊的飞行昆虫中可以占到 50%。

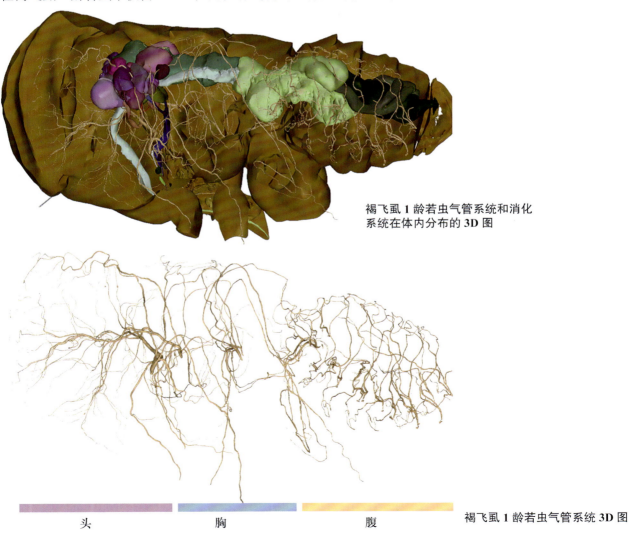

褐飞虱 1 龄若虫气管系统和消化系统在体内分布的 3D 图

头	胸	腹

褐飞虱 1 龄若虫气管系统 3D 图

1. 气门和分布

气门（spiracle）指气管在体壁上的开口。据有效气门数量和分布，可以分为多气门式、寡气门式和无气门式。

霜天蛾 *Psilogramma menephron*

（1）多气门式（8-10 对气门）：其中蝗虫等为全气门式，10 对气门分布于中、后胸和腹部 1-8 节；蚕幼虫等为周气门式，9 对，分布于前胸（中胸前移）和 1-8 腹节；许多甲虫为半气门式，8 对，分布于前胸（中胸前移）和 1-7 腹节。

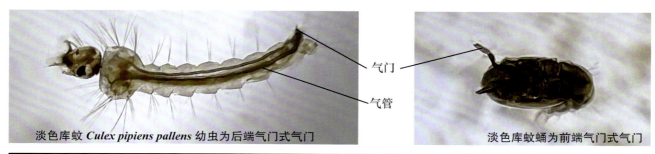

淡色库蚊 *Culex pipiens pallens* 幼虫为后端气门式气门   气门   气管

淡色库蚊蛹为前端气门式气门

前气门   气管   后气门

黑腹果蝇幼虫的两端气门式气门，2 对气门分别位于前胸和第 8 腹节

（2）寡气门型（1-2 对气门），分布于前胸或腹末，可进一步分为前端气门式、后端气门式和两端气门式。

（3）无气门型（无有效气门），许多水生昆虫和内寄生性的膜翅目幼虫属于此类。蜉蝣、蜻蜓等稚虫水生，虽无气门，但体内仍有气管系统。摇蚊幼虫有类似脊椎动物的血色素。

摇蚊幼虫无气门

2. 气门的构造

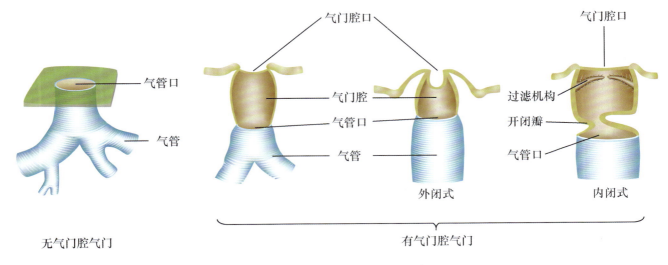

气门类型（改自 Snodgrass, 1935）

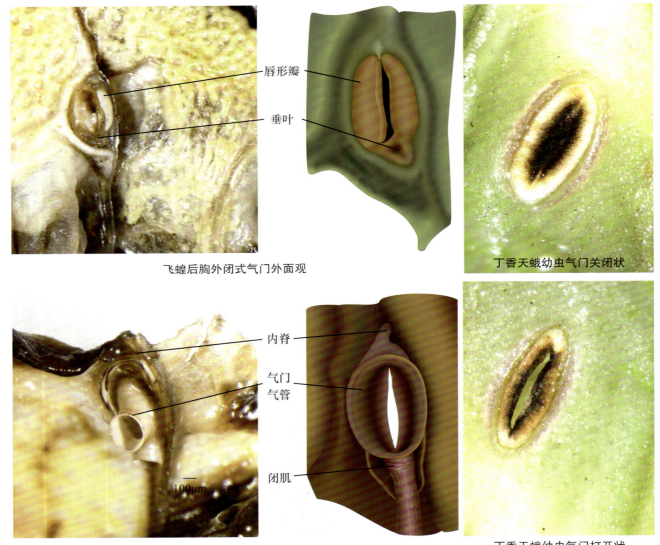

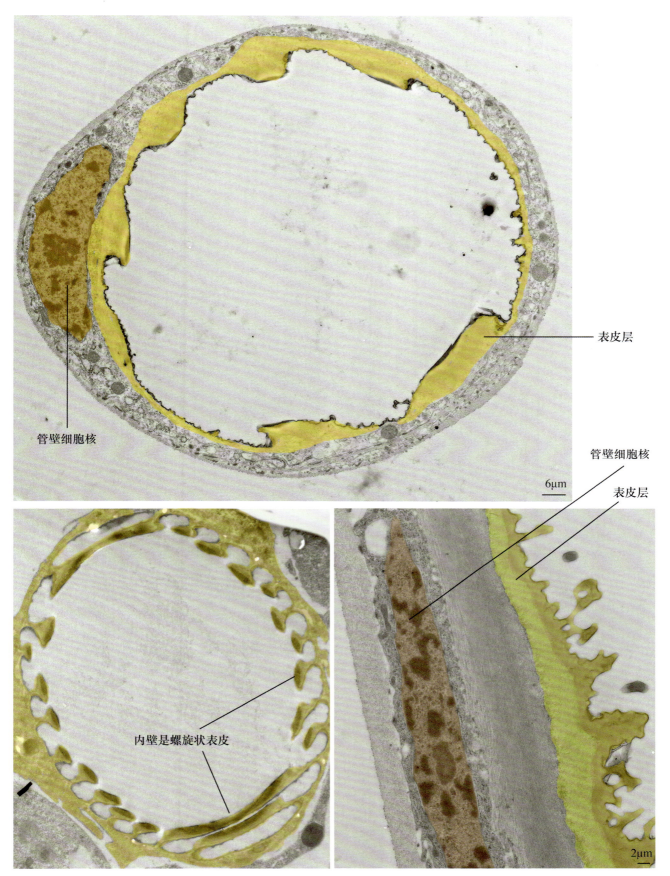

表皮层

管壁细胞核

6μm

管壁细胞核

表皮层

内壁是螺旋状表皮

2μm

1龄家蚕幼虫小气管横切面

3. 气管和气囊

气管（trachea）是外胚层内陷形成具有螺纹状内壁的管道，从气门通往各器官系统。气囊（air sac）则是气管在局部膨大成薄壁的囊状构造，易被身体弯曲动作压缩或扩张，其功能包括通风作用、增加飞行和水生昆虫浮力；压缩或扩张也可促进血液循环。

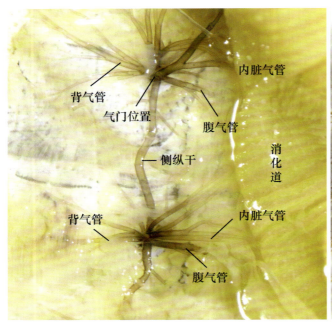

家蚕幼虫的褐色气管

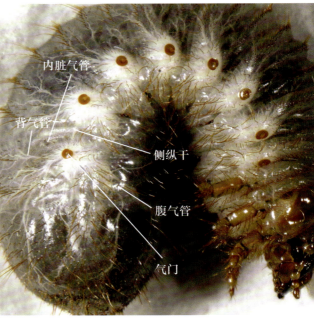

金龟子幼虫（蛴螬）的气门和气管外观

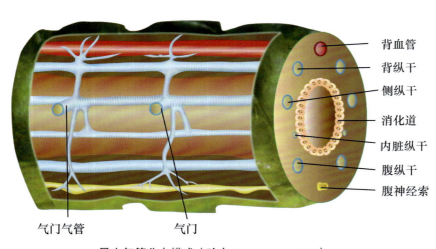

昆虫气管分布模式（改自 Snodgrass, 1935）

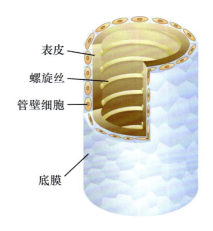

气管壁（改自 Wigglesworths, 1965）

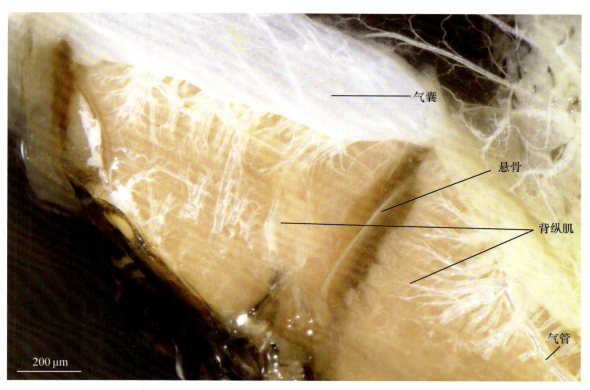

气囊

悬骨

背纵肌

气管

200 μm

飞蝗背纵肌上气管和气囊分布

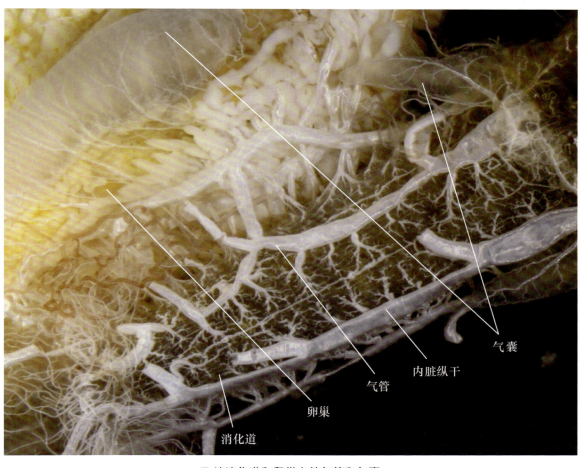

气囊

内脏纵干

气管

卵巢

消化道

飞蝗消化道和卵巢上的气管和气囊

气门外侧

气门气管

200µm

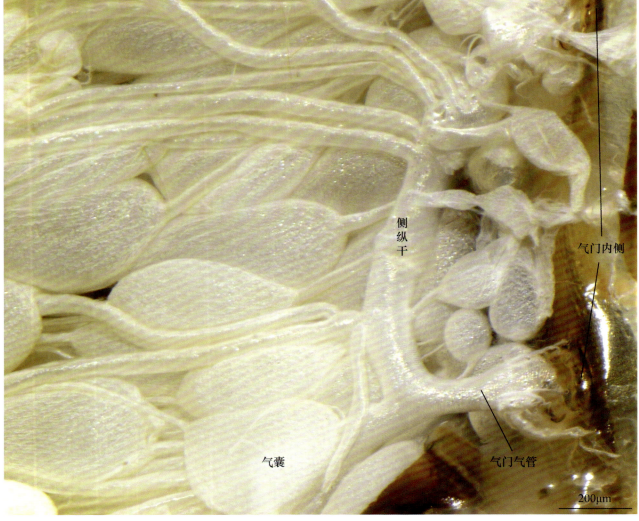

侧纵干

气门内侧

气囊

气门气管

200µm

巨黑鳃金龟 *Holotrichia lata* 腹部的气门、气管和气囊

4. 微气管和气体扩散机制

微气管（tracheole）的直径在 1μm 以下，其内壁仍有螺丝状结构，但不含几丁质；脱皮时不被脱去，这与气管不同。微气管是盲管，分布在各组织之间，其末端常充满液体。

当微气管周围组织进行代谢活动时，产生了不能透过微气管的代谢物（如乳酸），周围组织液渗透压升高，微气管内液体被吸入组织液（或血淋巴液）中，气体随之扩散到管端和管外。进入的氧气与进行氧化作用的细胞接触，进行细胞呼吸。

当微气管周围组织液中的代谢产物被氧化分解后，渗透压又恢复正常，微气管末端又重新充满液体。细胞代谢过程产生的二氧化碳扩散速度比氧气快 20-30 倍，很易被排出体外。

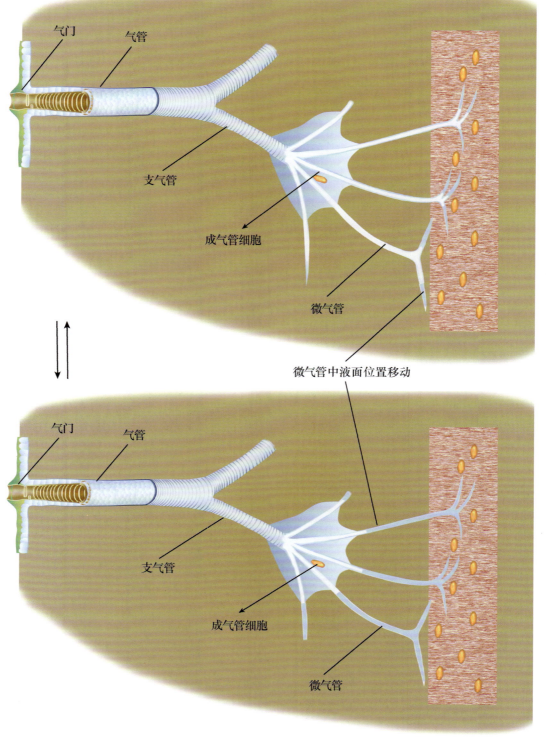

气门　气管

支气管

成气管细胞

微气管

微气管中液面位置移动

气门　气管

支气管

成气管细胞

微气管

微气管气体扩散机制

117

二、气门 – 气管系统的气体交换机制

1. 通风作用： 体型小活动慢的昆虫，往往通过气体扩散就能满足其对氧气的需求。而一些活动活跃，特别是快速飞行的昆虫，仅靠扩散的氧气是不够的，需要进行主动的通风。例如，飞蝗具有发达的气管系统和气囊，通过腹部的不同肌肉收缩，腹部产生弯曲、收缩使体积缩小，气管被压短，气囊被压扁，废气会高效地排出气门。相反，身体伸展时，气囊和气管扩张，新鲜空气能快速进入。通风对飞行昆虫尤其重要。此外，为了更有效地换气，蝗虫前 4 对气门专司吸气，后 6 对气门则专司排气，通过气门交替关闭来实现高效的气体交换。

飞蝗的气囊分布

巨黑鳃金龟的气囊分布

2. 扩散： 微气管中氧气主要靠扩散作用。无气门昆虫和水生昆虫的扩散作用是由于昆虫体内与环境之间存在的氧气和二氧化碳分压梯度所引起。

三、昆虫的其他呼吸方式

1. 气管鳃（tracheal gill）：蜉蝣、蜻蜓等水生稚虫利用气管鳃呼吸。

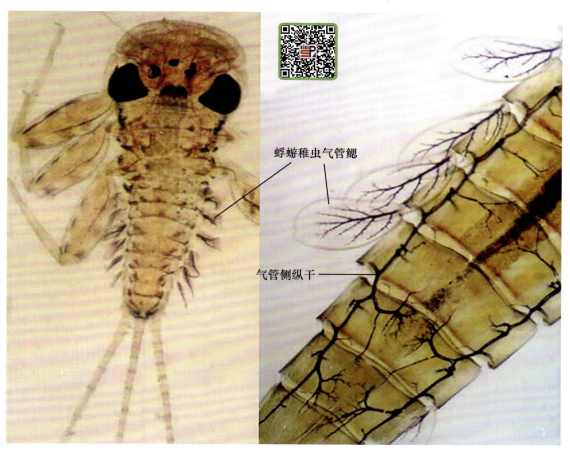

蜉蝣稚虫气管鳃

气管侧纵干

蜉蝣稚虫腹两侧的附肢演化为**气管鳃**。其利用水与鳃内的氧分压差获得水中氧气。气管鳃中布满气管

气管纵干

尾鳃

豆娘稚虫尾鳃

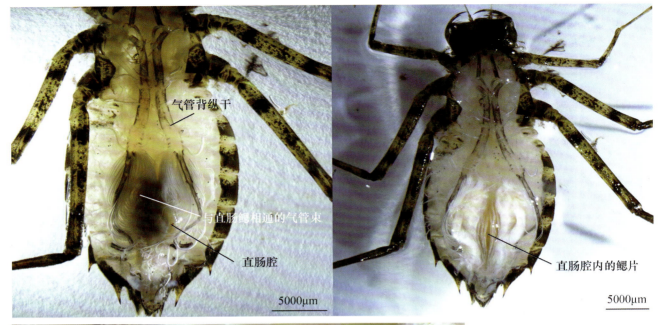

气管背纵干

与直肠鳃相通的气管束

直肠腔

5000μm

直肠腔内的鳃片

5000μm

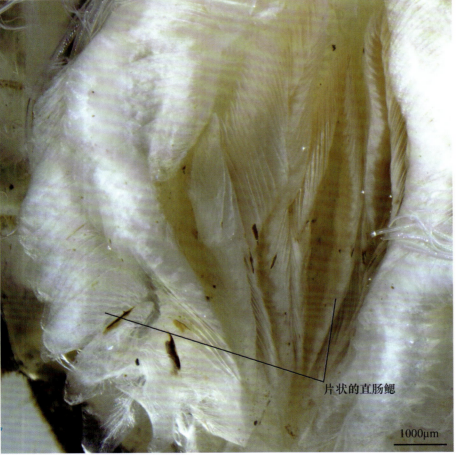

片状的直肠鳃

1000μm

闪蓝丽大蜻 *Epophthalmia elegans* 的直肠鳃呼吸系统

蜻蜓稚虫的气管鳃突出于直肠腔内，形成直肠鳃，稚虫通过腹部抽吸活动使水进出直肠鳃，利用氧分压差获得水中氧气，进入气管。

2. 物理性鳃： 蝎蝽和龙虱等水生昆虫利用物理性鳃进行呼吸。

蝎蝽利用长长的呼吸管伸出水面呼吸，直接从空气中吸取氧气

负子蝽喜欢将腹部末端伸出露到水面上呼吸和换气，也能
携带气膜气泡

黄缘龙虱到水面换气和携带气膜气泡，箭头示气泡

　　龙虱的物理性鳃，其鞘翅下和腹末端有一层疏水毛，从水面潜入水中时会携带一层空气和水泡，并与气门相通。气泡
和气膜利用氧分压差还可以从水中进行界面交换获得氧气。

3. 体壁呼吸

有些昆虫身体很小，没有气管系统或气管系统不完全，如弹尾纲跳虫气体交换通常是经体壁直接进行。部分内寄生昆虫的幼虫，体内虽有气管网，但没有气门，也是靠柔软的体壁直接从寄主体液中吸取溶解氧。

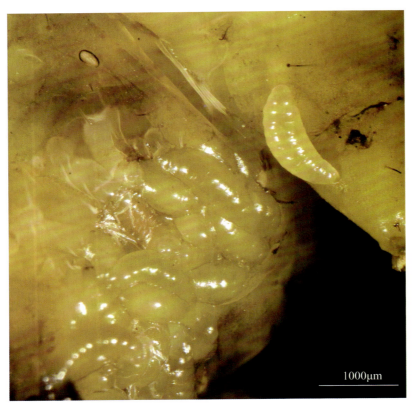

1000μm

寄生银纹夜蛾的多胚跳小蜂 *Copidosoma* sp. 幼虫通过体壁直接从寄主体液中获得溶解氧气

500μm

曲毛裸长蚳可通过体壁获得氧气

第十一章

昆虫的循环系统

昆虫循环系统（circulatory system）是开放式的，其体腔就是血腔（hemocoel），昆虫血液与淋巴液合二为一，称血淋巴（hemolymph）。血淋巴在体内只有一段是在血管（背血管）流动，其余均运行于体腔内的各器官和组织之间，即体腔内充满血淋巴。循环系统具有下列功能：①运输功能，运输营养物质、激素、代谢废物等；②防御功能，吞噬细胞（白细胞）能消灭病菌，有些昆虫血液含毒素（如斑蝥含极毒的斑蝥素等）可以抵御天敌捕食；③愈伤功能，对伤口进行凝结和修复；④产生和传递压力，以助孵化、脱皮、羽化、展翅等；⑤贮存了水分及部分营养物质。但昆虫血淋巴不含血色素，没有输送氧气的功能。

一、循环器官

背血管（dorsal vessel）血液循环的主要博动器官，位于背血窦内，由动脉和心脏两部分组成。

（1）动脉：一般开口于头腔，后连第1心室，引导血液前流的管道。

（2）心脏：背血管后段连续膨大的部分，由1-11个心室（蜚蠊11个，虱只有1个）组成。

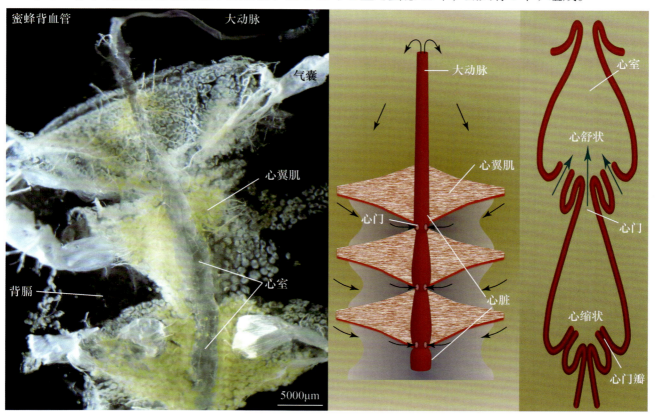

昆虫的背血管结构

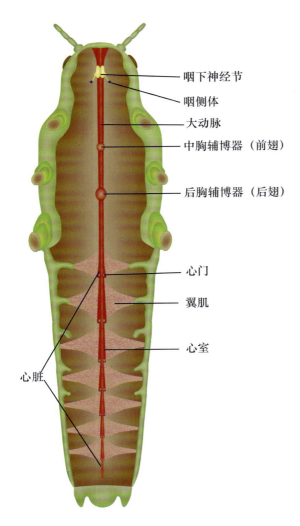

咽下神经节
咽侧体
大动脉
中胸辅博器（前翅）
后胸辅博器（后翅）
心门
翼肌
心室
心脏

飞蝗的背血管示意图，含有 7 个心室

动脉
翼肌
心脏
心室

黑胸大蠊 *Periplaneta fuliginosa* 的背血管

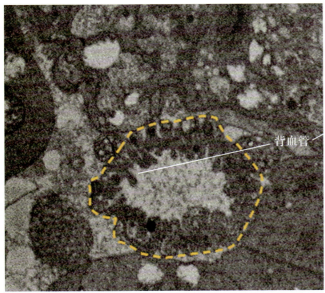

背血管

褐飞虱 1 龄若虫背血管超薄切片

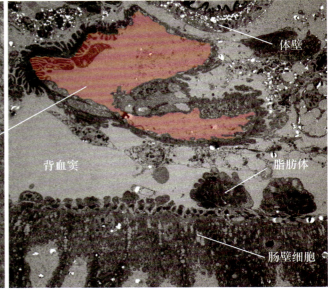

体壁
脂肪体
背血窦
肠壁细胞

蚕 1 龄幼虫的背血管

二、血液循环途径

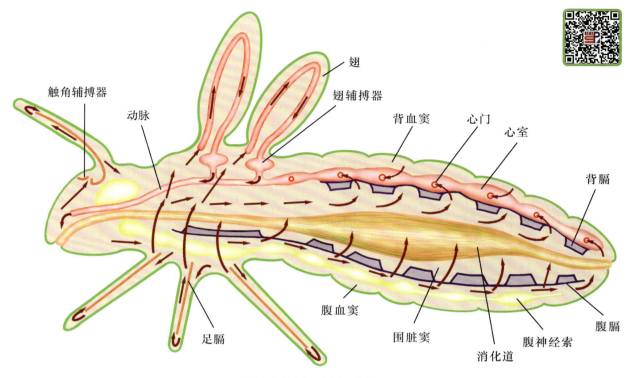

昆虫血液循环途径示意图

　　血淋巴大致的循环途径为心门→心室→动脉→头腔→腹血窦→围脏窦→背血窦→心门。也有部分从动脉进入腹血窦和围脏窦，然后再进入背血窦。血淋巴在背血管中是从后往前；在体腔中是从前往后；在三个血窦中是从腹血窦往背血窦方向流动的。

　　除心脏的心室和心翼肌规律收缩和扩张提供血淋巴循环动力外，有些部位还有辅搏器构造，一般是囊状、具有搏动功能的结构，推动血淋巴在部分血腔、附肢、翅等附器内循环。背膈和腹膈有节奏收缩，也可推动血液在体腔内按一定方向运行。

食蚜蝇和家蚕的背血管，其有节奏地收缩和扩张，在体外也可以清晰观察到

三、血淋巴

昆虫血淋巴由血浆和血细胞组成，血浆含水约82%；有多种氨基酸，其中游离氨基酸种类多，是昆虫纲主要生化特征之一；还含多种碳水化合物，其中海藻糖高达800-6000mg/100ml，这是昆虫又一主要生化特征。此外，血淋巴还含尿酸、脂肪、无机盐类等，pH 6.4-6.8。

血淋巴中血细胞数量达1000-100 000个/ml。大致有9类。

蚕幼虫血淋巴

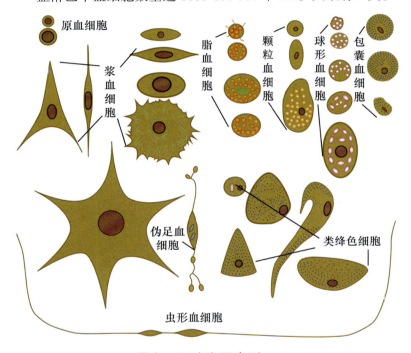

昆虫血细胞常见类型

原血细胞：小型、核大、可分裂，是幼年型细胞。

浆血细胞：多形性、核大，是主要的吞噬细胞。

颗粒血细胞：细胞质内有许多明显的圆形、大小一致的嗜酸性颗粒，也起吞噬作用。

类绛色细胞：大型的厚血细胞，多形态，内含丰富的酪氨酸酶，可能与体壁硬化有关。

包囊血细胞：圆形，含嗜酸性圆形颗粒，在体外迅速崩解，导致血浆凝固，又称凝结血细胞。

脂血细胞：圆形或卵形，含脂肪滴和颗粒状内含物，可能也具吞噬作用。

球形血细胞：球形，细胞质浓缩成圆形或卵形颗粒围于核外，在双翅目幼虫球形血细胞中含酪氨酸酶。

还在一些昆虫中发现了**虫形血细胞**、**伪足形血细胞**等类型。

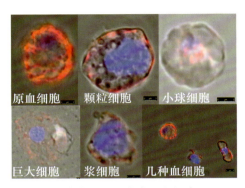

蚕幼虫血淋巴中常见血细胞

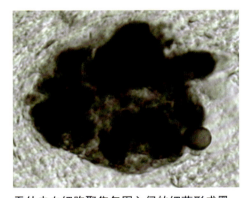

蚕幼虫血细胞聚集包围入侵的细菌形成黑化节结

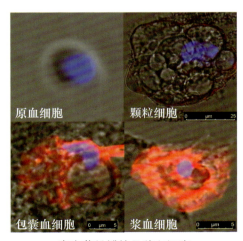

东方菜粉蝶的几种血细胞

调节昆虫生命活动主要有 2 个系统，即神经系统（nervous system）和内分泌系统。其中昆虫对环境刺激的快速反应是由神经系统调节；昆虫的新陈代谢、生长、发育、繁殖则多由内分泌系统调节。

一、神经元（神经细胞）

神经元（neuron）是神经系统的基本单位，来源于外胚层。昆虫中枢神经系统约含 10 万个神经元。

神经细胞包括细胞体和外突，外突又可以分为树突和轴突。根据外突着生形式，神经细胞可分为单极神经元、双极神经元和多极神经元。根据功能可以分为运动神经元（单极，在神经中枢）、感觉神经元（单、双极，在外周、体内外感受器）、联络神经元（单、双、多极，在神经中枢）。

二、中枢神经系统

中枢神经系统（central nervous system）包括脑和腹神经索（含咽下神经节和胸、腹神经节）。下图为棉蝗的中枢神经系统。

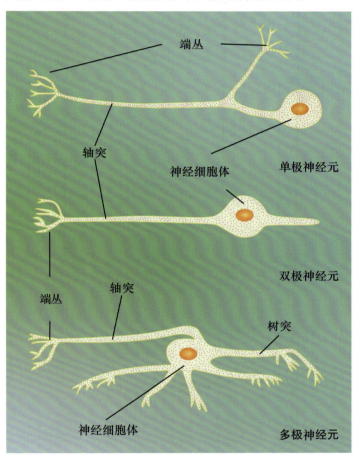

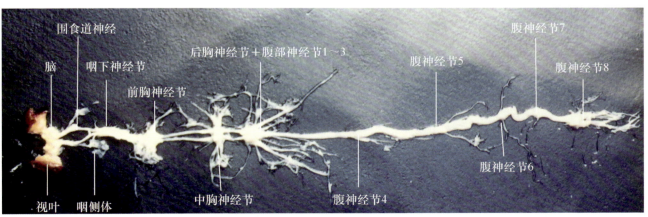

棉蝗中枢神经系统

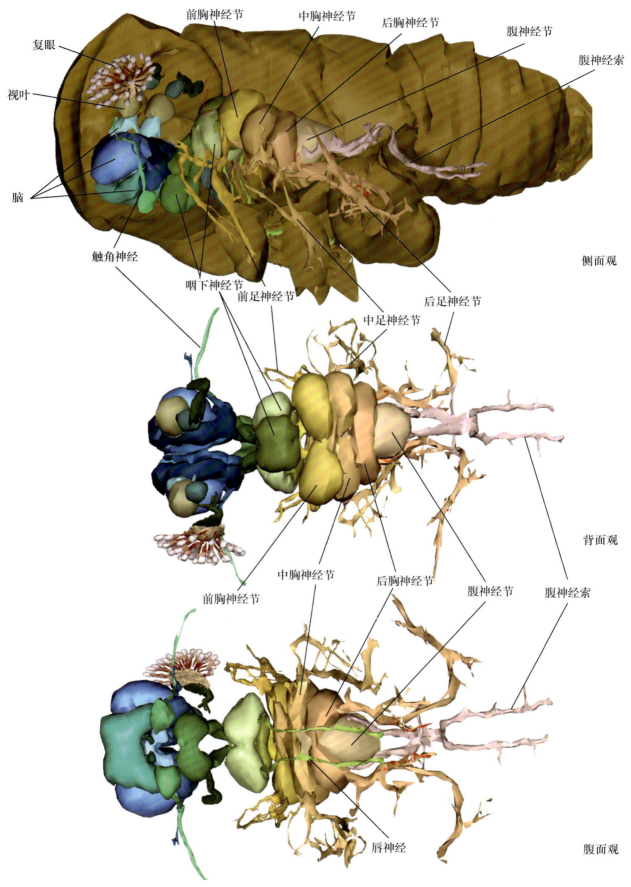

复眼
视叶
脑
触角神经
前胸神经节
中胸神经节
后胸神经节
腹神经节
腹神经索
咽下神经节
前足神经节
中足神经节
后足神经节
侧面观

前胸神经节
中胸神经节
后胸神经节
腹神经节
腹神经索
背面观

唇神经
腹面观

褐飞虱 1 龄若虫中枢神经系统 3D 重构图

1. 脑

脑（brain）位于头部咽喉上方，由原头神经节（原脑）＋头部前3体节（按6节说）的神经节组成。脑是昆虫的感觉和协调中心，还控制昆虫的内分泌活动。但脑不是重要的运动中心。

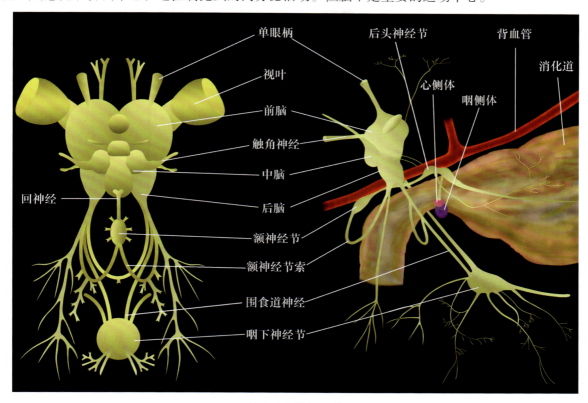

蝗虫头部神经系统

（1）前脑：由原脑和前触角节神经节组成。两侧膨大的突起为视叶，是视觉神经中心，还有神经通到单眼（单眼柄）。蕈体位于前脑背面，菇状，含大量联络神经元，是联系协调中心，其大小往往与昆虫行为的复杂性有关。前脑还有神经分泌细胞，其分泌物可调节生长发育、繁殖、滞育等。

（2）中脑：触角节的神经节，是触角的神经中心。

（3）后脑：闰节的1对神经节，由于第2触角退化，后脑并不发达，但有神经通到额神经节、上唇等，并以围食道神经与咽下神经节相连。

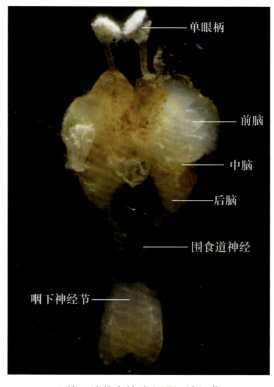

4龄飞蝗若虫的脑和咽下神经节

2. 腹神经索

腹神经索（ventral nerve cord）位于消化道腹面，包括位于头部的咽下神经节，以及胸部和其以后的各体节神经节和神经索。

咽下神经节（subpharyhgeal ganglion）由上颚节、下颚节和下唇节 3 个体节的 3 对神经节合并而成，其发出的神经通至上颚、下颚、下唇、舌、唾管等，是口器运动的神经中心。

体神经节最多 11 对（胸 3 ＋ 腹 8）。胸部的 3 对神经节，分别发出神经通至足和翅，是足和翅的控制中心。腹部最多 8 对，发出神经控制各体节活动和呼吸，其中最后 1 对至少由 3 对体节神经节愈合而成，控制生殖器官和后肠（可归入交感神经系统）。腹神经索的神经节常合并，如中胸 ＋ 后胸。蝇类整个腹神经索的神经节（包括咽下神经节）全部愈合成 1 个。遇到这种情况，可以依据神经节所发出的神经的分布位置，辨别其原来所属体节。各体节的神经节，有相对的自主性。

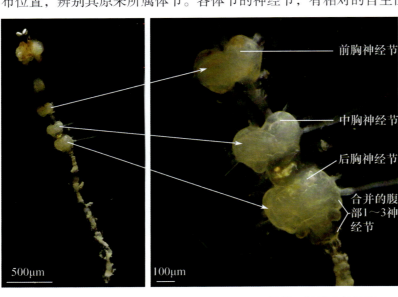
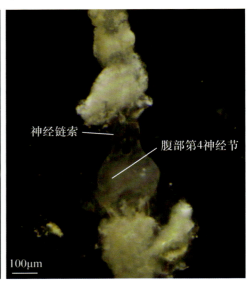

飞蝗 3 龄若虫神经节

神经节膜式图

神经节的构造

神经链索：连接前后神经节的轴突（束）。

神经鞘：外有神经围膜，内为鞘细胞层，是离子选择性屏障。

神经髓：由神经元细胞体和其轴突、侧突、端丛组成，起联系协调作用。

侧神经：包含背根和腹根，背根是运动神经纤维（传出神经纤维），腹根是感觉神经纤维（传入神经纤维）。

三、内脏神经系统

内脏神经系统（visceral nervous system），也称交感神经系统，主要控制内脏器官的活动，包括口道神经系、中神经和腹末神经节。

口道神经系包括额神经节、后头神经节和嗉囊神经节，其发出的神经控制前肠、中肠和背血管的活动。中神经常见于幼虫神经系统，是由腹神经索的神经节两条神经链索中间发出的1根神经，其分支控制气门和气管的活动。腹末神经节也是中枢神经系统的一部分，其发出的神经控制后肠、生殖器官和尾须。

四、周缘神经系统

周缘神经系统（peripheral nervous system）：包括除脑和神经索、交感神经系统以外的所有感觉神经纤维和运动神经纤维所形成的神经网络，也包括感觉神经元，其功能是接受刺激，传入神经中枢，并传出中枢指令至反应器。

五、神经冲动的传导机制

1. 神经传递方向

昆虫的体表和体内感觉器官中的神经细胞感受环境刺激后，产生神经脉冲，通过感觉神经细胞的轴突（传入神经），将脉冲信号传递到中枢神经，联络神经元经过复杂的信息加工处理，将相关指令的脉冲信号经运动神经元轴突（传出神经），传递到肌肉等效应器，引起昆虫对环境刺激的反应（反射弧）。

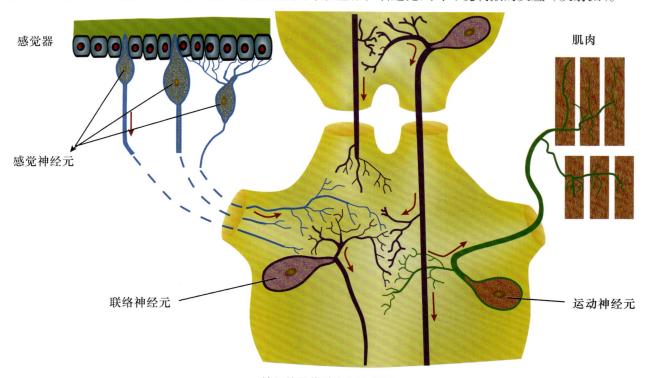

感觉器

肌肉

感觉神经元

联络神经元

运动神经元

神经信号传递方向示意图

2. 轴突传导

轴突传导是一种生物电的传导。在静息状态下，神经细胞的轴突膜内和膜外由于膜选择通透性和离子不均匀分布，膜外 Na^+ 浓度高，带正电荷，膜内带负电荷，形成跨膜电位差即极化（polarization），其差值即静息电位（resting potential）。美洲大蠊大神经纤维的静息电位为 77mV。当神经的某一部位受到刺激后，膜通透性发生变化，Na^+ 进入膜内，造成膜的"去极化（depolarization）"，形成脉冲形式的动作电位，冲动会按固定方向沿轴突向邻近部位传导。原来部位在 Na^+ 泵作用下，Na^+ 被泵出膜外，恢复静息电位。

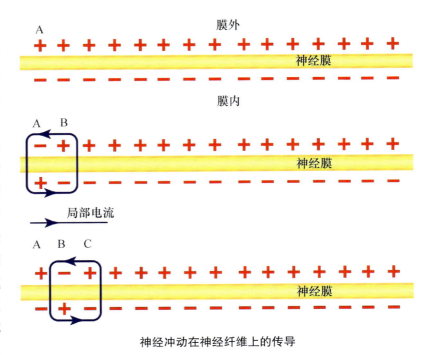

神经冲动在神经纤维上的传导

3. 突触传导

不同神经元的神经纤维之间不是直接相连的，动作电位不能从一个细胞直接传导到另一个细胞，不同神经元之间以突触（synapse）形式建立联系。神经元的轴突、树突和端丛等都能形成突触。突触由突触前神经和突触后神经组成。突触前神经膜和突触后神经膜之间的间隙称为突触间隙，距离为 20-30nm。

当神经冲动传到突触前膜，突触前膜去极化，释放神经传递介质乙酰胆碱（Ach）到突触间隙，Ach 扩散到突触后膜并作用于后膜的乙酰胆碱受体（AchR），受体构象发生变化，引起离子通透性改变而导致后膜去极化，从而使神经冲动传递给下一个神经元。

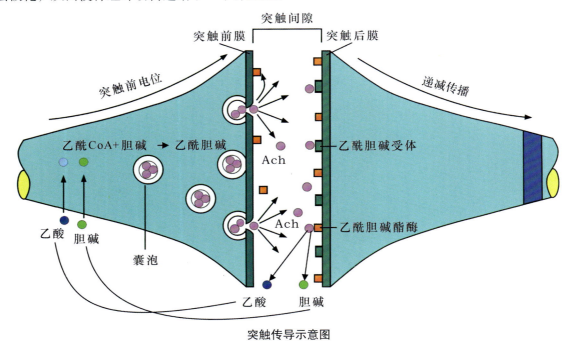

突触传导示意图

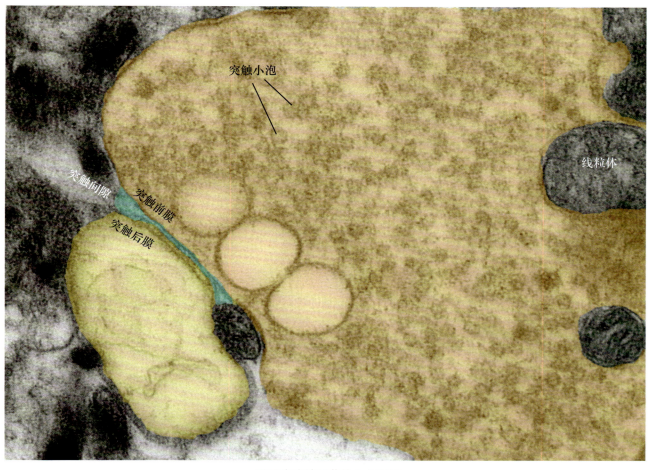

突触小泡

线粒体

突触间隙
突触前膜
突触后膜

飞蝗中胸神经节的 1 个突触

神经纤维与肌肉之间也是通过突触传递，其传递介质不是乙酰胆碱，而是谷氨酸盐。

神经传递介质与受体的结合是可逆的，如乙酰胆碱会在乙酰胆碱酯酶（AchE）作用下分解为乙酸（Ac）和胆碱（Ch），被前膜吸收，重新合成乙酰胆碱（Ach）。冲动传递结束后突触会恢复至原来的状态。最新研究发现，神经肽也可能参与独立于突触之外的神经系统的"无线通信"。

4. 神经系统的杀虫剂靶标

神经冲动传导途径是目前杀虫剂的最重要靶标。有机氯农药（如 DD）和拟除虫菊酯等作用于轴突的 Na^+ 通道，阻碍冲动正常传导；有机磷类和氨基甲酸酯类农药抑制 AchE 活性，使乙酰胆碱不能分解而产生过度兴奋；烟碱类农药抑制乙酰胆碱受体，阻断其与 Ach 结合。

第十三章
昆虫的感觉器官

感觉器（sense organ）是昆虫接受各种周围环境刺激产生神经冲动，传入神经中枢，使虫体作出反应的器官。有视觉器（photoreceptor）、听觉器（phonoreceptor）、化学感受器（chemoreceptor）和感触器（mechanoreceptor，也称机械感受器）等。

一、感觉器的基本构造

通常由 2 部分组成，即体壁皮细胞及其表皮特化而成的接受部分和感觉神经细胞部分。最简单的是一个双极的感觉神经细胞，其端突连接表皮突起，而轴突则延伸入神经节内。根据表皮突起的不同，可以分为多种类型，有毛状（刚毛）、鳞状、锥状等；也有的感觉器凹陷于体壁的腔内，有板状、坛状、钟状等；还有的无表皮突起，直接连在较柔软的表皮下，感觉细胞套在 2 个围细胞中，如剑梢感受器。

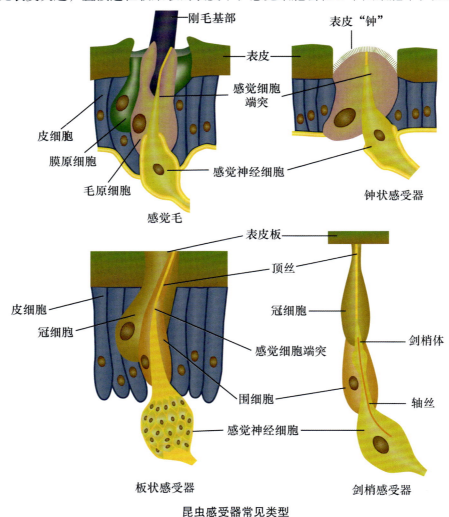

昆虫感受器常见类型

二、感触器

是感受外界或体内机械刺激的感觉器，以毛状感觉器（感触毛）最为常见。

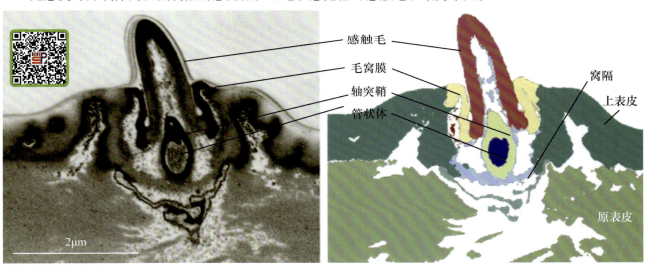

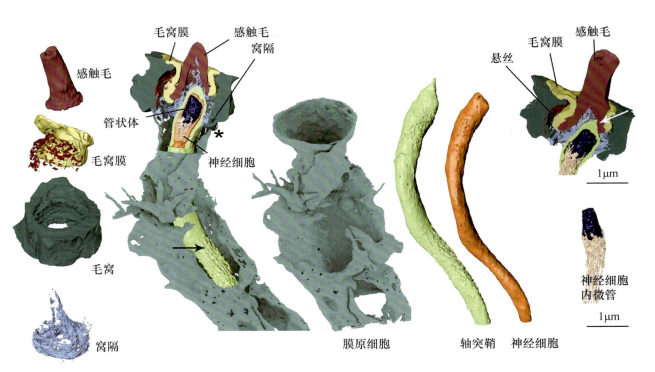

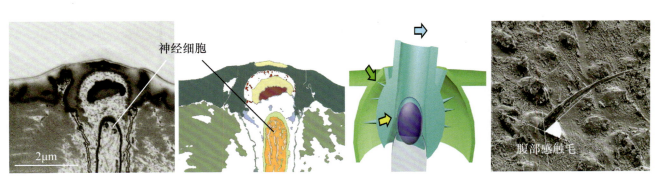

褐飞虱腹部毛状感觉器的 3D 重构图（Guo et al., 2020）

135

三、视觉器

视觉器感受光信号，包括复眼和单眼。昆虫可见到光波长 253-700nm，多数昆虫对短光波（紫外）具正趋光性。

（1）单眼（ocellus）：背单眼有 3 个，能感受光强弱和方向；全变态昆虫幼虫还有侧单眼（蚴单眼）。

（2）复眼（compound eye）：由数目不同的小眼组成。蚂蚁 1 到数个，蜻蜓 1 只复眼有两万多只小眼，家蝇有 4000 只小眼，褐飞虱 1 龄若虫有 42 只小眼。

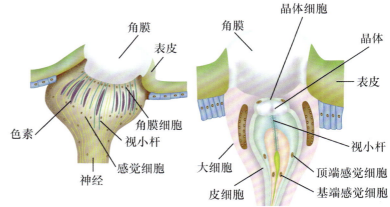

沫蝉单眼　　　　　鳞翅目蚴单眼

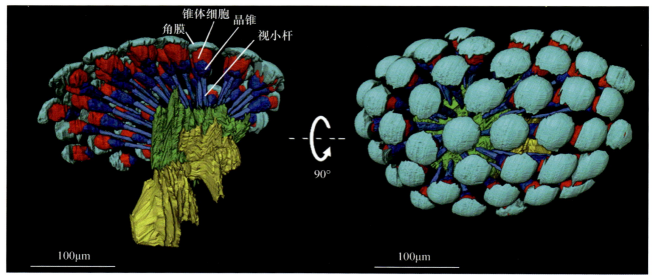

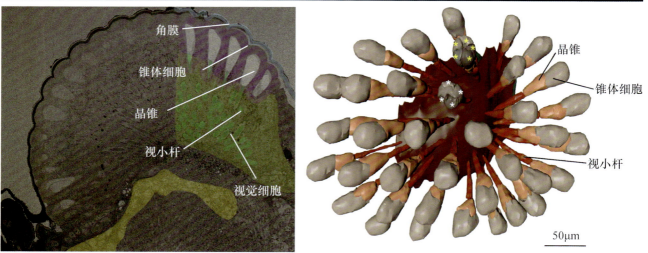

褐飞虱 1 龄若虫的复眼电镜照片和三维结构图，含 42 个小眼（Wang et al., 2021）

小眼构造

角膜：特化的表皮，由角膜细胞分泌而成，无色透明，双凸透镜，具折光，保护功能。

角膜细胞：位于角膜下，由 2 个皮细胞特化而成，能分泌角膜，但小眼发育完成后，常缩小或转化为色素细胞。

晶体：由 4 个透明细胞联合而成，倒圆锥形（晶锥），具聚集光线功能。

视杆：由 8 个长形感受神经细胞及其分泌的视小杆组成，是感受光波的感觉细胞。

色素细胞：含虹膜色素细胞与网膜色素细胞，功能为隔离相邻小眼，使光线不互相干涉，色素粒在细胞中上下移动，可调节小眼接受的光强度。

复眼的视觉

并列像眼（日间活动昆虫）视杆短，紧接晶体，四周全为色素细胞包围，仅垂直光线能达视小杆，斜行光线均被色素细胞吸收。每个小眼只感受到物体的一个光点的垂直光线。这样由各个小眼感受到的许多光点拼成一个图像，称并列像。

重叠像眼（夜间活动昆虫）小眼极度延长，视杆与晶体隔一段透明纤维状介质，色素聚集到上部，每个小眼的视小杆，除能感受一个光点的垂直光线外，还能感受到邻近小眼折射过来的同一光点的光线。即可见到由许多重叠光点构成的物象，称重叠像眼，适应弱光环境。

日夜均活动的昆虫如右图，可依靠色素细胞内色素粒上下移动，在并列像和重叠像之间转换，适应环境光强度变化。

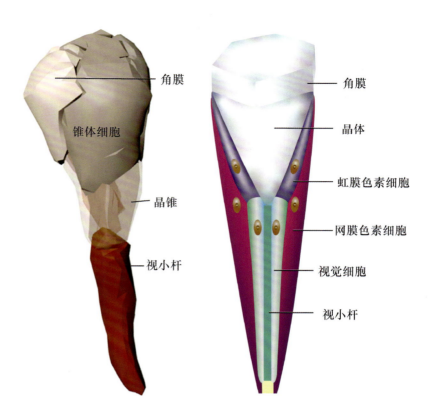

褐飞虱小眼 　　　　昆虫小眼构造模式图

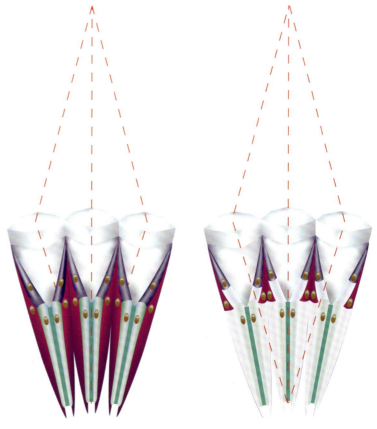

并列像示意图 　　　　重叠像示意图

137

四、听觉器

听觉器是感受声音的感受器。

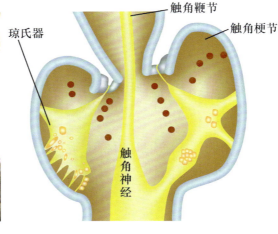

库蚊触角梗节

摇蚊琼氏器

1. 琼氏器（Johnston organ）: 位于触角梗节，多数昆虫用于控制触角方位，活动。雄蚊琼氏器具听觉功能，对 350-550Hz 低频波敏感。

2. 鼓膜听器和发音器

鼓膜听器包括听膜（或鼓膜）以及 1 组或数组剑梢感受器组成的听体，多存在于会发音的昆虫中。

听器

棉蝗腹部第一节侧面的听器

蝉和蝗的听器位于腹部第 1 节，螽斯和蟋蟀的位于前足胫节。蝗以后足腿节与复翅摩擦发音。蟋蟀、纺织娘雄虫依靠 2 前翅摩擦，发出悠扬动听的鸣声。

螽斯前足胫节听器

螽斯听器

蝈蝈的一对前翅正在互相摩擦发音

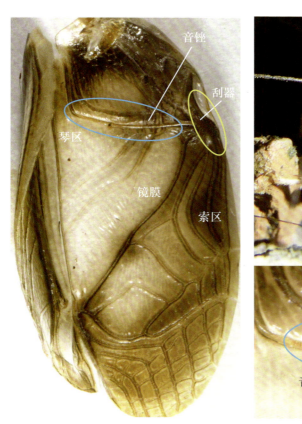

迷卡斗蟋发音构造

　　迷卡斗蟋的右翅叠在左翅上方，左翅边缘有类似刮器的构造，与右翅反面的音锉形成摩擦缘，摩擦信号在镜膜、琴区、索区的放大下发出响亮的声音。

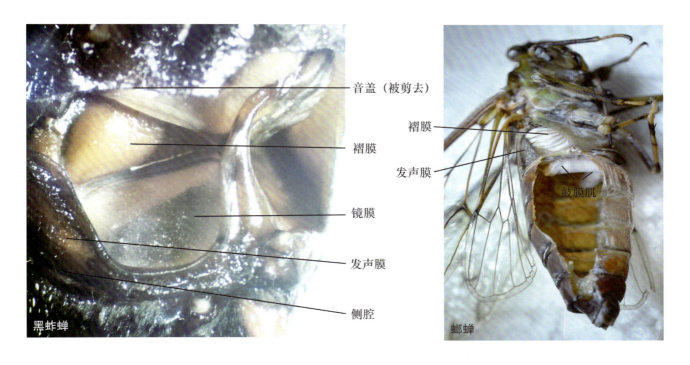

　　雄蝉的发声膜内壁肌肉收缩振动时发出声音，其腹部还有气囊的共鸣器。发音膜振动时，共鸣器发生共鸣，褶膜和镜膜也随之振动，声音忽高忽低由音盖调节。镜膜也是听膜。

139

五、化学感受器

化学感受器包括嗅觉和味觉感受器，其中嗅觉感受器主要分布于触角鞭节上，下颚须、下唇须、尾须、足也有分布。味觉感受器主要分布于触角、口器、跗节、产卵器上，对寄主选择较重要。

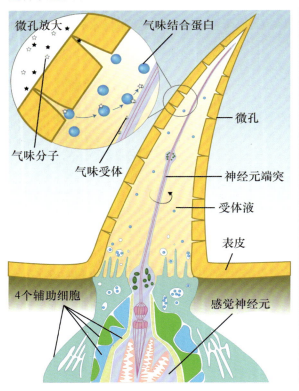

褐飞虱触角毛状感化器模式图

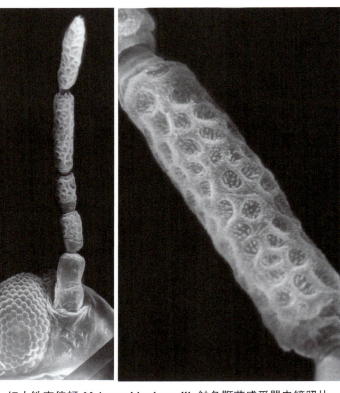

红小铁枣倍蚜 *Meitanaphis elongallis* 触角鞭节感受器电镜照片

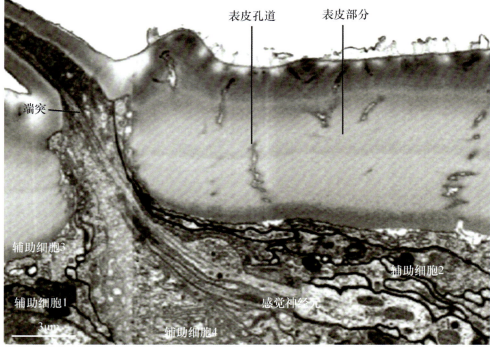

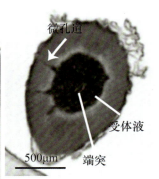

褐飞虱化学感受器毛状部横切面

褐飞虱触角毛状化学感受器超微切片电镜观察

昆虫的生殖系统是产生卵子和精子，进行交配和种族繁衍的器官。生殖器官包括外生殖器和内生殖器。外生殖器见外部形态部分，本章介绍内生殖器基本构造及其机能。

一、雌性生殖系统

1. 基本构造和功能

悬带（suspensory ligament）：由卵巢管端丝集合而成，将卵巢悬附于脂肪体、体腔内壁或背隔上，以固定卵巢。

卵巢（ovary）：1 对卵巢由数目不等的卵巢管组成，是卵子发生和发育的场所。

侧输卵管（lateral oviduct）：每个卵巢各 1 条，是排卵的通道。

中输卵管（common oviduct）：排卵通道。

受精囊腺（spermathecal gland）：分泌液体，提供精子营养和保藏精子。

受精囊（receptaculum seminis）：贮存交配后接受的精子。

附腺（accessary gland）：分泌胶质，使虫卵黏附于产卵物体表面，或形成卵块、卵鞘等。

阴道（vagina）：也称生殖腔，接受阳具之处。

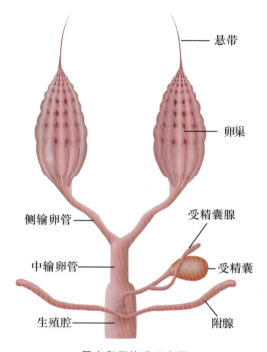

昆虫卵巢构造示意图

点蜂缘蝽的卵巢

麻皮蝽的卵巢

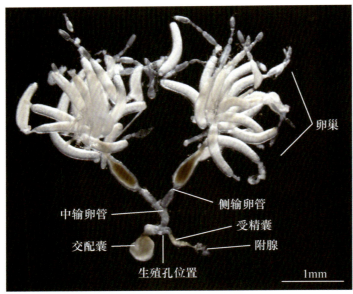

褐飞虱雌性生殖系统，其侧输卵管褐色膨大部分，能分泌排卵和产卵不可缺少的分泌物

菜粉蝶雌性生殖系统

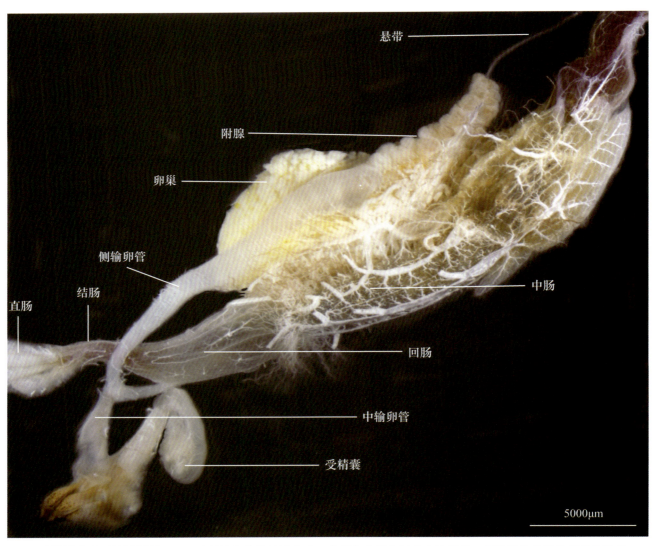

飞蝗雌性生殖系统侧面观，示 1 对侧输卵管绕过消化道，在消化道下方汇成中输卵管，而附腺位于卵巢管萼的端部

2. 卵巢管数目、结构和类型

卵巢管数量少的如角倍蚜性蚜和舌蝇只有 1 根，白蚁蚁后最多达 2000 多根。卵巢管由端丝、卵巢管本部和管柄组成。根据滋养细胞情况可分为以下 3 类。

无滋卵巢管（panoistic ovariole）：卵巢管内无滋养细胞，卵母细胞通过卵泡细胞直接从血液中吸取营养（低等昆虫）。

多滋卵巢管（polytrophic ovariole）：卵母细胞和滋养细胞交替排列。多数昆虫属于此类，如蝶蛾、蜂、蝇、甲虫等。

端滋卵巢管（telotrophic ovariole）：滋养细胞集中于生殖区，以原生质丝与卵母细胞相连，提供营养。半翅目昆虫如蝽、稻飞虱属于此类。

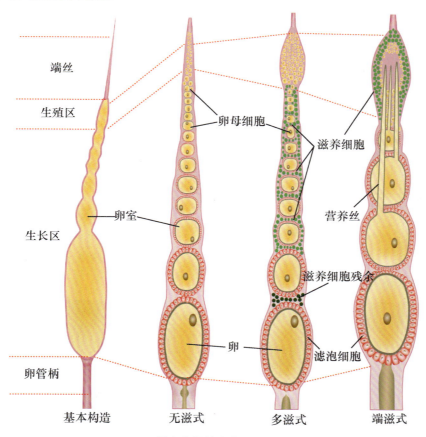

昆虫卵巢管的基本类型

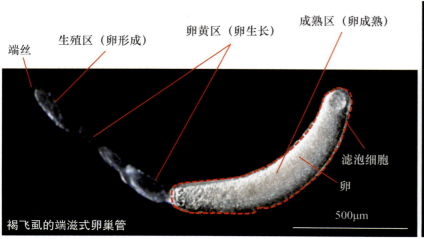

褐飞虱的端滋式卵巢管

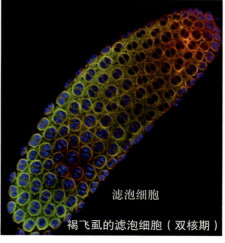

褐飞虱的滤泡细胞（双核期）

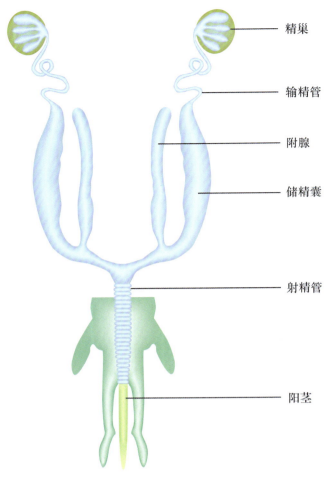

精巢

输精管

附腺

储精囊

射精管

阳茎

雄性生殖系统模式图

二、雄性生殖系统

1. 基本构造和功能

精巢（testis）：1 对精巢，每个精巢由数目不等的精巢管组成，是精子发生和发育的场所。

输精管（vas deferens）：连接精巢和射精管的通道。

储精囊（seminal vesicle）：输精管下端常膨大成储存成熟精子团的构造。

射精管（ejaculatory duct）：由两条输精管汇合而成的单管通道，与阳茎相连，其外有肌肉鞘，可以帮助交配时射精管伸缩。

附腺（accessary gland）：分泌营养物质和交配时在雌虫交配囊内形成精包。

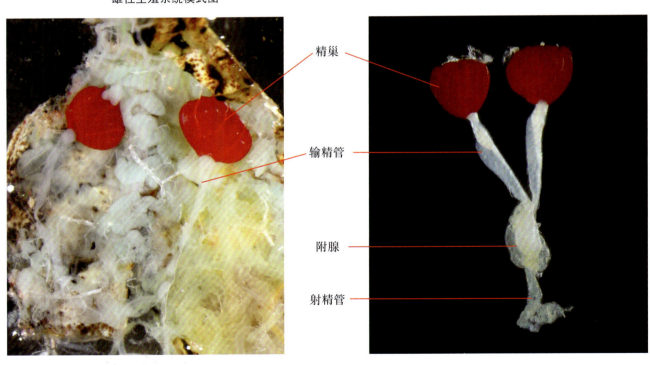

精巢

输精管

附腺

射精管

点蜂缘蝽精巢解剖图

点蜂缘蝽的雄性生殖系统

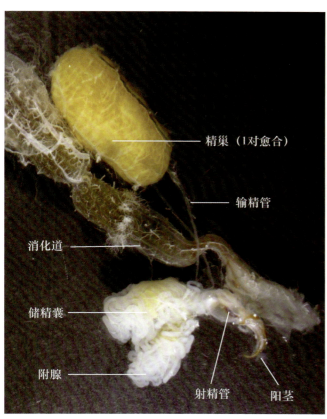

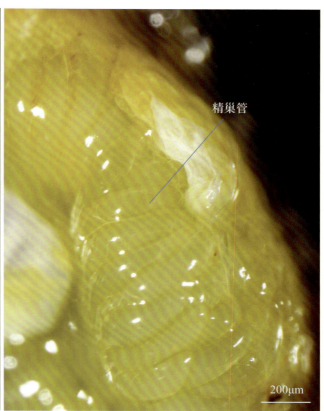

飞蝗雄性生殖系统侧面观。飞蝗的左右2个精巢愈合在一起。1对输精管绕过消化道，在消化道下方汇成射精管，附腺和储精囊细长发达，开口于射精管

飞蝗精巢内的精巢管

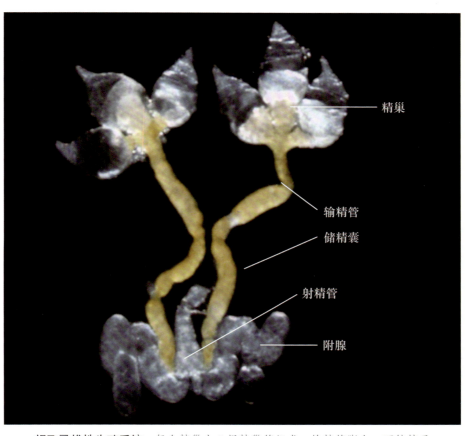

褐飞虱雄性生殖系统。每个精巢由3根精巢管组成，输精管膨大，可储精子

145

2. 精巢管中精子的形成

精巢由数目不等的精巢管组成，精巢管数量一般少于卵巢管数量，多数鳞翅目昆虫是 4 根，有些直翅目可达 100 多根。根据生殖细胞的发育程度，每根精巢管可以分为生殖区（原始生殖细胞分裂为精原细胞）、生长区（精原细胞经 6-8 次有丝分裂，形成 64-256 个精母细胞，聚成的精胞囊）、成熟区（1 个精母细胞减数分裂为 4 个精子细胞）和转化区（精细胞分化出游动的鞭状部形成成熟精子）。

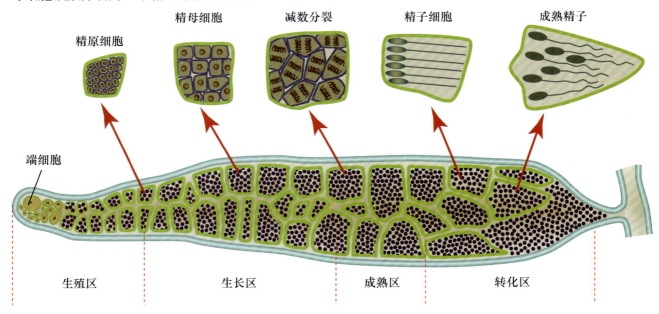

蝗虫的精巢管结构（改自 Wigglesworth, 1965）

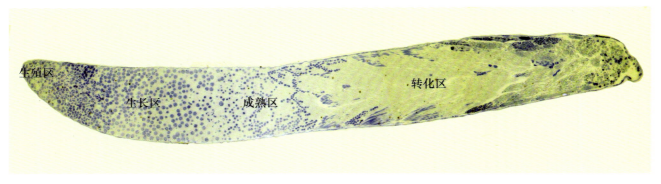

飞蝗精巢管纵切面（半薄切片）

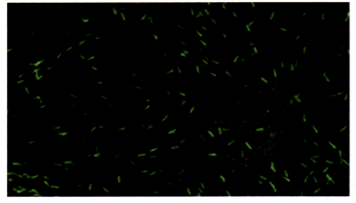

褐飞虱成熟的精子（绿色为精子头部）

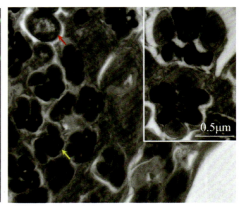

褐飞虱雌虫受精囊中的精子鞭部横切图

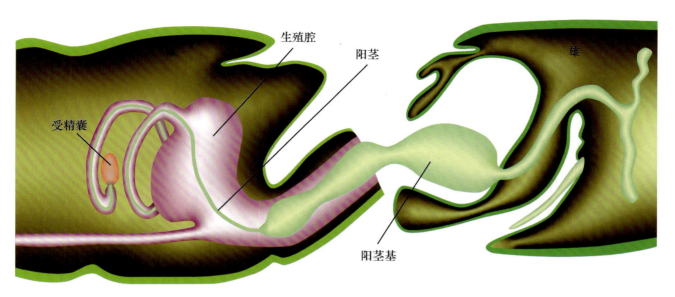

横带红长蝽 *Lygaeus equestris* 交配和授精情况（改自 Ludwig, 1926）

二星蝽 *Eysarcoris guttiger* 的交配状态

授精：交配过程中，雄虫将精液注入雌虫生殖器官内，并贮存于受精囊中，这个过程称授精。

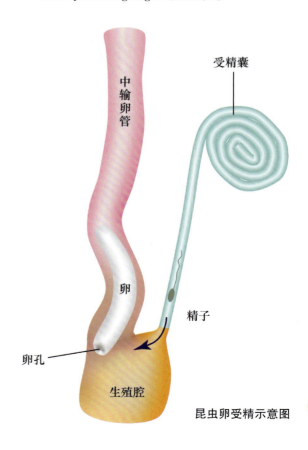

昆虫卵受精示意图

受精：当卵子通过阴道内的受精囊口时，一群精子从受精囊排出，其中 1 个精子经卵孔成功进入卵内。精子进入卵后，卵核受刺激进行减数分裂，形成卵细胞原核和 2-3 个极体。精子移动近雌性原核，尾部脱落，转变成雄性原核，雌性原核与雄性原核结合形成合子，完成受精作用。精子入卵至雌雄性原核形成合子的过程，称为受精。

第十五章
昆虫的内分泌系统

昆虫激素（hormone）指神经分泌细胞和内分泌腺体分泌至血淋巴中，转运至靶细胞，调节自身生长、发育、变态、滞育、生殖、多型现象及生理代谢的特殊化合物，一般没有种的特异性。目前已经发现的昆虫激素有 20 多种。

一、内激素的主要分泌器官和细胞

脑神经分泌细胞（neurosecretory cell）：位于前脑，其发出神经与心侧体、咽侧体相连，能分泌多种多肽激素，其中与变态相关的主要是促前胸腺激素（prothoracicotropic hormone，PTTH），也称"脑激素"（brain hormone，BH）。此外还分泌类胰岛素、黑化激素、鞣化激素、利尿激素、抗利尿激素、十一神经肽（elevenin）等，调节多型现象、表皮硬化和多种生理过程。

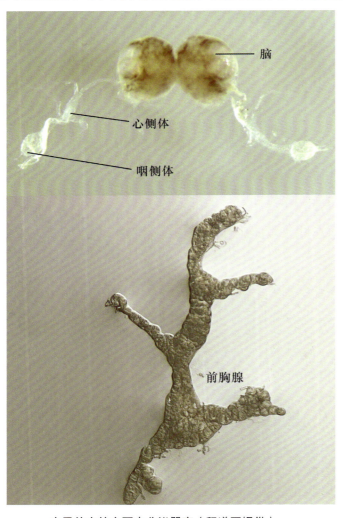

家蚕幼虫的主要内分泌器官（程道军提供）

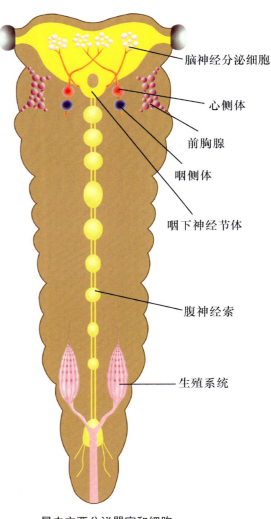

昆虫主要分泌器官和细胞

咽侧体（corpus allatum）位于咽的两侧，是 1 对卵圆形腺体，有的昆虫，如果蝇，咽侧体与其他腺体愈合在一起，也有其他昆虫，如蝗虫和蚕幼虫，咽侧体通过神经与心侧体相连，能分泌保幼激素（juvenile hormone，JH）。保幼激素是一类倍半萜烯甲基酯类物质，其中含 16 碳原子 C 的为 JH I，17C 的为 JH II，18C 的为 JH III，其在变态中的功能是使昆虫在变态过程中保持幼期状态。

前胸腺（prothoracic gland）：是位于头与前胸之间的一对透明带状细胞群体，其分泌物称前胸腺激素（prothoracic gland hormone，PGH），或称蜕皮激素（molting hormone，MH）。前胸腺分泌的为激素原 α-ecdysone，是 1 种含 27 个碳原子的类固醇，通常没有活性，要在细胞色素氧化酶 P450 作用下变成 20- 羟基蜕皮酮（20E，β-ecdysone）才有活性，促进蜕皮和变态。

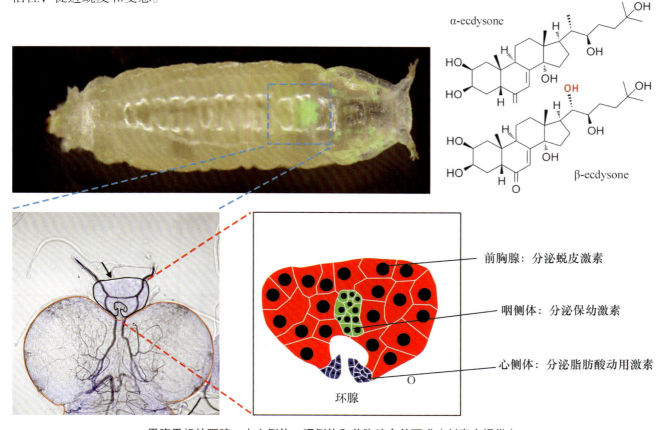

昆虫的保幼激素类型

黑腹果蝇的环腺，由心侧体、咽侧体和前胸腺合并而成（刘素宁提供）

咽下神经节分泌细胞：家蚕分泌卵滞育激素，为一种多肽，控制卵滞育。

生殖腺细胞：不少昆虫生殖腺的一些细胞也能分泌保幼激素和蜕皮激素（ecdysone），调控生殖系统发育。卵巢还能分泌卵静态激素和促性腺激素调节卵发育。精巢能分泌睾丸激素和雄性激素，调节精子发育。

二、昆虫生长发育的激素调控

　　脑神经分泌细胞分泌脑激素（BH），其本身不能发动脱皮，但能激发前胸腺（PG）分泌前胸腺激素（PGH）或叫脱皮激素（MH），PGH 转化的 20E 能引起脱皮。咽侧体分泌保幼激素（JH），其能抑制成虫器官芽的成长分化，保持幼虫形态。在高浓度的 JH 和一定浓度的 20E 调控下，引起幼虫到幼虫的蜕皮，在 JH 较低和 20E 存在下，引起幼虫化蛹的变态，当 JH 消失只存在 20E 情况下，引起若虫（蛹）羽化为成虫。

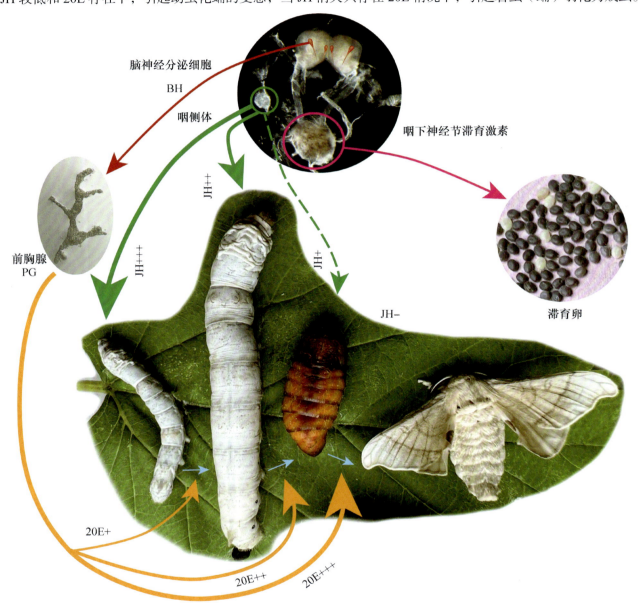

脑神经分泌细胞　BH

咽侧体

咽下神经节滞育激素

前胸腺　PG

滞育卵

JH++

JH+++

JH+

JH−

20E+

20E++

20E+++

蚕变态发育的激素调控
+、++、+++ 分别表示淋巴液中 JH 和 20E 的不同滴度，JH- 表示血淋巴中缺乏 JH

三、昆虫滞育和激素调控

　　成虫如缺 JH，卵巢不能发育，进入滞育。幼虫和蛹缺乏 20E，也进入滞育，施加外源 20E 能终止幼虫和蛹滞育。蚕等卵滞育是由于蛹期咽下神经节分泌的滞育激素，进入血淋巴，最后进入卵巢，控制成虫产下滞育的卵。

四、昆虫其他激素调控

昆虫还有很多神经肽激素，调控昆虫的体色和器官可塑性发育、昼夜节律、取食活动等行为。

脑神经分泌细胞分泌类胰岛素3

作用于若虫翅芽的胰岛素受体

稻飞虱胰岛素及其受体控制翅型可塑性发育

我们团队发现类胰岛素 3 和 2 个胰岛素受体调控稻飞虱长、短翅发育的多型现象（Xu et al., 2015）

缺乏elevenin的褐飞虱体色　　　一般褐飞虱体色

十一神经肽（elevenin）调控褐飞虱体色

褐飞虱鞣化激素（bursicon）调控展翅和黑化，缺乏鞣化激素不能正常展翅，部分区域颜色很浅

第十六章
昆虫的外分泌腺和信息素

昆虫信息素（pheromone）指由昆虫外分泌腺体分泌到体外，能引起同种其他个体产生行为或生理反应的信息化学物质。

一、外分泌腺体

昆虫外分泌腺体是由特化皮细胞组成的腺体。有的没有导管，如性信息素腺体，其分泌物直接释放到体外；也有的腺体如分泌防御类信息素的腺体，多有一导管和临时贮存信息素的结构。

不同昆虫和不同种类信息素的分泌腺体位置不一样。鳞翅目昆虫雌虫分泌性信息素的腺体一般位于腹末生殖孔附近。蜜蜂工蜂的跟踪信息素位于第 7 腹节背面节间膜上。鞘翅目昆虫的性信息素可在粪便中。

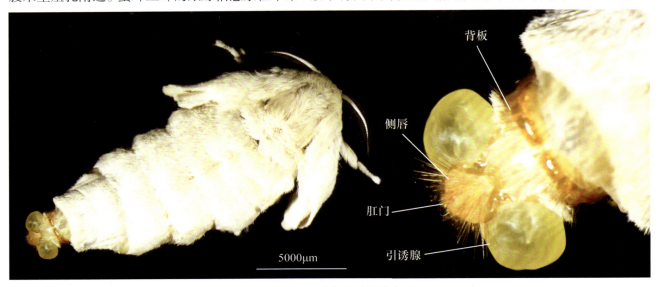

背板

侧唇

肛门

引诱腺

5000μm

家蚕雌蛾引诱腺在释放性信息素

二、信息素种类和特点

1. 性信息素（sex pheromone）

是昆虫成虫在特定时间分泌和释放，吸引同种异性个体前来交配的信息化学物质。大多是由性成熟的雌性分泌吸引雄性。也有一些蝶和果蝇由雄性分泌的情况，有些小蠹和蛾两性都会分泌性信息素。

家蚕的性信息素蚕蛾醇为（反,顺）-8,10-十六碳双烯-1-醇（E8,Z10-16:OH）。

性信息素有很强的种特异性。棉铃虫和烟青虫是鳞翅目夜蛾科同一个属的昆虫，亲缘关系十分接近，其性信息素都是顺 -9- 十六烷烯醛（Z9-Hexadecenal，Z9-16: Ald）和顺 -11- 十六烷烯醛（Z11-Hexadecenal，Z11-16: Ald）的混合物，但棉铃虫信息素中 Z9-16: Ald 和 Z11-16: Ald 的比例是 97∶3，而烟青虫中是 3∶97。

棉铃虫 *Helicoverpa armigera* 雌、雄蛾

烟青虫 *Helicoverpa assulta* 雌、雄蛾

Z9-Hexadecenal
(Z9-16: Ald)

Z11-Hexadecenal
(Z11-16: Ald)

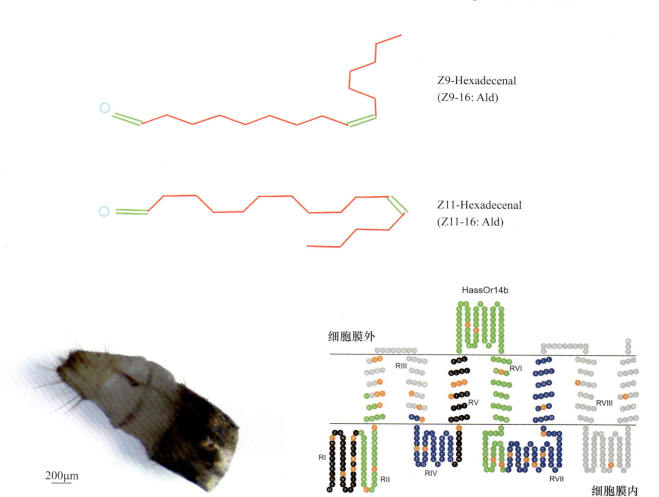

200μm

烟青虫的性信息素分泌腺体在腹末的节间膜上

烟青虫性信息素主要组分 Z19-16: Ald 的受体 HassOr14b 的二级结构

153

（本页图由王琛柱提供）

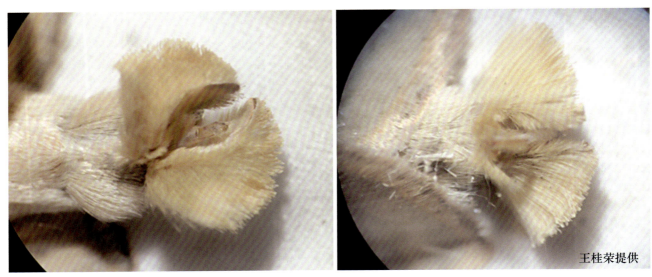

王桂荣提供

棉铃虫雄性也可释放雄性性信息素，近距离起作用（周围毛状的是味刷，中央为阳茎）

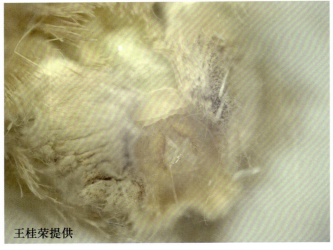

王桂荣提供

王桂荣提供

草地贪夜蛾 *Spodoptera frugiperda*
左图：自然状态下雌蛾性腺；右图：挤压后暴露腺体

2. 聚集信息素（aggregation pheromone）

由群居性昆虫分泌，用于吸引同种个体聚集在一起。康乐院士团队发现群居型飞蝗表皮特异性挥发物 4- 乙烯基苯甲醚（4VA），对群居型和散居型飞蝗的不同发育阶段和性别都有很强的吸引力，如果 4-5 只散居蝗虫聚集在一起，它们也会开始产生和释放这种信息素。其受体位于触角上的锥形感器中，OR35 是 4VA 的特异性受体。

4-乙烯基苯甲醚（4VA）

飞蝗聚集和其聚集信息素

3. 示踪信息素（trail pheromone）

多由社会性昆虫分泌，能标示其行踪路径的信息化学物质，其他个体可以根据其标记，跟踪到达食源地或归巢。西方蜜蜂的示踪信息素是混合物，含有反 - 法尼醇和 6 个单萜化合物。蚂蚁的示踪信息素也是多种萜类物质的混合物。

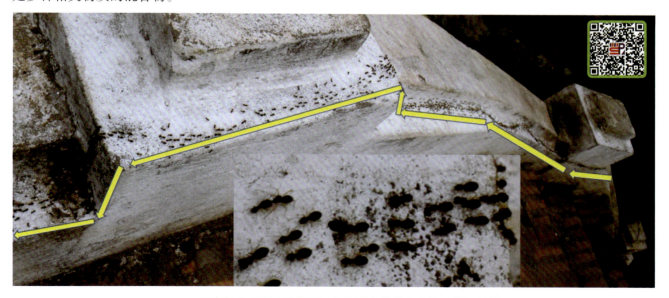

须白蚁分泌示踪信息素，使不同个体能沿着同一线路行军

4. 标记信息素（marking pheromone）

指昆虫在其产卵场所、食物、巢穴附近留下的具提示作用的信息化学物质。Salt 于 1934 年发现广赤眼蜂可以识别已被寄生的宿主卵。后来证明被寄生的宿主卵上存在标记化学因子，以控制其再次被产卵。这种标记化学因子被称为标记信息素，卵寄生蜂标记在寄主卵上的信息化学物又被称为产卵驱避信息素。

旋小蜂科平腹小蜂 *Anastatus* sp. 在麻皮蝽卵中产卵，同时也留下标记信息素

5. 报警信息素（alarm pheromone）

由同种个体释放，向同种其他个体传达敌害来临的挥发性物质。报警信息素存在于群栖性昆虫和社会性昆虫中。许多蚜虫、蜡、角蝉受到侵扰时，会紧急分散或纷纷跌落。而社会性昆虫如蜜蜂、胡蜂、蚂蚁巢穴受到威胁时，会集聚戒备，产生集体攻击行为。

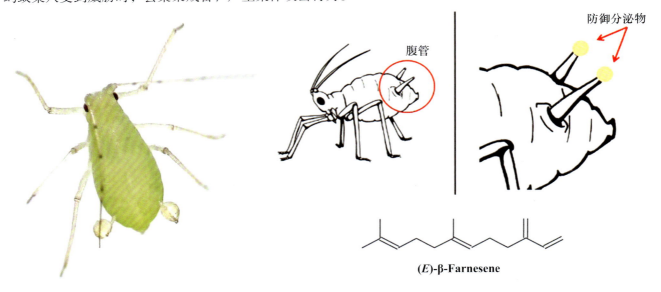

(*E*)-β-Farnesene

豌豆蚜受惊扰刺激腹管分泌报警信息素   豌豆蚜报警信息素（王桂荣提供）

第三篇

昆虫生物学

昆虫生物学是研究昆虫生命活动规律的科学，包括昆虫的个体发育和年生活史，如交配、产卵、胚胎发育、胚后发育、变态、羽化、活动等生命过程。每个昆虫物种都有自己独特的生物学特性，有些物种甚至在不同种群或品系中的特性也不一样，比如家蚕，有的品系卵滞育，有的品系卵不滞育，江浙品系一年 1 代，而热带地区品系一年多代，终年繁殖。掌握一种昆虫生物学特性，对于更有效地进行益虫繁殖利用和害虫控制是不可缺少的，同时对理解生物多样性、昆虫进化和分类也很重要。

第十七章
昆虫的生殖方式

一、昆虫的一生

昆虫世代是其从卵发育至成虫性成熟并交配和产卵的个体发育过程。不同昆虫完成 1 个世代时间差异很大，短的只需要几天，例如，黑腹果蝇 25℃下约 10 天就可以完成 1 个世代，而十七年蝉完成 1 个世代需要 17 年。不过大多数昆虫完成 1 个世代是 1 个月至数月。

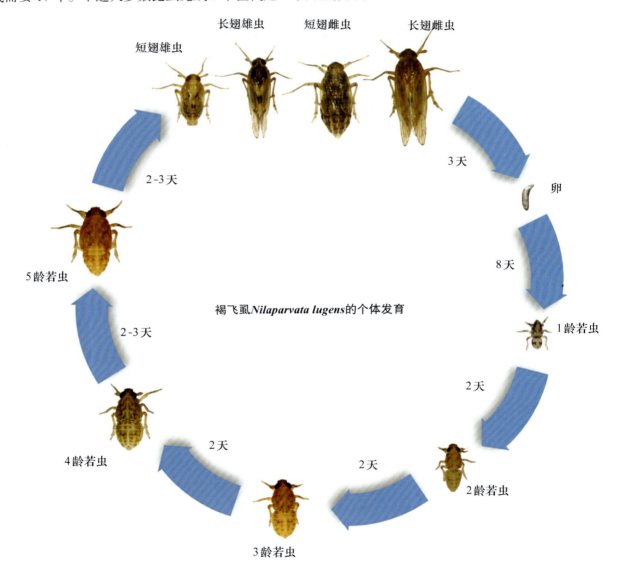

短翅雄虫　长翅雄虫　短翅雌虫　长翅雌虫

3 天

卵

2-3 天

8 天

5 龄若虫

褐飞虱*Nilaparvata lugens*的个体发育

1 龄若虫

2-3 天

2 天

4 龄若虫

2 天

2 天

2 龄若虫

3 龄若虫

褐飞虱是不完全变态昆虫，其一生经过卵、若虫和成虫 3 个阶段，都是在水稻上生活，在 27℃下卵期约 8 天，若虫期 10 余天，产卵前期约 3 天，完成 1 个世代共约需 23 天，成虫阶段有适合于迁飞/扩散的长翅型和能更快繁殖的短翅型。

二、昆虫的生殖方式

1. 两性生殖（bisexual reproduction）：雌雄交配，卵受精后方能发育成新个体的生殖方式。绝大多数昆虫的生殖方式都属于两性生殖。

甘薯小绿龟甲 *Taiwania circumdata*

褐飞虱 *Nilaparvata lugens*

柑橘凤蝶 *Papilio xuthus*

2. 孤雌生殖（parthenogenesis）:卵不经过受精就发育成新个体的现象。有偶发性的，如家蚕和一些毒蛾、枯叶蛾，偶然会有未受精卵发育为后代。有经常性的，如蜜蜂、一些寄生蜂，还有些昆虫自然界雄虫很少，甚至没有发现，如一些蚧、粉虱、蓟马、竹节虫；有季节性的，如棉蚜，有世代交替现象，秋末冬初两性生殖，产越冬卵，春夏秋进行孤雌生殖。

短肛竹节虫 *Ramulus* sp. 雌虫（左）不经交配，会产下可以孵化的卵（右）

东方蜜蜂 *Apis cerana* 和很多膜翅目的蜂类一样，繁殖型雌蜂（蜂后）可以产下受精卵和未受精卵，其中未受精卵会发育为单倍体的雄蜂，是一种孤雌生殖

大多数种类的蚜虫除有性世代是雌雄交配产下后代外，其他为孤雌生殖世代，雌虫不用交配，就能以胎生方式产下小蚜虫，图为**酸模蚜** *Aphis rumicis*

3. 多胚生殖（polyembryony）：1 个卵在发育过程中分裂成许多胚胎的生殖方式。有些寄生蜂（如小蜂、姬蜂），一个卵可以发育为几个胚胎，这种生殖方式使寄生蜂的一次成功产卵寄生，就可以最大程度地利用宿主营养物质，繁殖更多的后代。最有名的例子是佛罗里达多胚跳小蜂 *Copidosoma floridanum*，雌蜂产的 1 只卵在寄主粉纹夜蛾 *Trichoplusia ni* 体内最后可以繁殖出多达 2000 头的后代。

银纹夜蛾幼虫体内充满多胚跳小蜂幼虫

寄生银纹夜蛾的多胚跳小蜂
Copidosoma sp.

已被多胚跳小蜂寄生的银纹夜蛾幼虫

多胚跳小蜂幼虫

上千头多胚跳小蜂从 1 头寄主幼虫尸体中羽出

多胚跳小蜂在每颗银纹夜蛾卵中产下 1 枚卵，产下的卵不马上孵化，一直等到银纹夜蛾卵孵化出的幼虫生长到个体最大时，多胚跳小蜂卵才孵化。多胚跳小蜂在胚胎发育过程中分裂为 1000-2000 个胚胎，每个胚胎会发育成为 1 只小蜂的幼虫。被寄生的银纹夜蛾幼虫尸体，透过尸体的薄薄体壁可以看到其体内有上千头寄生蜂幼虫。最后从 1 头寄主中可以羽化出多达1000 只的后代蜂。

161

4. 胎生（viviparity）：大多数昆虫是卵生，但也有一些昆虫的母体会直接产出幼虫或若虫，称为胎生，如麻蝇、蚜虫、舌蝇、太平洋折翅蠊等。

豌豆修尾蚜 *Megoura crassicauda*

5. 幼体生殖（paedogenesis）：幼虫体内的生殖细胞提前发育成后代的现象（因此也可以说是幼虫的孤雌生殖或幼虫胎生），如一些瘿蚊。

子代

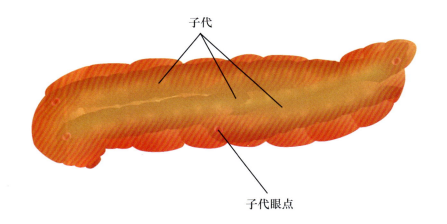

子代眼点

斯氏菌瘿蚊 *Mycophila speyeri* 是最重要的危害蘑菇的害虫之一，既有两性生殖，也有幼体生殖。有些幼虫个体的体内生殖细胞可以提前发育成后代，后代幼虫发育到一定阶段会破母体幼虫的体壁而出

第十八章

昆虫的卵和胚胎发育

一、卵的基本构造

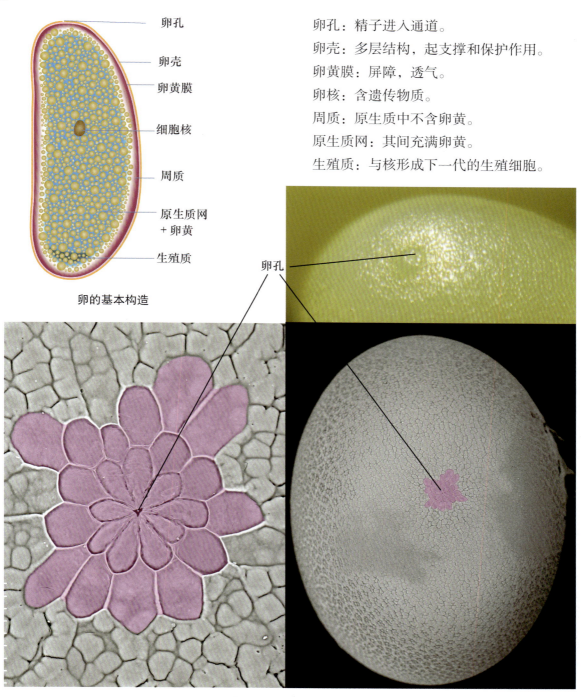

卵的基本构造

卵孔：精子进入通道。

卵壳：多层结构，起支撑和保护作用。

卵黄膜：屏障，透气。

卵核：含遗传物质。

周质：原生质中不含卵黄。

原生质网：其间充满卵黄。

生殖质：与核形成下一代的生殖细胞。

卵孔

家蚕卵的扫描电镜照片

褐背小萤叶甲 *Galerucella grisescens* 卵

卵孔

200μm

褐背小萤叶甲卵的扫描电镜照片

000 10kV x250 BSE M

白斑瘤胸螗 *Trachythorax albomaculatus* 卵

白斑瘤胸螗卵壳

TM4000 15kV x30 BSE M

1.00mm

0h （0 小时）

卵壳

2μm

褐飞虱卵

褐飞虱卵壳超薄切片

二、胚胎发育

昆虫胚胎发育的主要过程如下。

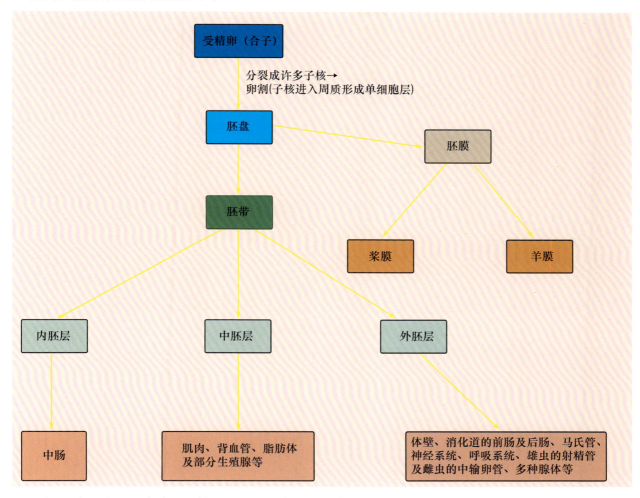

根据胚胎的分节和附肢出现情况，也可以把胚胎发育分为三个阶段。

原足期： 头胸已分节和形成附肢，但腹部未分节和形成附肢。

多足期： 腹部已分节，各节出现附肢。

寡足期： 腹部附肢又退化消失。

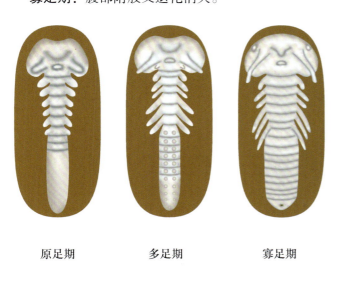

原足期　　　　多足期　　　　寡足期

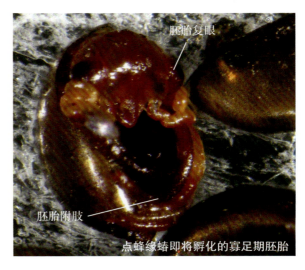

点蜂缘蝽即将孵化的寡足期胚胎

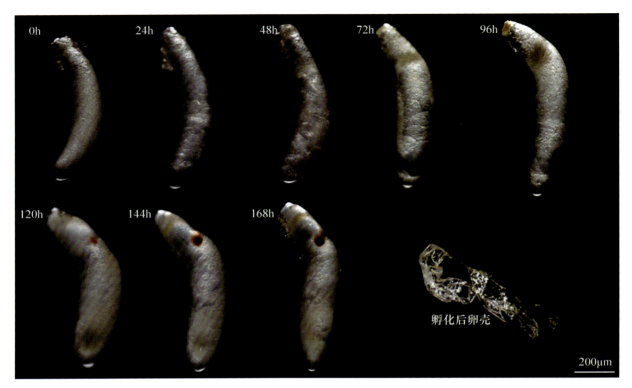

褐飞虱的胚胎发育过程外观

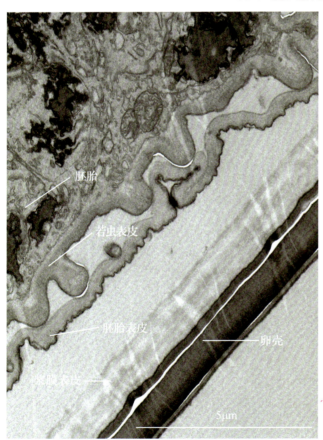

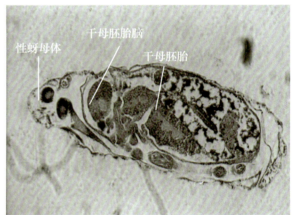

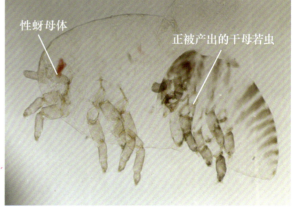

褐飞虱刚产下的卵外壳只有卵壳，后来逐步分泌形成浆膜表皮，用于加固卵壳和防止失水，胚胎发育中期形成胚胎表皮和 1 龄若虫表皮

角倍蚜性蚜口器退化不取食，交配后 1 粒受精卵在雌性蚜体内经胚胎发育为干母若虫

第十九章

昆虫孵化和变态类型

一、胚后发育

胚后发育（post-embryonic development）是相对于胚胎发育的一个概念，指从卵中孵出或离开母体的幼体发育至成虫的过程，也称幼期发育，包括不完全变态的若虫期和完全变态的幼虫 - 蛹期。多数昆虫胚后发育需要数周或数月。时间很短的如蚜虫，在几天内就可完成胚后发育。而天牛、金龟甲需要 1-2 年，十七年蝉完成胚后发育需要 17 年。

黑腹果蝇 *Drosophila melanogaster* 的胚后发育，从孵化到蛹期

二、孵化

孵化（hatching）指胚胎发育至一定时期，卵内幼体破卵而出的过程。

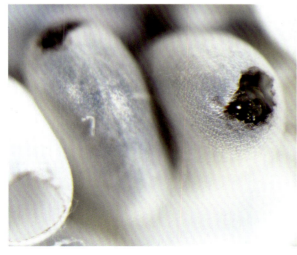 

家蚕 *Bombyx mori* 卵孵化，先咬破卵壳，继而爬出，历时几十分钟

点蜂缘蝽 *Riptortus pedestris* 若虫从卵中孵化而出，初孵若虫体积比卵大了好多倍

广斧螳 *Hierodula patellifera* 孵化，若虫几乎同步从卵块中鱼贯而出

卵1的卵壳已经在头部裂开，露出若虫胸和部分腹部

卵1 若虫腹部更多出壳

卵1

卵2

卵2 开始孵化

卵1 若虫后足出壳

卵1 若虫腹部完全出壳

卵2

卵2

卵1 若虫头部还有卵壳

刚孵化的若虫

卵2 若虫腹部出壳

飞蝗 *Locusta migratoria* 孵化过程

榕透翅毒蛾 *Perina nuda* 的卵及初孵幼虫（徐鹏摄）

斜纹夜蛾 *Spodoptera litura* 幼虫正从卵块中孵化而出

酸模角胫叶甲 *Gastrophysa atrocyanea* 正在孵化，初孵幼虫体色很淡

酸模角胫叶甲孵化后，体色很快变黑，并会取食掉卵壳

三、变态和类型

变态（metamorphosis）指昆虫在胚后发育过程中，由幼期的状态转变为成虫期状态的现象。变态的主要类型有以下几类。

原尾虫

1. 增节变态

增节变态（anamorphosis）是最原始的变态类型，为原尾纲的原尾虫所特有。其成、幼期除个体大小、性器官发育程度差异外，腹部体节会从 9 节随着脱皮逐龄增到 12 节。

斑衣鱼 *Thermobia domestica* 的不同发育阶段形态

2. 表变态

表变态（epimorphosis）是双尾纲、弹尾纲，以及昆虫纲无翅亚纲的缨尾目和石蛃目所具有的变态类型。其成虫期与幼期相比，除个体变大，性器官发育成熟外，其他形态变化不明显，所以也称无变态，但有个重要特征，就是成虫期还会继续脱皮。

3. 原变态

原变态（prometamorphosis）是蜉蝣目所特有的变态类型，其从幼期到成虫期中间还要经过一个亚成虫期。亚成虫性已成熟，能飞翔，但翅还不透明，还要再脱一次皮才变成成虫（翅完全透明）。此外其幼期是水生，腹部许多体节上具有由附肢演化来的气管鳃，属多足型（见第四章图）。

蜉蝣亚成虫翅不透明　　　　蜉蝣成虫翅透明　　　　一种小蜉的亚成虫脱皮

4. 不完全变态

不完全变态（incomplete metamorphosis）特点：①生活史有 3 个阶段，即卵期 - 幼虫期 - 成虫期；②翅芽在体外发育，成虫特征逐步出现；③幼期为寡足型（3 对胸足），成、幼期食性多相似。此外，在不全变态中，虱目和一些无翅种类或个体在进化过程中翅又发生退化。

（1）渐变态：成、幼期外部形态、食性、生活习性特别相似，只有翅和生殖器官发育程度不同。幼期多陆生，称若虫（nymph），如螳螂、蝗虫、蝽等。

卵　　若虫（4龄蝻）　　　　　　　成虫（雌）

飞蝗生活史的三个阶段

（2）半变态：蜻蜓目和襀翅目昆虫的幼期为水生，成虫期陆生，两者在体型、呼吸、取食和行动器官均有所不同。幼期称"稚虫〔naiad〕"。

闪蓝丽大蜻 *Epophthalmia elegans* 稚虫　　　　　　　闪蓝丽大蜻成虫

一种豆娘稚虫　　　　　　　一种豆娘成虫

蜻蜓目的半变态

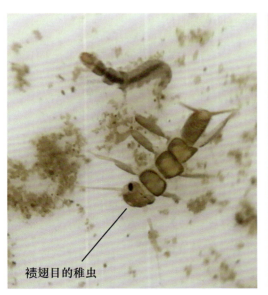

襀翅目的稚虫　　　　　　　刺襀 *Styloperla* sp.

襀翅目昆虫的半变态。左为 1 种石蝇的稚虫，右图为 1 种刺襀 *Styloperla* sp. 的成虫

（3）过渐变态：蓟马、粉虱和蚧类雄虫，发育过程有个"伪蛹期"，是一个不吃不动类似蛹的虫龄，但与蛹不同的是其翅芽是在体外发育的。过渐变态是不全变态向完全变态演化的一个过渡类型。

普通大蓟马（豆大蓟马）*Megalurothrips usitatus* 的过渐变态

5. 完全变态（全变态）

全变态（complete metamorphosis）为有翅亚纲内翅部特有，占昆虫种类 85% 以上。其特点为①生活史有 4 个虫期：卵 - 幼虫 - 蛹 - 成虫；②翅芽在幼虫体壁下发育，其他成虫器官也以器官芽形式发育；③成、幼虫期在生活环境、食性方面也不同。幼虫为异型幼虫，无复眼。

阳彩臂金龟 *Cheirotonus jansoni* 完全变态

幼虫

卵

蛹

200μm

成虫

黑腹果蝇的完全变态

幼虫

卵

蛹

成虫

白纹伊蚊 *Aedes albopictus* 完全变态

成虫交配

成虫产卵

卵和低龄幼虫

大龄幼虫

蛹

大帛斑蝶（大白斑蝶）*Idea leuconoe* 的完全变态

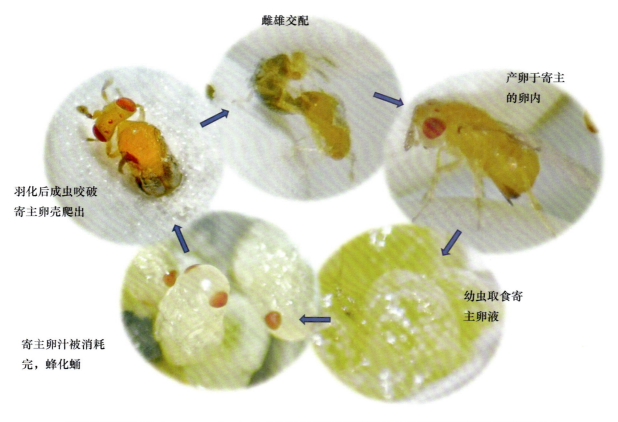

雌雄交配

产卵于寄主
的卵内

羽化后成虫咬破
寄主卵壳爬出

寄主卵汁被消耗
完，蜂化蛹

幼虫取食寄
主卵液

松毛虫赤眼蜂 *Trichogramma dendrolimi* 的完全变态（湖南省林业科学院林草保护研究所提供）

复变态： 完全变态中，有的种类变态更为复杂，除 4 个不同虫态外，其幼虫的各个龄期的形态也各不相同，可称为复变态，如芫菁。

交配后的雌成虫产下米粒状卵，初孵化的 1 龄幼虫为蛃型，适于快速爬行，寻找土里的蝗虫卵块。找到蝗虫卵块后，随即取食营养丰富的蝗卵，这时不再需要快速爬行了，脱皮后变成一条肥大、弯曲、行动迟缓的"蛴螬型幼虫"。幼虫共 5 龄，最后 1 龄变成体壁较为坚硬的"坚皮幼虫"，然后化蛹（裸蛹），最后羽化为成虫。

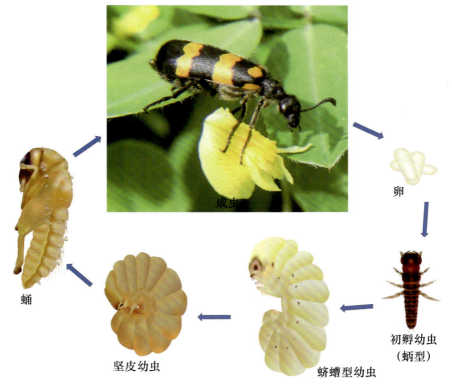

成虫

卵

蛹

初孵幼虫
（蛃型）

坚皮幼虫

蛴螬型幼虫

眼斑芫菁 *Mylabris cichorii* 的复变态

179

第二十章
昆虫的幼虫期

一、生长和脱皮

幼虫生长有快速和周期性两个特点，在生长过程中要周期性地脱皮（molting）。脱皮指由于幼（若）虫的外表皮限制虫体的生长，当生长到一定时期，就要形成新表皮，同时脱去旧表皮的现象。脱下的旧表皮称"蜕（exuvium）"。半翅目、鳞翅目等昆虫一般脱皮4-5次。此外，化蛹和羽化也是一种伴随变态的脱皮过程。

广斧螳若虫脱皮和蜕

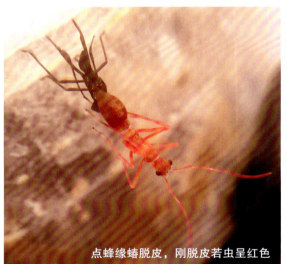

点蜂缘蝽脱皮，刚脱皮若虫呈红色

扁竹节虫 *Heteropteryx dilatata* 的蜕

龄（instar）和龄期（stadium）：相连两次脱皮之间所经历的时间称为龄期。在一个龄期内的虫态，称为龄。

5000μm

点蜂缘蝽的 5 个若虫龄期

卵

1龄

2龄

卵壳

5龄

3龄

粪粒

4龄

家蚕不同龄期幼虫大小

刚孵化的家蚕幼虫长 3-4mm，体重约 0.4mg，到 5 龄后体长可达 6-7cm，体重可达 5-7g，5 龄比刚孵化体长增长约 20 倍，体重增加约 15 000 倍。

1龄头

2龄头

3龄头

5龄头

4龄头

200μm

由于头壳较硬，初脱皮幼虫头壳和同一龄的后期头壳大小几乎没有变化。幼虫的头壳每龄是按几何级数增长的，因此可以用头壳的宽度来判断多种昆虫的幼虫龄期。

家蚕不同龄期幼虫头壳宽度

181

二、幼虫类型

广义幼虫包括若虫、稚虫、全变态幼虫。狭义幼虫仅指全变态类昆虫的幼虫期。

1. 原型幼虫：原尾纲、弹尾纲、双尾纲和昆虫纲无翅亚纲（增节变态、表变态）的成虫和幼虫腹部除尾须、外生殖器之外还有附肢（针突、弹器等）。

原型幼虫
弹尾纲的曲毛裸长蚖 *Sinella curviseta* 成虫和幼期阶段

2. 蜉型幼虫：蜉蝣目（原变态）的幼虫腹部具有由附肢演化来的气管鳃。幼虫水生也称"稚虫"。

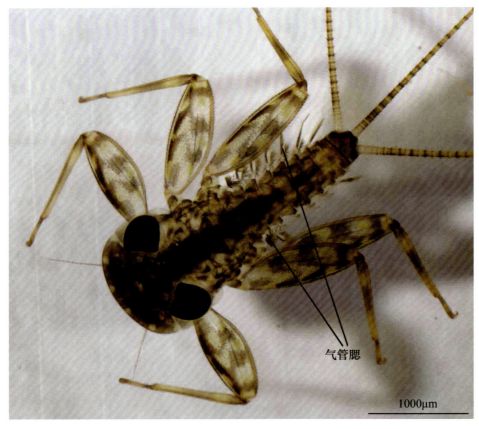

气管鳃

1000μm

蜉型幼虫
图为一种蜉蝣的幼期阶段

3. 同型幼虫：指渐变态类若虫。其若虫与成虫在体型、形态、食性和生活环境方面均很相似，若虫为寡足型。

美洲大蠊 *Periplaneta americana* 若虫（左）和成虫（右）比较

红比蝽 *Pycanum rubens* 的若虫和成虫

亚同型幼虫：指半变态稚虫。因为稚虫水生，成虫陆生，其行动、呼吸、取食器官与成虫相比，相对于渐变态若虫而言，有较多不同之处。

蜻蜓的稚虫

4. 异型幼虫：指全变态类幼虫。幼虫在外部形态、内部结构、生活环境、生活习性、食性等方面与成虫均有很大差异，幼虫没有复眼，也没有外生翅芽。异型幼虫又可分为4种类型。

（1）原足型幼虫：一些寄生蜂，卵中营养物质少，幼虫在胚胎发育早期就孵化，有的腹部还未分节，胸足只是简单突起，孵化后在寄主体内继续发育。

松毛虫赤眼蜂的幼虫（寄生在柞蚕卵体内）

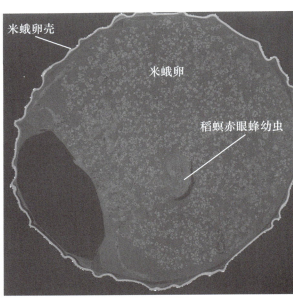

米蛾卵壳

米蛾卵

稻螟赤眼蜂幼虫

寄生在米蛾卵中的早期稻螟赤眼蜂幼虫

（2）多足型幼虫：除胸足外，还有数对腹足。

鳞翅目的多足型幼虫，具2-5对腹足，有趾钩，可称为蠋型幼虫

叶蜂类的多足型幼虫，腹足多于5对，但无趾钩，可称为伪蠋型幼虫

（3）寡足型幼虫：具胸足但无腹足，包括蛎型、蛴螬型、蠕虫型等。

草蛉幼虫

异色瓢虫幼虫

蛎型幼虫，胸足发达，行动迅速，多为捕食性，如草蛉、瓢虫幼虫

椰蛀犀金龟*Oryctes rhinoceros*

蛴螬型幼虫，身体肥胖，C形弯曲，行动迟缓，如金龟子幼虫（蛴螬）

蠕虫型幼虫，体细长，如大麦虫 *Zophobas morio* 与黄粉虫 *Tenebrio molitor* 幼虫

（4）无足型幼虫：幼虫的胸、腹足退化，多生活于易获得食物的环境中。有全头无足型、半头无足型和无头无足型等。

全头无足型幼虫，有明显骨化头部，如蛀树干的天牛和蛀食豆种子的四纹豆象幼虫

半头无足型幼虫，头部大多缩入前胸，如虻类。图为黑水虻 *Hermetia illucens* 幼虫

口钩

无头无足型幼虫，蛆型，仅口钩外露，如蝇类幼虫。图为橘小实蝇 *Bactrocera dorsalis* 幼虫

蛹（pupa）是完全变态类昆虫从幼虫转变为成虫过程中一个不吃不动的虫态，实际上该虫态身体内部在进行着剧烈的旧组织解离和新组织发生的变化。

一、化蛹

由于蛹期不能活动，是容易受到天敌攻击的时期，因此多数昆虫化蛹（pupation）会寻找隐蔽场所，还有的种类会结茧或做土室等作蛹的保护物。

排出的体内废液

家蚕老熟幼虫化蛹前，停止取食，身体透明，往高处爬，寻找化蛹场所，然后吐丝作茧。不久开始排空体内的多余水分和尿液，体缩短，此后再继续吐丝和完善结茧

继续吐丝结茧　　　　　　　　　　继续吐丝完善茧内层

老熟幼虫排空体内废液后继续吐丝结茧，结茧过程持续约2天。

预蛹　　　　　　　　　　启动脱皮化蛹

随着吐丝结茧完成，身体进一步缩短，胸部体色进一步变淡，不再活动，称预蛹（prepupa）。随后身体蠕动，开始先将旧气管脱出。

脱去幼虫表皮　　　　　　　　化蛹完成　　　　　　蛹色变深

然后头、胸部相继脱去幼虫表皮，露出鲜嫩的新蛹表皮。化蛹完成后，体色不断鞣化黑化而变为褐色。

家蚕结茧化蛹过程

老熟幼虫

前胸表皮沿着蜕裂线开始裂开

胸部表皮已经脱下

蛹的触角、翅芽和附肢露出

化蛹即将完成

化蛹完成

东方菜粉蝶 *Pieris canidia* 化蛹过程：老熟幼虫化蛹前，停止取食，寻找化蛹场所，吐丝将自己固定在墙壁或植物表面，然后从头部开始脱皮化蛹

东方菜粉蝶的蛹期变化，蛹后期羽化前，透过蛹壳已经可以见到翅的斑纹

二、化蛹场所和保护物

作茧化蛹的如蚕、草蛉、多种蜂类、蚂蚁、跳蚤等。制作土室化蛹的如地老虎、黏虫、金龟子、角胫酸模叶甲等。

1000μm

杜鹃三节叶蜂 *Arge similis* 茧

二化螟盘绒茧蜂 *Cotesia chilonis* 在寄主体外结的茧

红点唇瓢虫 *Chilocorus kuwanae* 直接在捕食场所竹秆表面化蛹

东方星花金龟 *Protaetia orientalis* 做土室化蛹

角胫酸模叶甲（徐鹏摄）

三、蛹的类型

根据蛹壳、翅和附肢附着情况，可将蛹的类型分为裸蛹、被蛹和围蛹。

裸蛹（离蛹）：翅和附肢不黏体上，可以活动。腹节间也可活动。如蜂、甲虫、草蛉。

黄柄壁泥蜂 *Sceliphron madraspatanum* 的蛹

菜粉蝶 *Pieris rapae* 的蛹

家蚕追寄蝇 *Exorista sorbillans* 的蛹

被蛹：翅和附肢黏附体上，不能活动，大多数体节不能扭动，如蝶蛾、蚊。

围蛹：最后二龄脱下的皮形成蛹壳，壳内蛹体为裸蛹，如蝇类。

第二十二章
昆虫的成虫期

成虫期（adult stage）是多数有翅昆虫活动最为活跃时期，也是昆虫求偶、交配、产卵的繁殖期。

一、羽化

羽化（emergence）指成虫从前一虫态脱皮而出的过程。不完全变态昆虫是从老熟稚虫或老熟若虫脱皮变态为成虫，全变态昆虫是从蛹中脱皮而出化为成虫。

家蚕蛾正在茧内的蛹中羽化而出

点蜂缘蝽羽化

褐飞虱羽化

蝉羽化

①羽化时先倒悬挂身体，利用自身重力的助力脱去老熟若虫表皮

②完成脱皮后，飞蝗翻转身体

③展翅

④展翅完成

飞蝗羽化过程

有茧等蛹保护物的，成虫从蛹羽化后，还要破茧。破茧是先用从口器吐出的酶液溶解茧壳，继而"破茧而出"。下图为家蚕出茧过程。

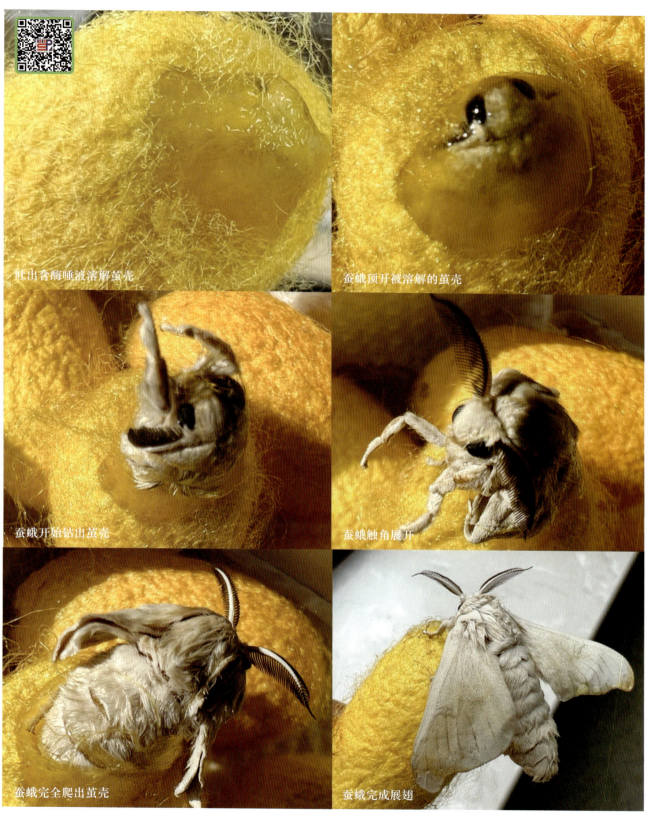

吐出含酶唾液溶解茧壳

蚕蛾顶开被溶解的茧壳

蚕蛾开始钻出茧壳

蚕蛾触角展开

蚕蛾完全爬出茧壳

蚕蛾完成展翅

蚕蛾破茧而出过程

脱开蛹壳

爬上物体

倒悬展翅中

完成展翅

东方菜粉蝶羽化过程

二、性二型和多型现象

1. 性二型（sexual dimorphism）：指许多昆虫成虫雌雄除性器官不同外，还在体型、体色等形态方面存在较大的差异（第二性征）。如介壳虫、萤火虫等。

雄

雌

绿鸟翼凤蝶 *Ornithoptera priamus*

阳彩臂金龟（左雄，右雌）

黄脉翅萤 *Curtos costipennis*（左雄，右雌）

红紫蛱蝶（金斑蛱蝶）*Hypolimnas misippus*

叶䗛 *Phyllium* sp.

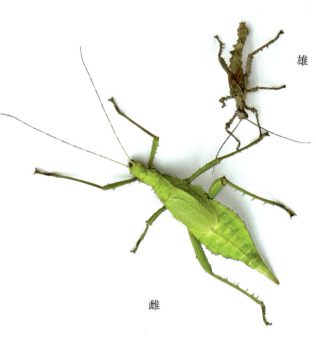

扁竹节虫 *Heteropteryx dilatata* 雌、雄成虫

2. 多型现象（polymorphism）： 在同一性别不同个体中出现不同类型的分化的现象，如蚜、蜜蜂、蚂蚁、白蚁。

黑翅土白蚁的大小兵蚁、大小工蚁以及蚁王和蚁后（徐鹏摄）

褐飞虱长翅型和短翅型成虫图　　　　　　　　白尾红蚜的有翅型和无翅型孤雌生殖蚜

3. 补充营养：对性腺发育不可缺少的成虫期营养。如蚊、蝗、瓢虫，其成虫期必须取食，性腺才能进一步发育，才能繁殖后代。

棉蝗成虫也是要取食后卵巢才能发育

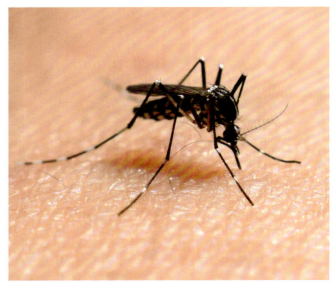

白纹伊蚊 *Aedes albopictus* 成虫只有吸血后，卵巢才能发育和产卵

蜉蝣成虫

　　一些昆虫成虫期口器退化或很不发达，不需要取食，羽化时卵已成熟，所以羽化后不久就交配、产卵。这些成虫寿命往往很短，如蜉蝣、家蚕蛾等。

4. 求偶和交配

求偶（courtship）指性成熟昆虫近距离内通过视觉、听觉、嗅觉和触觉等向异性示爱并促使异性接受交配（copulation）的行为，包括姿态、鸣声、触碰、舞蹈等。不少雄性食虫虻不仅会舞蹈，还会送猎物作为"彩礼"求偶。

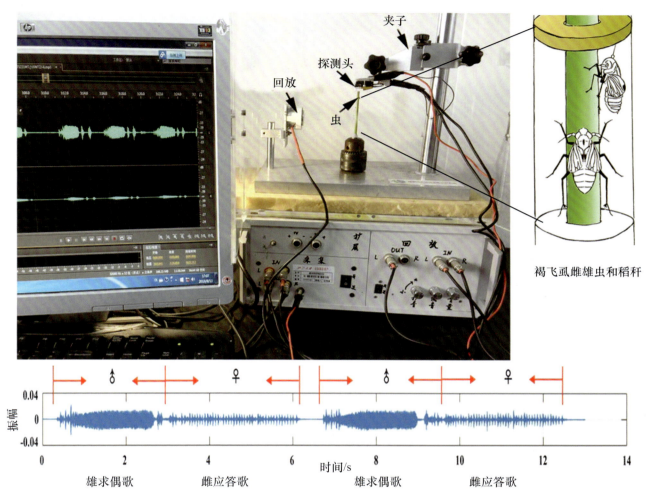

褐飞虱雌雄虫和稻秆

褐飞虱的求偶是通过腹部发出的振动波，通过稻秆稻叶传递给异性，雌雄之间要进行多轮的"情歌"对唱，才能成功交配。其求偶歌声可以通过仪器检测出来

折翅萤 *Pteroptyx tener* 用荧光求偶

雄蝉用声音求偶

最常见的求偶活动是通过雌性释放性信息素（见第三篇），吸引雄虫前来交配。有些昆虫是多种行为联合使用。

雌蛾腹末释放性信息素　　　　　交配

家蚕雌虫通过释放性信息素，吸引雄虫前来交配

5. 产卵方式和部位

产卵方式有散产的，也有以卵块形式产下的，螳螂和蟑螂等还形成卵囊。蜻蜓和螅产在水中，负子蝽雌虫将卵产于雄虫背上，菜粉蝶卵散产于十字花科叶上，蝗虫卵块产于沙土中，蝉卵产于树枝内，寄生蜂产卵于寄主体内。产卵方式和位置主要为更好地保护卵和保证孵化的后代能较快地获得食源。

500μm

褐飞虱产卵于水稻的叶鞘组织中

黑蚱蝉产卵于树枝组织中

豆娘产卵于水中水草上

草蛉产卵于蚜虫附近，卵有丝柄

天幕毛虫 *Malacosoma neustria* 卵环

蜚蠊的卵鞘

负子蝽产卵于雄虫背上

螳螂卵鞘（俗称桑螵蛸）内有上百粒卵

雌飞蝗产卵于沙土中，产卵时先用凿状产卵瓣凿开沙土，接着将腹部插入土下深处，腹部节间膜极度伸长，然后将泡沫状卵鞘和卵产入土下，最后将产卵部位留下的空穴用沙土掩盖。

雌飞蝗

第二十三章

昆虫的年生活史

一、年生活史

年生活史（annual life history）指昆虫在一年中的发育史。

越冬若蚜在苔藓上形成蜡球，越冬

3月羽化为春迁蚜飞到盐肤木树干

10月虫瘿爆裂，秋迁蚜飞出到苔藓上胎生后代

春迁蚜在树干上胎生下雌、雄性蚜

性蚜交配后，以卵胎生方式产下干母

干雌孤雌生殖繁殖3代，虫瘿膨大

干母在虫瘿中孤雌生殖繁殖干雌

干母诱导取食部位植物组织形成虫瘿

5月干母爬到萌发不久的盐肤木复叶的叶翅部位固定取食

角倍蚜 *Schlechtendalia chinensis* 年生活史

角倍蚜产生的虫瘿被称为"五倍子"，从五倍子中提取的单宁酸是重要的医学和工业原料。其年生活史非常复杂，包括性母（春迁蚜）、雌雄性蚜、干母、干雌（三代，第三代成虫为秋迁蚜）等6个世代。有无翅世代（雌雄性蚜、干母、前2代干雌）和有翅型世代（春季迁移蚜和秋季迁移蚜），还有有性世代（雌雄性蚜）和无性世代（干母、干雌）的世代交替，同时还有瘿内生活和瘿外生活的不同阶段。此外还涉及寄主转换（越冬寄主为侧枝匐灯藓等苔藓，夏寄主为盐肤木）。

人工繁殖角倍蚜虫瘿"果实"累累

二、世代

世代（generation）指 1 个新个体从离开母体发育到性成熟，产下后代为止的个体发育史。影响世代数的因子包括遗传，这是最主要，如蚕品系有一化性、二化性、多化性等。温度等气候因子也很重要，如玉米螟在黑龙江 1 年 1 代，山东 2-3 代，江西 4 代。此外食料也会有很大影响。

三、休眠和滞育

许多昆虫在年生活史中，常常以生长发育停滞的方式度过寒冬（越冬）或盛夏（越夏）。根据产生和消除生长发育停滞这种现象的条件，可以将其分为两类。

1. 休眠（dormancy）： 常由不良环境直接引起（如低温），不良环境消除，即可恢复生长发育。

2. 滞育（diapause）： 常不由不良环境条件直接引发，一般在不良环境还远未到来之前，就进入滞育，一旦进入滞育，即使给予最适宜的环境条件，也不能马上恢复生长发育，滞育具有遗传稳定性而且都有固定的滞育虫态，一般是由光周期通过体内激素调节。

一化性品种家蚕以滞育卵越冬

二化螟以老熟幼虫在稻桩中滞育越冬

螳螂以卵（块）滞育越冬，在江浙一带一般要到次年 5 月才孵化

第二十四章

昆虫的习性和行为

一、昼夜节律

在进化过程中形成的昼夜活动节律，与其觅食和寻偶及逃避天敌有关。日出性的如蝶、蜻蜓、蜜蜂，夜出性如多数蛾类，弱光性如蚊。

黄胸木蜂（日出性）　　　　　　　　库蚊（弱光性）

二、食性

昆虫可以分为植食性、肉食性、腐食性、杂食性。植食性又可以根据寄主范围，进一步分单食性、寡食性和多食性。寄主选择由昆虫视觉、嗅觉、味觉感受的信息综合决定，很大程度上是昆虫感受器官受体与寄主直接或间接产生的信息素互作的结果。

食虫虻捕食雄蜜蜂

彩臂金龟幼虫取食腐木屑

1. 单食性： 只取食一种植物及其近缘种，如三化螟和褐飞虱，只取食水稻和野生稻。

三化螟 *Tryporyza incertulas*   褐飞虱 *Nilaparvata lugens*

2. 寡食性： 取食一科或近缘科植物，如菜粉蝶幼虫只取食十字花科植物，白背飞虱和灰飞虱只取食禾本科植物。

东方菜粉蝶 *Pieris canidia*

3. 多食性： 取食许多科植物，如棉铃虫可以取食锦葵科、禾本科、豆科、葫芦科、茄科、十字花科等几十个科的植物。斜纹夜蛾寄主植物有 109 科。

棉铃虫 *Helicoverpa armigera*   斜纹夜蛾 *Spodoptera litura* 成虫   甜菜夜蛾 *Spodoptera exigua* 幼虫

三、趋性

许多昆虫在进化过程中由于定向、觅食、避敌、交配等，演化出趋光、趋化、趋热、趋嫩绿等趋性。趋性又可分正趋性和负趋性，比如蟑螂就有负趋光性。黑光灯诱蛾、糖醋诱蛾等就是利用其趋光和趋化特性。

利用昆虫的趋光性，灯诱捕虫

利用一些昆虫的趋嫩绿性，黄板诱杀茶园害虫（但也会误伤很多天敌）

四、群集性

由于信息素、声音等的作用，许多昆虫具有聚集性，这对其避敌、交配等都有巨大好处。飞蝗的群居型群集往往会造成蝗灾。

刺副黛缘蝽 *Paradasynus spinosus* 聚集

啮虫若虫聚集生活

211

五、扩散与迁飞

1. 扩散（dispersion）： 昆虫种群内由于密度效应或觅食、求偶、寻找产卵场所等原因，而从原发地向周围主动扩散的过程，或因为风力、水力、寄主和人类活动而导致的被动扩散。

2. 迁飞（migration）： 昆虫每年周期性地长距离大量迁移的现象。比较典型的一代内完成迁飞的昆虫如帝王蝶从北美南迁，在空中具有自主迁飞能力，而多数迁飞的小型昆虫，迁飞过程主要借助季风的高空气流，不能自主迁飞方向，如稻纵卷叶螟、褐飞虱等。

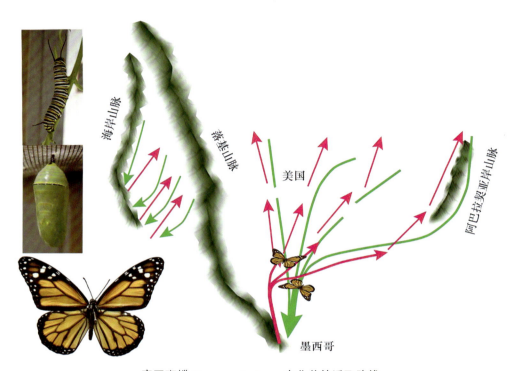

帝王斑蝶 *Danaus plexippus* 在北美的迁飞路线

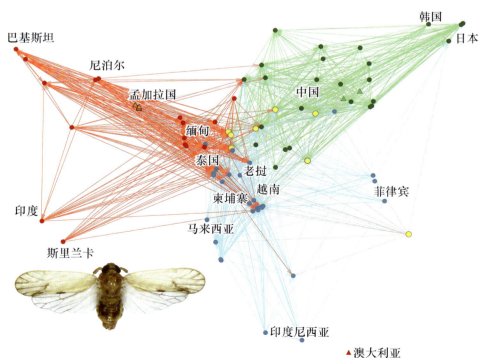

褐飞虱在全球的分布和三大迁飞群， 其中只有东亚迁飞群（●）可以在中南半岛和东北亚之间完成多代继力的往返迁飞，南亚迁飞群（●）和东南亚迁飞群（●）最主要是单向地向中南半岛迁飞。● 表示遗传混合的群体；▲ 表示孟加拉国本地化种群；▲ 表示中国福建本地化种群；▲ 表示澳大利亚本地化种群

六、昆虫的防御行为

1. 庇护物（shelter）和伪装（camouflaging）：昆虫利用天然庇护物、自己营造的巢穴和分泌物等抵御敌害、保护自己的现象。例如，沫蝉、蓑蛾。

铲头沫蝉 *Clovia* sp. 分泌泡沫保护自己

蓑蛾用丝和枝条结成保护幼虫的巢袋

石蛾幼虫在水中用石子和丝结网保护自己

草蛉幼虫用枯树叶伪装保护自己

大锯龟甲（泡桐锯龟甲）*Basiprionota chinensis*

甘薯蜡龟甲 *Laccoptera quadrimaculata* 幼虫

大锯龟甲用旧蜕保护自己

甘薯蜡龟甲幼虫用旧蜕作为保护物

2. 隐态（crypsis）：也叫保护色，指昆虫以生活环境的背景进行伪装，有与生活的环境色彩相同的体色，保护色还常常叠加了拟态，可以避开天敌视线以保护自己。对捕食者来说还可以迷惑猎物。

千禧广缘螳 *Theopompa milligratulata*

翡螽 *Phyllomimus* sp.

枯叶蛱蝶 *Kallima inachus*

核桃美舟蛾 *Uropyia meticulodina*，平坦的翅面，但由于鳞片结构不同，具有枯落卷叶的视觉效果

李褐枯叶蛾 *Gastropacha quercifolia*

榆掌舟蛾 *Phalera fuscescens*，很像折断的干枯枝条

玉带凤蝶幼虫（左）和鸟屎（右）

同叶䗛 *Phyllium parum*

琼䗛 *Qiongphasma sp.*

叶䗛 *Phyllium giganteum*

竹节虫

3. 拟态（mimicry）： 昆虫与其他种类生物在形状、色斑、姿态或行为上很相像，从而获得保护自己的好处的现象。最常见的是贝氏拟态和米勒拟态。

长尾管蚜蝇 *Eristalis tenax* 拟态蜂类

西方蜜蜂 *Apis mellifera*

点蜂缘蝽 *Riptortus pedestris* 若虫拟态蚂蚁

梅氏多刺蚁 *Polyrhachis illaudata*

（1）贝氏拟态（Batesian mimicry）：是指可被捕食的种类模仿有警戒色的不可被捕食的种类的拟态。例如，食蚜蝇成虫模仿具有螫针的蜜蜂斑纹体色，点蜂缘蝽若虫模仿蚂蚁的形态和爬行姿态，从而使很多捕食天敌不敢捕食，但这种拟态只对模仿者有利，对被模仿者不利。

黑尾胡蜂 *Vespa ducalisa*

马蜂 *Polistes* sp.

墨胸胡蜂 *Vespa velutina*

（2）米勒拟态（Müllerian mimicry）：是指2种或多种不可取食的昆虫互相之间模仿的拟态，彼此都获得好处。例如，很多胡蜂之间都是黑黄相间很相似，天敌捕食其中一种被螫后，再遇到其他类似形态的种类就不敢再捕食了。

白肩天蛾 *Rhagastis mongoliana* 幼虫

拟蛇天蛾成虫

拟蛇天蛾幼虫绿色型

拟蛇天蛾幼虫褐色型

拟蛇天蛾 **Hemeroplanes triptolemus** 幼虫停息时拟态蛇，可以吓唬前来捕食的鸟类等天敌。

4. 警戒态（aposematism）：指昆虫利用警戒色、警戒声或警戒气味等信号警戒天敌自己有毒、有螫针或能造成对天敌伤害，使天敌不敢攻击或厌恶离开的现象。例如，刺蛾幼虫、毒蛾幼虫、瓢虫和非洲病齿脊蝗的鲜艳色彩、马蜂的嗡嗡声音。

眉原褐刺蛾 *Setora baibarana*

陆马蜂 *Polistes rothneyi*

丽毒蛾 *Calliteara pudibunda*

异色瓢虫 *Harmonia axyridis*

病齿脊蝗 *Phymateus aegrotus*

5. 化学防御（chemical defense）：指昆虫利用化学物质驱避天敌的防御行为，警戒气味也可以说是一种化学防御。例如，凤蝶幼虫受惊后 Y 型臭腺会伸出前胸背板的前缘，散发出凤蝶醇等气味物质驱避蚂蚁等天敌；陆生蝽类昆虫胸部腹面有一对臭腺，能散发令天敌厌恶的驱避气味。

凤蝶幼虫受惊后 Y 型臭腺会伸出，散发出令天敌厌恶的凤蝶醇

大斑芫菁体内含有极毒的斑蝥素　　　六斑异瓢虫受惊后会分泌黄色液体令天敌不适

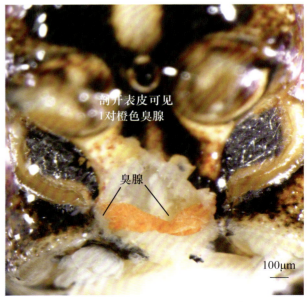

点蜂缘蝽腹面中、后足中间有一对臭腺，能散发出驱避天敌的气味

端紫斑蝶 *Euploea mulciber* 受惊时，腹部末端会伸出黄色排挤腺，发出恶臭，使鸟类舍弃

乳白蚁在攻击时，会分泌白色有毒液体

黑蕊舟蛾 *Dudusa sphingiformis* 在遇到危险时会把钥匙型毛簇翻出来，高高举起腹部，同时摩擦翅发嚓嚓声，吓唬天敌

6. 行为防御（behavioral defense）：指昆虫通过逃跑、假死、恫吓、自残、聚群等行为防御敌害。行为防御还常常与警戒色、保护色、化学防御混合使用。

巴西猫头鹰环蝶 *Caligo brasiliensis* 后翅底面有类似猫头鹰的眼斑，突然显露出来会吓退鸟等天敌

蜜蜂群聚巢口并统一振翅，防御一只飞临巢穴的天敌（胡蜂）来捕食

勾背枯叶螳螂 *Deroplatys desiccata* 受威胁时摆出恫吓姿态

象甲等甲虫轻轻一碰就会六足收缩假死，从树叶掉入树丛中，从而逃脱天敌视线

7. 昆虫的通信（communication）：包括同种不同个体之间、不同生物之间的通信联系。每种昆虫都有自己独特的通信系统。根据信号类型可以分为化学通信、听觉通信、视觉通信和触觉通信等。

性信息素产品　　　　　　　　　　　　　　　性信息素害虫测报系统

（1）化学通信：如第十六章所述，包括了各种信息素。其中雌蛾释放物种特异的性信息素（sex pheromone）可吸引数公里外的同种雄蛾前来交配。性信息素已经被开发成各种产品，用于害虫测报和防治。

豌豆修尾蚜群体中如有 1 头受惊和遭到天敌捕食，会释放报警信息素，使同种个体纷纷落下，扩散开来。还有不少植物受到害虫为害，会产生挥发性物质，吸引害虫天敌前来对付害虫

（2）听觉通信：一些昆虫能发声和有听觉，有些是飞行时翅振动产生的声音，如蚊飞行发出的嗡嗡声，蝉等以鼓膜振动发音，螽斯和蟋蟀等以两前翅互相摩擦发音。

雄音蟋晚上在高歌求偶

　　蟋蟀、螽斯等会发出响亮的声音，用于攻击、报警、召唤等场合，更多的是求偶。

窄瓣蟪蝉 *Pomponia subtilita* 用声音求偶

（3）视觉通信：大多数昆虫都有视觉，用于近距离通信。有的昆虫还会发光，最有名发光昆虫是萤火虫，发光用于求偶，犹如人类的信号灯语言，具有物种的特异性。此外，洞栖的新西兰柄蕈蚊幼虫会聚集发光，用于吸引猎物昆虫。

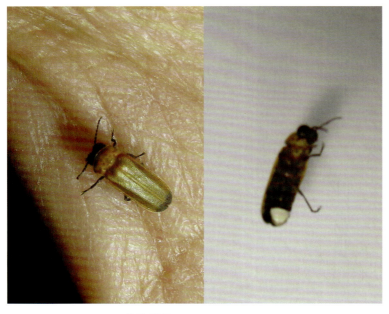

黄脉翅萤 *Curtos costipennis*

红胸窗萤 *Pyrocoelia formosana*

8. 昆虫社会行为（social behavior）：指真社会性、亚社会性和类社会性昆虫的种群中不同个体之间相互协作的行为活动。真社会性昆虫常见的是蜜蜂、蚂蚁、白蚁和胡蜂类，有结构精致的巢穴，个体有明显社会分工。类社会性昆虫如切叶蜂，群体内每个个体都能繁殖，没有分工。亚社会昆虫如一些蜣螂、埋葬甲，具有亲代照护后代的行为。

墨胸胡蜂有结构精致的巢穴，营社会性生活

切叶蚁巢（菌圃）　　　　　　　　　　　　　　切叶蚁搬运切下的花叶

切叶蚁 *Acromyrmex octospinosus* 高度社会化，其巢群的复杂社会性不亚于人类。在成熟的切叶蚁群落里，具高度的形态多样性（多型现象），除了负责繁殖的蚁后外，工蚁可以分为小工蚁、中工蚁和大工蚁，还有季节性出现的有翅型雌和雄繁殖蚁个体。小工蚁负责照顾幼虫、卵和菌圃种植管理；中工蚁是负责切开叶子并将碎叶片运回菌圃的主力蚁型；大工蚁作为兵蚁保卫巢穴及清理较大的垃圾等。一巢蚂蚁也可以看作是一个超级生命体。

第四篇
昆虫系统学

昆虫系统学（**Insect systematics**）是研究昆虫分类、识别及互相之间进化关系的科学。昆虫系统学是其他各昆虫分支学科的基础，主要介绍分类基本原理、六足类分类系统、各个类群的进化关系以及各目和主要科的形态特征及主要生物学特性。

第二十五章
昆虫系统学基本知识

一、生物物种的概念

种（species）： 同一种生物形态相同，在自然情况下能够交配，生出正常的下代，与其他种具有生殖隔离的群体。经典例子：马和驴虽然能交配，产下的后代为骡，但骡不育，不能再正常产生后代，因此，马和驴是不同的物种。

二、分类阶元

分类学家根据亲缘关系、形态特征和生物学特性，把每一种昆虫归属到不同的分类阶元中。界、门、纲、目、科、属、种是主要阶元。但由于昆虫种类繁多，往往在这些主要阶元之间还增加一些次生分类阶元，如亚纲、部、总目、亚目、下目、总科、亚科等。下面以东亚飞蝗为例，说明其所属的各分类阶元。

Class 昆虫纲 Insecta
　　有翅亚纲 Pterygota
　　直翅总目 Orthopteroides
Order 直翅目 Orthoptera
　　蝗亚目 Locustodea
　　蝗总科 Locustoidea
Family 蝗科 Locustidae
　　飞蝗亚科 Locustinae
Genus 飞蝗属 *Locusta*
　　亚属（未分）
Species 飞蝗种 *Locusta migratoria* Linnaeus
　　东亚飞蝗亚种 *Locusta migratoria manilensis* Meyen
　　（注：最近有建议取消东亚飞蝗亚种）

飞蝗 *Locusta migratoria*

种是分类的基本阶元，物种是客观存在的，而其他分类阶元都是科学的概括，带有许多人为因素，不同的分类学家由于掌握的分类数据和应用的方法不同，往往会产生不同的分类结果。

亚种则往往是同一种物种由于地理隔离或寄主不同所形成，形态有一定差异，但没有生殖隔离或生殖隔离不完全，可以看作是进化过程中形成的未成熟的"种"。

三、分类主要依据特征

包括形态、生物学和生态学特性、地理学、生理学、核苷酸序列等。

四、《国际动物命名法规》要点

同一类或同一种动物在不同国家和不同地区有不同名称，不易进行准确记载和交流传承。例如，蚜虫在我国有些地方也叫油虫，英文叫 aphid，日文叫アブラムシ。

《国际动物命名法规》（International Code of Zoological Nomenclature）由伦敦 15 届国际动物学会议通过（1958 年），保证了一个动物物种只有一个标准的科学名称，不致混乱，便于交流和流传于世。其要点如下。

1. 使用文字

拉丁文或拉丁化的文字。

2. 种的命名用双名法（binomial nomenclature）

即种的学名，由属和种 2 个拉丁文组成，如飞蝗（*Locusta migratoria* Linnaeus），第 1 个是属名，第 2 个是种名，第 3 个是命名人的姓。属名在书写或印刷时，第 1 个字母必须大写，种名小写，学名用斜体字。属名在前文提到的情况下，可以缩写，如角倍蚜 *Schlechtendalia chinensis*，倍蛋蚜 *S. peitan*。种名不能单独使用，在提到一个种的学名时，必须把属名同时放在前面。但属名可以单独使用，这时不能缩写。定名人第 1 个字母要大写，几位早期著名分类学家可以缩写，如 Linnaeus 可写成 L.。学名因分类错误被后人修订，原定名人姓加括号表示。

3. 亚种命名用三名法

三名法（trinominal nomenclature），是直接在种名后加亚种名，用斜体，如东亚飞蝗 *Locusta migratoria manilensis*（Meyen）。其中 *manilensis* 是亚种名，也不能单独使用。Meyen 加括号，表明该亚种被修订过。

4. 属以上各阶元的命名用单名法

单名法（uninominal nomenclature），如蝗科 Locustidae，第 1 个字母大写，都正体，多在代表性的属名上分别加上后缀，如目（-ptera，-odea）、亚目（-odea）、下目（-morpha）、总科（-oidea）、科（-idae）、亚科（-inae）。

5. 命名优先律

一种昆虫经分类学者研究，确认为新种并确定其学名，经公开发表后，没有特殊理由就不能更改。一种昆虫只能有一个学名，以后任何人再定的名都是异名（synonym，也叫同物异名）。同样一个学名只能用于一种动物，如果再被用于另一动物，就成为同名（homonym）。同名和异名都不被科学界承认，后人有权予以修订。这个规定就是命名优先律。这就保证了动物界没有重复的属名，同一属内种名也不重复，避免了学名的混乱。优先权的有效期公认从林奈《自然系统》（*Systema Naturae*）一书第十版出版的年代 1758 年开始算起。

6. 模式标本

第一次发表新种所根据的标本称为模式标本（type）。发表时所依据的单一标本为正模（holotype），同时所用的另一个异性标本称配模（allotype），此外同时参考的其他同种标本称副模（paratype）。模式标本有很高的科学价值，永久保存。多态昆虫可有态模标本（morphotype）。type 遗失后，新补的称地模标本（topotype）或新模标本（neotype）。

五、六足亚门分类和变化概况

昆虫纲的分类在不断变化，特别是随着现代基因组序列数据的介入，许多依据形态的分类体系被不断修正。

目前，原来属于昆虫纲（六足动物）的原尾目、弹尾目和双尾目分别被提升为原尾纲、弹尾纲和双尾纲。这样，六足动物就包括了原尾纲 Protura、弹尾纲 Collembola、双尾纲 Diplura 和昆虫纲 Insecta 共 4 个纲。

昆虫纲可被进一步分为无翅亚纲 Apterygota 和有翅亚纲 Pterygota。无翅亚纲原来的缨尾目被分为石蛃目和衣鱼目。

有翅亚纲中翅不能折叠的 2 个目被称为古翅类 Palaeoptera，包括蜉蝣目（原变态）和蜻蜓目（半变态）。相对地，昆虫纲其他各目都属于新翅类 Neoptera。新翅类可以分为多新翅部 Polyneoptera、副新翅部 Paraneoptera 和内翅部 Endopterygota。多新翅部和副新翅部属于不完全变态，翅芽在体外发育，又可与蜻蜓目一起被归为外翅部 Exopterygota。多新翅部包括襀翅目、缺翅目、革翅目、直翅目、螳䗛目、等翅目、螳螂目、纺足目、蛩蠊目、蜷目和螳螂目等 11 个目。多新翅部均有尾须，有的尾须很发达，除缺翅目外，足都有爪垫。此外，现代分类学证据建议蜚蠊目和等翅目合并为蜚蠊目。副新翅部包括啮虫目、虱目（食毛目和虱目合并）、缨翅目和半翅目等 4 个目。副新翅部共同特征是具有细长的下颚内颚叶、膨大的后唇基，跗节数 1-3 节，无尾须。目前分子生物学证据还建议虱目并入啮虫目。半翅目是由传统分类的同翅目和半翅目合并而来，是昆虫纲第 5 大目。内翅部昆虫包括膜翅目、蛇蛉目、脉翅目、广翅目、鞘翅目、捻翅目、双翅目、长翅目、蚤目、毛翅目和鳞翅目等 11 个目。其中蛇蛉目、脉翅目、广翅目通常被称为脉翅类，捻翅目与鞘翅目关系较近，而毛翅目和鳞翅目之间的进化关系很接近。鞘翅目、鳞翅目、双翅目和膜翅目是昆虫纲最大的 4 个目。

综上，目前被广泛应用和接受的昆虫纲，包括无翅亚纲 2 个目、古翅类 2 个目、新翅类 25 个目（等翅目并入蜚蠊目），共计 29 个目。2017 年统计昆虫纲目前已知种类 1 060 704 种（Foottit & Adler 2017）。

昆虫纲中各目的最新分合趋势

六、六足动物的系统发育

六足亚门各类群的进化关系如下图所示。

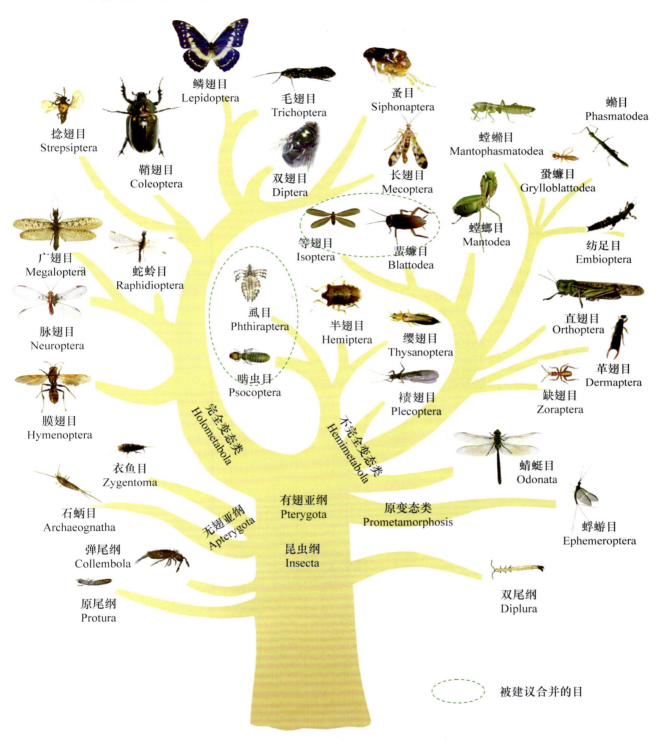

六足亚门系统发育树（改自 Misof et al., 2014）

第二十六章

原尾纲

学名：Protura

中名：原尾虫、蚖

英名：proturan

一、形态特征

- 体微小，长 0.6-1.5mm，色淡；
- 眼、触角、尾须均缺，前足上举代替触角功能；
- 腹部 12 节，基部 3 节有针突。
- 原尾纲是非常原始的六足类，其原始性特征包括无触角、生殖孔开口于第 11 节后方、增节变态、气管退化或缺。

二、生物学特性

增节变态（每脱一次皮体节增加 1 节）。生活于潮湿土壤、苔藓、落叶、腐木中及树皮下。

三、分类

世界已知 600 余种，中国已知 254 种。

原尾虫

可以分为蚖目、华蚖目、古蚖目等。

古蚖目 Eosentomata：有气管气门（古老类型）。

华蚖目 Sinentomata：有气门气管，假眼大，表皮加厚如铠甲，体红棕色。除首次发现的红华蚖外，此后在日本和韩国又各发现 1 种，迄今共有 3 种。

蚖目 Acerentomata：无气管气门，通过表皮呼吸。

周尧和杨集昆于 1956 年首次在我国陕西华山发现"华山曙蚖 *Eosentomon hwashanense*"，伊文英于 1965 年发表了红华蚖 *Sinentomon erythranum*，红华蚖是华蚖目代表种。

第二十七章

弹尾纲

学名：Collembola

中名：跳虫、蚜

英名：springtail

一、形态特征

- 体小，光滑或具鳞片；
- 触角 4-6 节，触角后有一个特殊的角后器（是分属特征），眼由 8 个分离小眼组成，口器内陷式；
- 胸部 3 节或不明显，胸足胫节与跗节合并成胫跗节；
- 腹部常 6 节，第 1、3、4 或 5 腹节上分别有黏管、握弹器、弹器等附肢。

曲毛裸长蚜 *Sinella curviseta*

黏管　握弹器　弹器　500μm

曲毛裸长蚜 *Sinella curviseta*　　500μm

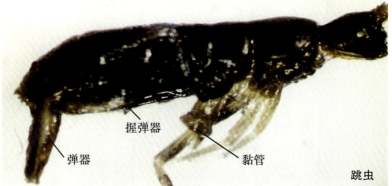

弹器　握弹器　黏管　跳虫

二、生物学特性

表变态。生活于潮湿土壤、苔藓、落叶丛、腐木中。是重要的土壤昆虫。

土壤中大量的曲毛裸长蚖

三、分类

世界已知 8000 余种。可分为 4 目 12 科。中国已知 580 余种。常见的有跳虫科、长角跳虫科、圆跳虫科等。

疣跳虫

圆跳虫 *Bourletiella* sp.

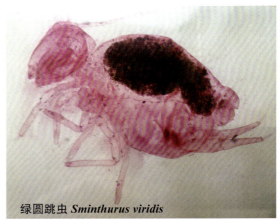

绿圆跳虫 *Sminthurus viridis*

周氏弹尾虫 *Desoria choi*（谢致敬提供）

白符蚖 *Folsomia candida*

第二十八章
双尾纲

学名：Diplura

中名：双尾虫、虮

英名：campodeid、dipluran

一、形态特征

- 体微小至中型，细长，多白色；
- 无眼，触角长丝形，口器咀嚼式内陷；
- 三胸节几乎等长；
- 腹部 11 节，第 1-7 节腹面有针突，尾须细长或铗状。

二、生物学特性

表变态。生活于潮湿土壤、落叶丛中等。

三、分类

世界已知 800 余种。中国已知 50 余种，常见的有双尾虫科、铗尾虫科（铗虮科）等，伟铗虮 *Atlasjapyx atlas* 是国家二级重点保护野生动物。

一种铗尾虫

巨铗尾虫（任国栋采于西藏）

第二十九章
石蛃目

学名：Archaeognatha（Microcoryphia）

中名：石蛃

英名：jumping bristletail

一、形态特征

- 体中小型，原始无翅昆虫；
- 复眼发达且左右常相接，触角长丝状，口器咀嚼式外露；
- 胸部背侧隆起，足基节大，有刺突；
- 腹部 11 节，多数腹节的表面生有成对由附肢演化而来的刺突和泡囊，腹末端有 1 对线状尾须和 1 根比尾须长的中尾丝。

二、生物学特性

表变态。多生活在湿地、石下、树干、苔藓间或岩石上，取食藻类、地衣、苔藓、真菌、腐败的植物。

三、分类

世界已知约 548 种，主要属于石蛃科 Machilidae。中国已知的石蛃种类均属于石蛃科，共 27 种，而光角蛃科 Meinertellidae 在我国还没有发现。

刺突

石蛃

第三十章

衣鱼目

学名：Zygentoma

中名：衣鱼

英名：silverfish

一、形态特征

- 体小中型，原始无翅，背扁平有不明显隆起，密被鳞片；
- 复眼互不相连，触角长丝状，口器咀嚼式且露出头外；
- 胸足基节无针突；
- 腹部 11 节，第 7-9 腹节具成对刺突和泡囊，第 11 节具 1 对尾须和 1 根中尾丝。

二、生物学特性

表变态。生活于土壤、朽木、枯枝落叶、石缝和蚁巢中；部分种类生活于室内的墙纸、抽屉、衣橱及谷物等处，可危害书籍、衣服。

三、分类

世界已知 594 余种，分属于衣鱼科 Lepismatidae、土衣鱼科 Nicoletiidae、鳞衣鱼科 Lepidotrichidae 和光衣鱼科 Maindroniidae。中国已知 5 种。

衣鱼 *Lepisma saccharina*（衣鱼科）

衣鱼腹面

斑衣鱼 *Thermobia domestica*（衣鱼科）

第三十一章

蜉蝣目

学名：Ephemeroptera

中名：蜉蝣

英名：mayfly

一、形态特征

- 体小至中型，柔软；
- 复眼发达，单眼 3 个，触角鬃形，口器咀嚼式退化，头能扭转；
- 翅三角形，膜质，脉网状，多闰脉，前翅大，后翅小，翅不能折叠（古翅类），停息时竖于背上，跗节 1-5 节；
- 腹部 10 节，尾须细长多节，常有中尾丝，生殖孔有 2 个开口（即无中输卵管）。

二、生物学特性

原变态。常生活于溪河之滨，产卵于水中，稚虫水生，以气管鳃呼吸，以水藻或微小动物为食，历时 1-3 年，蜕皮 20 余次，到成虫阶段还要蜕一次皮（亚成虫 - 成虫）。稚虫是鱼类的饵料。

三、分类

世界已知约 3436 种，中国已知约 385 种。可以分为四节蜉、蜉蝣、细蜉、细裳蜉、圆裳蜉、新蜉、扁蜉等总科。

蜉蝣稚虫

蜉蝣 *Ephemera* sp.

宽基蜉 *Choroterpes* sp.（细裳蜉科）

蜉蝣 *Ephemera* sp.（蜉蝣科）

金河花蜉 *Potamanthus yooni*（河花蜉科）

四节蜉 *Baetis* sp.（四节蜉科）

第三十二章
蜻蜓目

学名：Odonata

中名：蜻蜓、豆娘（蟌）

英名：dragonfly、damsefly

一、形态特征

- 体小至大型；

- 头后有细颈，能扭转活动，复眼发达，单眼 3 个，触角鬃形，口器咀嚼式，下颚有齿；

- 前胸小，中后胸愈合，侧板倾斜，足多刺毛，适飞行时捕食，跗节 3 节，翅不能折叠（古生翅），停时平展或竖立，脉网状，多副脉，有翅痣、结脉、弓脉、三角室或四边室等特殊脉构造；

- 腹部 10 节，细长如杆，尾须短小不分节，雄性第 2、3 腹节有后生的交配器（生殖孔仍在第 9 腹节）。

碧伟蜓 *Anax parthenope*

二、生物学特性

半变态。卵产于水中或水生植物上，蜻蜓稚虫以直肠鳃呼吸，豆娘稚虫用尾须和肛上板变成的尾鳃呼吸。蜻蜓稚虫称"水趸"，以蜉蝣和孑孓等为食，脱皮 10 余次，历时 2-5 年，口器下唇特化为长而分节并能伸屈的捕食器，称假面具（mask）；成虫捕食小虫，可以视为益虫。

碧伟蜓羽化

碧伟蜓稚虫

水趸假面具（捕食器）

捕食器伸长

雄

雌

霜白蜻蜓 *Orthetrum pruinosum*

透顶单脉色蟌 *Matrona basilaris*（雄）

潜入水中在水草上产卵的透顶单脉色蟌（雌）

长尾黄蟌（昧影细蟌）*Ceriagrion fallax*

黄纹长腹扇蟌 *Coeliccia cyanomelas*

三、分类

世界已知约 5956 种，中国已知 834 种。常分 3 亚目 25 科。

差翅亚目 Anisoptera：统称蜻蜓，体粗壮，头呈半球形，两复眼靠拢，前后翅形状、大小及脉序均不相似，休息时平展于体两侧，后翅基部较前翅为宽。最常见的有蜻科、蜓科。

巨圆臀大蜓 *Anotogaster sieboldii* 的头部

月斑脉蜻 *Neurothemis fluctuans*

束翅亚目 Zygoptera：统称豆娘，体纤细，头呈哑铃形，左右复眼远离，前后翅形状、大小及脉序相似，休息时翅竖立于背上，翅基狭窄。常见的有蟌科、色蟌科。

透顶单脉色蟌复眼

华艳色蟌 *Neurobasis chinensis* 雄虫

间翅亚目 Anisozygoptera：少见，形态介于差翅亚目和束翅亚目之间。身体接近于蜓类，但是前后翅结构接近豆娘类。仅蟌蜓科 1 科，如日蟌蜓。

（一）差翅亚目 Anisoptera

1.[①]**蜻总科 Libelluloidea：**前后翅由较粗的脉形成的三角室形状不相似，后翅三角室近弓脉，上下两列结前横脉多相接。

弓脉　三角室　结前横脉　结脉

蜻翅脉

2. 蜓总科 Aeshnoidea：有的分类系统还进一步分为蜓、大蜓、春蜓三个总科。与蜻总科比较，蜓类前后翅三角室位置、形状均相似（均横位近弓脉），上下两列结前横脉多不相接。

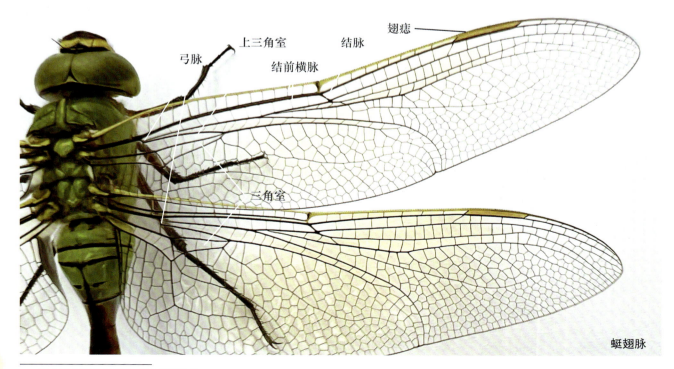

弓脉　上三角室　结脉　翅痣　结前横脉　三角室

蜓翅脉

①为了方便读者理解，科按顺序编排。

红蜻 *Crocothemis servilia*（雄）

网脉蜻 *Neurothemis fulvia*（雄）

晓褐蜻 *Trithemis aurora*（雄）

玉带蜻 *Pseudothemis zonata*（雌）

黄蜻 *Pantala flavescens*（雌）

黄翅蜻 *Brachythemis contaminata*

异色灰蜻 *Orthetrum triangular*（雄）

斑丽翅蜻 *Rhyothemis variegata*（雌）

六斑曲缘蜻 *Palpopleura sexmaculata*（雌）

几种常见蜻总科昆虫

大团扇春蜓 *Sinictinogomphus clavatus*

一种戴春蜓 *Davidius* sp.

巨圆臀大蜓（雌）

几种蜓类昆虫

（二）束翅亚目 Zygoptera

3. 蟌科 Coenagrionidae：翅基有柄，结前横脉 2-4 条。

长叶异痣蟌 *Ischnura elegans*

杯斑小蟌（白粉细蟌）*Agriocnemis femina oryzae*（雄）

4. 色蟌科 Calopterygidae：结前横脉在 5 条以上，体翅多有金属光泽。

雄

雌

透顶单脉色蟌 *Matrona basilaris*

烟翅绿色蟌 *Mnais mneme*

赤基色蟌 *Archineura incarnata*

第三十三章
襀翅目

学名：Plecoptera
中名：石蝇
英名：stonefly

一、形态特征

- 体中到小型，长、扁；
- 触角线形，口器咀嚼式但很退化；
- 三胸节几等长，方形，翅膜质，停时平叠于背上，后翅臀区大；
- 尾须多线状细长，少数短缺，无产卵器。

襟襀 *Togoperla* sp.

二、生物学特性

半变态。卵产于水中，稚虫生活于流水中，栖于石块表面，肉食或草食性，以气管鳃呼吸，历时 1-4 年，脱皮 12-36 次。成虫近水栖息，不能远飞。该目昆虫可作鱼饵。

一种石蝇在产卵

稚虫

三、分类

世界已知 3562 种，中国已知 800 余种，分属于 10 余科。

诺襀 *Rhopalopsole* sp.

华钮襀 *Sinacroneuria* sp.

黄襀 *Flavoperla* sp.

学名：Zoraptera

中名：缺翅虫

英名：zorapteran

一、形态特征

- 体小，长 1.5-3mm，暗色；
- 口器咀嚼式，触角念珠状，无翅种类无复眼，有翅种类有复眼和单眼；
- 前胸分离近球形，跗节 2 节，有翅的前翅大于后翅，翅可脱落；
- 腹部 10-11 节，尾须不分节（棒状）。

墨脱缺翅虫 *Zorotypus medoensis*   缺翅虫

二、生物学特性

渐变态。生活于热带、亚热带，群体生活，类似白蚁，但无个体分化。

三、分类

仅 1 科，世界已知约 40 种，我国有 5 种，包括中华缺翅虫、墨脱缺翅虫、纽氏缺翅虫、海南缺翅虫和黄氏缺翅虫。

第三十五章
革翅目

学名：Dermaptera

中名：蠼螋

英名：earwig

球蠼

一、形态特征

- 体小至中型，长扁，体壁坚硬；
- 触角线状，约达体半之长，口器咀嚼式，前口式；
- 前翅革翅（皮质、厚、短），后翅脉呈车轮轴状辐射，有的无翅；跗节3节；
- 尾须钳状，腹部前面几节常具臭腺，无产卵器。

二、生物学特性

渐变态。多生活于石块瓦砾下，多植食性，也有捕食性的和寄生鼠或蝙蝠的。母代雌虫具护卵至孵化和护幼习性，两性而居。雄虫尾须钳弯而尖利，雌虫的钳直而短，用于防御和捕食。

条纹蠼螋 *Labidura riparia*
在捕食鳞翅目幼虫（田彩红提供）

蠼螋蜕皮

黄足肥蠼螋 *Euborellia pallipes* 抚养幼虫

条纹蠼螋 *Labidura riparia*

三、分类

世界已知约 1931 种，中国 300 余种，大致可分 8 科。

条纹蠼螋 *Labidura riparia*（蠼螋科 Labiduridae）

慈螋 *Eparchus insignis*（球螋科 Forficulidae）

球螋科 Forficulidae

肥螋科 Anisolabididae

第三十六章
直翅目

学名：Orthoptera

中名：蝗虫、螽斯、蟋蟀、蝼蛄

英名：locust、grasshopper、cricket、mole cricket

一、形态特征

- 体中至大型；
- 触角线形（丝状），咀嚼式口器；
- 前胸背板发达，中后胸愈合，前翅复翅，后翅膜翅且臀区发达；
- 产卵器刀剑状、矛状或凿状；
- 常具听器（位于第1腹节或前胫节）和发音器。

黄星蝗 *Aularches miliaris*（瘤锥蝗科 Chrotogonidae）

二、生物学特性

渐变态。卵产于土中或植物组织中，植食性，部分螽斯类捕食性。

卵

若虫

成虫

飞蝗生活史

三、分类

全世界已知约 26 107 种，中国已知 4000 多种。共 2 亚目 16 总科。

蝗总科
Acridoidea

锥头蝗总科
Pyrgomorphoidea

螽斯总科
Tettigonioidea

沙螽总科
Stenopelmatoidea

枝蝗总科
Proscopioidea

叶蝗总科
Trigonopterygoidea

原螽总科
Hagloidea

驼螽总科
Rhaphidophoroidea

牛蝗总科
Pneumoroidea

蜢总科
Eumastacoidea

长角蝗总科
Tanaoceroidea

裂趾螽总科
Schizodactyloidea

蟋蟀总科
Grylloidea

蚱总科
Tetrigoidea

蝼蛄总科
Gryllotalpoidea

锥尾亚目
Caelifera

剑尾亚目
Ensifera

蚤蝼总科
Tridactyloidea

直翅目进化树（改自 Song et al., 2015）

（一）剑尾亚目（螽亚目）Ensifera：触角 30 节以上，多长于或等于体长；以左右前翅摩擦发音，听器位于前胫节；有产卵器，刀、剑、矛状或退化。

1. 螽斯总科 Tettigonioidea：体侧扁，触角长线状，跗节 4 节，产卵器剑刀状，尾须短。世界 1000 多种，多植食性，少数肉食性。保护色明显。雄性多能鸣叫，蝈蝈是最常见的观赏性昆虫，纺织娘能为害桑、豆等。

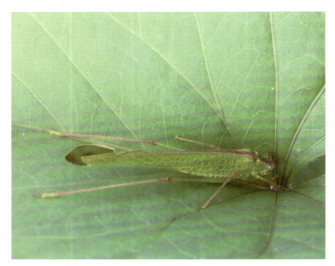

日本条螽 *Ducetia japonica*

悦鸣草螽 *Conocephalus melaenus*

叶形重螽 *Baryprostha foliacea*

2. 蟋蟀科 Gryllidae： 体略扁或圆筒状，触角长线状，跗节 3 节，产卵器矛状，尾须细长不分节。世界已知约 2300 种。雄性多能鸣叫，部分种类好斗，是有名的观赏昆虫。油葫芦等为害蔬菜。

迷卡斗蟋 *Velarifictorus micado*（雌）

黄脸油葫芦 *Teleogryllus emma*

听器位于前胫节

雌

雄

斑腿双针蟋 *Dianemobius fascipes*

双斑蟋 *Gryllus bimaculatus*

3. 蝼蛄科 Gryllotalpidae：体壮，多褐色，密被短毛，触角不及体长，前翅短不及腹半或退化，后翅发达，纵褶于复翅之下，伸过腹末呈燕尾状；前足开掘足，跗节式 3-3-3，后足非跳跃足，无听器或不发达；雌产卵器不外露，尾须长而不分节，如华北蝼蛄、东方蝼蛄等，为地下害虫。

东方蝼蛄 *Gryllotalpa orientalis*

华北蝼蛄 *Gryllotalpa unispina*

（二）锥尾亚目 Caelifera：触角线状，30 节以下，短于体；听器存在于第 1 腹节，以腿节摩擦前翅发音；产卵器凿状。

4. 蝗科 Locustidae（Acrididae）：体大，触角长于前腿节，前胸背板较短，仅盖住胸部背面，跗节式 3-3-3，爪间中垫发达，腹部第 1 节两侧有 1 对鼓膜听器。中国已知 400 多种，不少物种为大害虫，如飞蝗，为世界害虫，其若虫称蝻。

飞蝗 *Locusta migratoria*

稻蝗 *Oxya* sp.

5. 蟋科（短角蝗科）Eumastacidae：头上昂如马头（马头蝗）；触角短于前腿节，跗节式 3-3-3，爪间中垫发达。

多恩乌蟋 *Erianthus dohrni*（雄）

6. 锥头蝗科 Pyrgomorphidae：体中小型，头锥形，颜面侧观向后倾斜，与头顶形成锐角，头顶向前突出，前缘具细纵沟；触角剑状，着生于侧单眼的下方；腹部鼓膜器发达或缺。

短额负蝗（红后负蝗）*Atractomorpha sinensis*

似橄蝗 *Pseudomorphacris* sp.

7. 蚱科（菱蝗科）Tetrigidae：体小，前胸背板向后极度延长超过腹末，体背观菱形，前翅退化，后翅发达；跗节式 2-2-3，缺爪间垫。

日本羊角蚱 *Criotettix japonicus*

蚱

8. 蚤蝼科 Tridactylidae：体小，触角短，12节，无发音器和听器。前足近似开掘足，后足跳跃足（腿节特大），后足胫节端部有 2 个能活动的长片，可以助跳，善游泳，生活于近水地方。如日本蚤蝼，为害作物。

斑蚤蝼 *Xya* sp.

学名：Mantodea

中名：螳螂

英名：praying mantis、mantis

一、 形态特征

- 体中大型，长，多绿、褐色；
- 头三角形，活动自如，复眼突出，口器咀嚼式，触角线形、丝状；
- 前胸长颈状，前足捕捉足，前翅复翅，后翅膜翅且臀区发达；
- 腹部 10 节，尾须短。

中华大刀螳 *Tenodera sinensis*

二、 生物学特性

渐变态。卵产于卵鞘内（称桑螵蛸，常作中药）。若虫脱皮 3-12 次，一年一代，生活于植物上，会自相残杀，一般捕食其他昆虫，为许多害虫天敌。

广斧螳卵鞘和孵化

广斧螳若虫捕食

雄成虫　雌成虫

广斧螳捕食蝉（蟪蛄）

广斧螳 *Hierodula patellifera*

广斧螳 *Hierodula patellifera* 雌虫会捕杀同种雄虫

三、分类

世界已知约 2469 种，可分 16 科，常见的是螳科。中国已知 192 种。

屏顶螳 *Phyllothelys (Kishinouyeum)* **sp.**（花螳科）

宽胸菱背螳 *Rhombodera latipronotum*（螳科）

勾背枯叶螳螂 *Deroplatys desiccata*（螳科）

孔雀螳螂 *Pseudempusa pinnapavonis*（螳科）

兰花螳螂 *Hymenopus coronatus* 若虫（花螳科）

兰花螳螂 *Hymenopus coronatus*（花螳科）

千禧广缘螳 *Theopompa milligratulata*（攀螳科）

第三十八章
蜚蠊目

学名：Blattaria（Blattodea）
中名：蟑螂、蜚蠊、地鳖
英名：cockroach

一、形态特征

- 体小至中型，扁；
- 头小而斜，触角线形、丝状，复眼肾形（环绕触角），口器咀嚼式；
- 前胸背板大，盾形，盖住头部（休息时头仅露前缘），前翅复翅，后翅膜翅，臀区很大，有的种类翅退化或仅雌虫翅退化，步行足，善疾走，跗节 5 节；
- 腹部常具臭腺（6-7 节背腺最大），雄虫第 9 腹板有针突 1 对，尾须短，分节明显。

尾须

刺突

黑胸大蠊（雄）

二、生物学特性

渐变态。多一年多代，产卵于卵鞘之中。喜暗避光，杂食性，生活于蚁巢、树皮、落叶、石块下；其中，蟑螂是重要的卫生害虫，但也是药材；中华真地鳖、冀地鳖、金边地鳖常栖于砖和土缝，是著名中药，是跌打损伤瘀血药的主要配伍；蔗蠊分布于南方，为害蔗苗、蔬菜等。

麻蠊 *Stictolampra* sp. 若虫

黑胸大蠊卵鞘及其内部卵

黑胸大蠊若虫

三、分类

世界已知约 5565 种，可以分为 5-10 科，中国已知约 420 种。蜚蠊目常见科：蜚蠊科 Blattidae、姬蠊科 Blattellidae、硕蠊科（匐蠊科）Blaberidae、鳖蠊科 Corydiidae 等。分子进化分析表明白蚁是蜚蠊总科的一类社会性类群。我国重要蜚蠊种类有美洲大蠊、黑胸大蠊、日本大蠊、澳洲大蠊、德国小蠊，均为常见的家庭卫生害虫。

1. 鳖蠊科 Corydiidae（Polyphagidae）：体隆起，如有后翅，臀域小，腿节下方缺刺（光腿）。

中华真地鳖 *Eupolyphaga sinensis*　　　　带纹真鳖蠊 *Eucorydia dasytoides*

2. 姬蠊科 Blattellidae：体小（短于 15mm），雌性第 7 腹板完整，翅常退化，雄性腹刺有时不对称，腿节下方有刺（毛腿）。德国小蠊是分布十分广泛的室内卫生害虫。传统的姬蠊科是多系群，有的将其分为若干个科。

德国小蠊 *Blattella germanica*　　　　横带中柱蠊 *Centrocolumna (Symploce) evidens*

3.蜚蠊科 Blattidae：体中大，雌性第七腹板分裂为2瓣，雄性左右二腹刺对称，腿节下方有刺（毛腿）。

黑胸大蠊 *Periplaneta fuliginosa* 排出卵鞘

澳洲大蠊 *Periplaneta australasiae*

樱桃红蟑螂（侧缘佘氏蠊）*Blatta lateralis*

美洲大蠊 *Periplaneta americana*

杜比亚蟑螂 *Blaptica dubia*（雄）

蜚蠊目其他科部分例子。

东方水蠊 *Opisthoplatia orientalis*

球蠊 *Perisphaerus* sp.

球蠊受惊可卷成球状

阔斑弯翅蠊 *Panesthia cognata*

硕蠊科（匐蠊科）Blaberidae

巨洞穴蟑螂 *Blaberus giganteus*

硕蠊科（匐蠊科）Blaberidae

隐尾蠊

隐尾蠊科 Cryptocercidae（取食枯木，亚社会性）

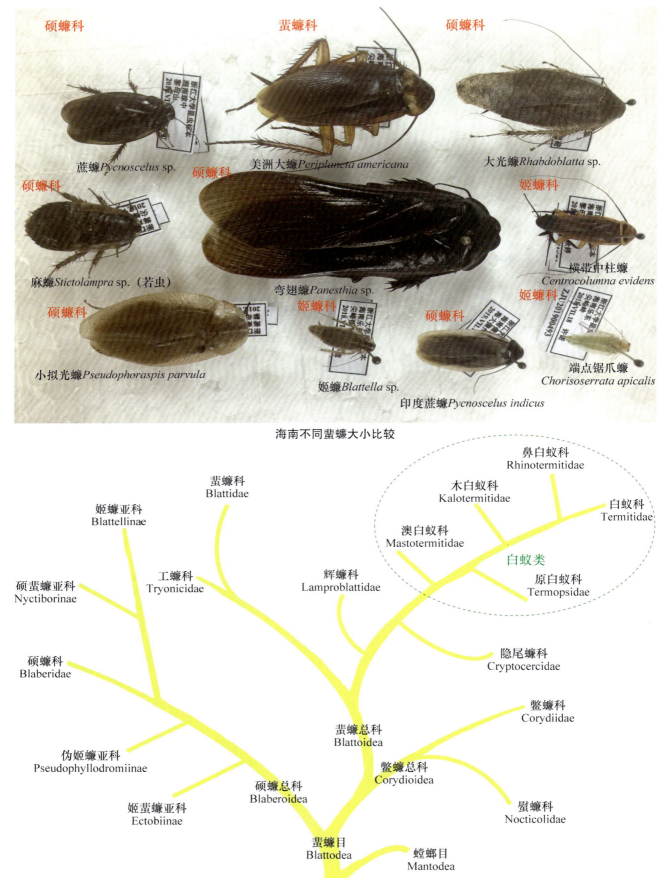

硕蠊科　　　　　蜚蠊科　　　　　硕蠊科

蔗蠊*Pycnoscelus* sp.　　　美洲大蠊*Periplaneta americana*　　　大光蠊*Rhabdoblatta* sp.

硕蠊科　　　　　硕蠊科　　　　　　　　　　姬蠊科

麻蠊*Stictolampra* sp.（若虫）　　　　弯翅蠊*Panesthia* sp.　　横带中柱蠊 *Centrocolumna evidens*

硕蠊科　　　　　姬蠊科　　　硕蠊科　　　姬蠊科

小拟光蠊*Pseudophoraspis parvula*　　姬蠊*Blattella* sp.　　印度蔗蠊*Pycnoscelus indicus*　　端点锯爪蠊 *Chorisoserrata apicalis*

海南不同蜚蠊大小比较

鼻白蚁科 Rhinotermitidae

木白蚁科 Kalotermitidae

白蚁科 Termitidae

澳白蚁科 Mastotermitidae

白蚁类

原白蚁科 Termopsidae

蜚蠊科 Blattidae

姬蠊亚科 Blattellinae

工蠊科 Tryonicidae

辉蠊科 Lamproblattidae

硕蜚蠊亚科 Nyctiborinae

隐尾蠊科 Cryptocercidae

硕蠊科 Blaberidae

鳖蠊科 Corydiidae

伪姬蠊亚科 Pseudophyllodromiinae

蜚蠊总科 Blattoidea

鳖蠊总科 Corydioidea

姬蜚蠊亚科 Ectobiinae

硕蠊总科 Blaberoidea

螱蠊科 Nocticolidae

蜚蠊目 Blattodea

螳螂目 Mantodea

蜚蠊目分子进化树（改自 Evangelista et al., 2019），
白蚁为蜚蠊总科的一个分支

学名：Isoptera

中名：螱、白蚁

英名：termite、white ant

一、形态特征

- 体小，软，多浅色，社会性昆虫，多型现象；
- 口器咀嚼式，工蚁复眼常退化，单眼 1 对或无，触角念珠状，无翅；
- 繁殖蚁前后翅相似（故称等翅目），翅长形膜质，缺横脉，休息时平置腹背，翅具肩缝，婚飞后双翅脱落留下翅鳞；
- 缺外生殖器和尾须。

二、生物学特性

渐变态。真社会性昆虫，群体中不同个体具有分工。

黑翅土白蚁（徐鹏摄）

蚁后、蚁王：是白蚁社会的创始者和繁殖蚁；**短翅型或无翅型繁殖蚁**：属于王（后）储，在原始蚁王、蚁后存在下受激素抑制，一般没有繁殖能力，当蚁后死掉，才可能顶替；**非生殖类型**，包括雌雄两性，但生殖系统发育不全，无生殖能力，其中工蚁负责建巢、筑隧道、哺育、垦殖菌圃、清洁等工作。缺工蚁的种类，工作由兵蚁及有性型若虫担任。**兵蚁**有的为上颚发达的兵蚁（机械兵），有的为能分泌液体的象鼻型兵蚁（化学兵）。

三、分类

分子进化等分析发现蜚蠊目中取食枯木、具亚社会性的隐尾蠊科与等翅目很接近，与姬蠊科等关系远，白蚁是社会性蜚蠊，等翅目应该被归并到蜚蠊目，本书暂按传统等翅目描述。世界已知约 2072 种，中国有 500 多种，主要有 4 个科。高等的白蚁科和鼻白蚁科种类具有额腺。额腺位于额中央，以额孔与外界连通，额孔外侧略凹陷，色较暗，称为囟，可分泌报警信息素、防御性乳汁等。

1. 原白蚁科 Termopsidae：无囟，无单眼；前胸背板平，狭于头，前翅鳞大；跗节背观 4 节，腹观 5 节；无真正工蚁。仅 1 属约 13 种，如山林原白蚁。

山林原白蚁 *Hodotermopsis sjostedti*　　　　　　原白蚁（李鸿杰提供）

2. 木白蚁科 Kalotermitidae：无囟，有单眼；前胸背板平，常宽于头，前翅鳞大；跗节 4 节；无真正工蚁。如堆砂白蚁。

堆砂白蚁 *Cryptotermes* sp.（贾豹摄）

3. 鼻白蚁科 Rhinotermitidae：有囟，有单眼；前胸背板平，狭于头，前翅鳞大且达后翅鳞，跗节 4 节；有真正工蚁。

工蚁

未婚飞的巢内有翅繁殖蚁及若虫

黑胸散白蚁 *Reticulitermes chinensis*（徐鹏摄）

前翅鳞
后翅鳞
蚁后
蚁王

有翅繁殖蚁

黄胸散白蚁 *Reticulitermes speratus*（脱翅后）

黄胸散白蚁 *R. speratus*

4. 白蚁科 Termitidae：有囟，有单眼；前胸背板马鞍形，狭于头，前翅鳞短（不达后翅鳞）；跗节 4 节；有真正工蚁。

有翅繁殖蚁

雄蚁

雌蚁

黑翅土白蚁 *Odontotermes formosanus*（徐鹏摄）

黑翅土白蚁一个蚁巢可居多个蚁后（莫建初摄）

黑翅土白蚁工蚁

黄翅大白蚁 *Macrotermes barneyi* 工蚁

学名：Embioptera

中名：足丝蚁、蠼

英名：web spinner

一、形态特征

- 体小（4-7mm），细长，雌雄异型；
- 触角线状（近念珠状），口器咀嚼式，无单眼；
- 跗节 3 节，前足第 1 跗节膨大成纺丝器（故名纺足目），常雄虫有翅，雌虫无翅；翅脉仅 R 脉发达；
- 尾须 1-2 节。

足丝蚁（雄）

等尾蠼（雌）

二、生物学特性

渐变态。独栖或群体生活于土砾石下或树皮的丝网隧道中，如热带桉树等树皮下或树缝中，腐食性，昼伏夜出，行动迅速。

三、分类

世界已知约 397 种，分 13 科，中国已知 8 种，闽台常见一种等尾蠼。

第四十一章
蛩蠊目

学名：Grylloblattodea
中名：蛩蠊
英名：ice crawler

一、形态特征

- 体中小型，扁长，外形既像蟋蟀（蛩）又像蜚蠊（故得名蛩蠊）；
- 咀嚼式口器，触角线形，复眼小而退化，无单眼；
- 后生无翅，3 对步行足；
- 尾须长，8-9 节；雌虫有发达的刀剑状产卵器。

蛩蠊

二、生物学特性

渐变态。多栖于 1200m 以上的高山苔藓中、石块下和土中，杂食性，少捕食性。适应低温环境，卵期 1 年，完成 1 个世代要 5-7 年。

三、分类

世界已知 33 种，北美为多。中国已知 3 种，包括采集于吉林长白山的中华蛩蠊 *Galloisiana sinensis*，新疆喀纳斯的陈氏西蛩蠊 *Grylloblattella cheni* 和吉林集安市的吉林原蛩蠊 *Grylloprimevala jilina*。

第四十二章

䗛目

学名：Phasmida

中名：竹节虫、䗛、叶䗛

英名：walking stick、leaf insect

一、形态特征

- 体各部细长如杆或扁阔如叶；
- 咀嚼式口器，前口式；
- 前胸小，中后胸长，有翅或无翅，有翅者前翅常小如鳞片状；
- 尾须短小，1节，产卵器不外露。

瓦腹华枝䗛 *Sinophasma hoenei*

昆士兰桉䗛 *Extutosoma tiaratum*（䗛科）

绿椒竹节虫 *Diapherodes gigantea*（䗛科）

东方叶䗛 *Phyllium siccifolium*（叶䗛科）

二、生物学特性

　　渐变态。多生活于树木和竹林间，以叶子为食，每雌产卵 400 多粒，每粒卵均包于坚硬的囊中，囊状如种子，产卵时落地有声，有的形成卵块，孵化期可达 2 年。䗛目昆虫大多是有名的拟态昆虫。其中竹节虫体长可达 36cm，为最长昆虫。

海南长棒竹节虫 *Lonchodes hainanensis*
（异䗛科长角棒䗛亚科）

短肛䗛 *Baculum* sp. 卵

白斑瘤胸䗛 *Trachythorax albomaculatus*（异䗛科）孵化

黑魔鬼竹节虫（金眼竹节虫）*Peruphasma schultei*（拟䗛科）

三、分类

世界已知约 2976 种，中国已知 477 种，可分蜱科 Phasmatidae、异蜱科 Heteronemiidae；杆蜱科 Bacillidae、叶蜱科 Phylliidae、拟蜱科 Pseudopasmatidae 等。但目前在科水平上如何分类还存在很大争议。

叶蜱科Phylliidae

同叶蜱 *Phyllium parum*

杆蜱科异翅蜱亚科Heteropteryginae

扁竹节虫 *Heteropteryx dilatata*

叶蜱科Phylliidae

东方叶蜱 *Phyllium siccifolium*

异蜱科Heteronemiidae

琼蜱 *Qiongphasma jianfengense*（雌）

第四十三章
螳䗛目

学名：Mantophasmatodea

中名：螳䗛、螳螂竹节虫

英名：heelwalker

一、形态特征

- 体中小型，外形介于螳螂和竹节虫之间；
- 头下口式，咀嚼式口器；触角线形，无单眼；
- 胸每节背板都稍盖过其后节背板，后生无翅，跗节 5 节，基部 4 节有跗垫；
- 尾须短小，1 节。

螳䗛

二、生物学特性

渐变态。多生活于山顶草丛中，捕食蜘蛛和昆虫，夜间活动。

三、分类

该目于 2002 年建立。共计 4 科 11 属 19 种，中国未发现。

学名：Psocoptera（Corrodentia）

中名：啮虫、书虱

英名：psocid、booklice

一、 形态特征

- 体小；
- 头部触角丝形，口器咀嚼式，上颚发达，后唇基方形，大而突出；
- 前胸小如颈状，翅膜质或缺；
- 腹部 10 节，无尾须。

书虱 *Liposcelis* sp.

枝啮 *Clematoscenea* sp. 成虫

触啮 *Psococerastis* sp. 群居树干上

鳞啮虫科 Lepidopsocidae

100μm

安啮 *Enderleinella* sp.

二、 生物学特性

渐变态。栖于树皮、石壁、菌体等，部分栖于室内书箱、纸张中，俗称书虱，以淀粉或动物碎片为食，是书籍和生物标本的害虫。

三、 分类

世界上已知约 5640 种，分 22 科，中国已知约 1700 种。常见的有啮虫科 Psocidae、书虱科 Liposcelidae、窃虫科 Atropidae 等。书虱 *Liposcelis divinatorius* 是标本和书籍害虫。目前分子进化分析发现虱目 Phthiraptera 与啮虫目中的书虱科亲缘关系很近，虱目应该并入啮虫目，否则啮虫目就不是单系。

第四十五章
虱目

学名：Phthiraptera
中名：虱
英名：lice

一、形态特征

- 体小、扁平；
- 复眼小，无单眼。触角 3-5 节，吸血的为刺吸式，取食羽毛的为咀嚼式口器；
- 无翅，攀缘足，跗节 1-2 节，爪 1-2 个（羽上生活为 2 爪，哺乳动物毛上生活为 1 爪）；
- 无尾须，无产卵器。

水牛血虱 *Haematopinus tuberculatus*

鸡羽虱 *Menopon gallinae*

二、生物学特性

渐变态。高度专一性外寄生于鸟和部分哺乳动物体表，部分吸血，部分取食宿主体表羽毛和分泌物。其中哺乳动物外寄生的真虱，不仅刺吸寄主之血，还传播多种疾病。取食家禽羽毛的虱类影响禽业生产。

三、分类

虱目由原来的食毛目 Mallophaga 和虱目 Anoplura 合并而成，故也有称其为虱毛目。分子进化分析显示虱目与啮虫目书虱科亲缘关系很近，而书虱科与啮虫目的粉啮虫类等的亲缘关系反而更远，因此虱目目前趋势是被并入啮虫目。传统虱目世界已知 5239 多种，中国已知 1000 余种。其中食毛亚目头大于胸宽，咀嚼式口器；而虱亚目（真虱）头小于胸宽，刺吸式口器。人虱 *Pediculus humanus* 和阴虱 *Phthirus pubis* 可寄生于人体上。

第四十六章

缨翅目

学名：Thysanoptera

中名：蓟马

英名：thrip

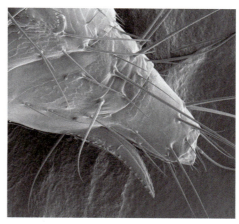

西花蓟马产卵器锯状

一、形态特征

- 体微小（大多数 0.5-2.0mm）、细长；
- 口器锉吸式；
- 有长翅、短翅和无翅，翅为缨翅，步行足末端有伸缩泡；锥尾亚目产卵器锯状，管尾亚目腹末管状。

花蓟马 *Frankliniella intonsa*

二、生物学特性

过渐变态，4龄若虫不吃不动，称"伪蛹"。多数植食，栖于叶片或花中，少数捕食性（捕食其他小节肢动物），还有的吃真菌孢子。有的种类是农业重要害虫，有的是植物病毒病重要媒介。

| 卵 | 1-2龄若虫 | 3龄若虫 | 4龄若虫 | 成虫 |

西花蓟马 *Frankliniella occidentalis* 不同阶段

三、分类

世界已知约 6102 种，中国已知 763 种。分为锥尾亚目和管尾亚目，共 9 科，其中最常见的为蓟马科、纹蓟马科和管蓟马科。

（一）锥尾亚目 Terebrantia：翅面有微毛，前翅至少有 1 纵脉达翅端，腹末锥形，雌腹末纵裂，产卵器锯片状。

1. 蓟马科 Thripidae：体扁，触角 6-8 节，前翅端部尖细，无环脉及横脉，产卵器发达下弯。植食性，如稻蓟马、烟蓟马、西花蓟马。

稻蓟马 *Stenchaetothrips biformis*

2. 纹蓟马科 Aeolothripidae：成虫多暗褐色，翅常有白色或暗色花纹；单眼 3 个，触角 9 节，第 3、4 节有长形感觉锥，前翅阔、翅顶圆、有横脉及环脉；产卵器发达，向上弯曲。捕食其他蓟马、螨、粉虱等。

黑白纹蓟马 *Aeolothrips melaleucus*

（二）管尾亚目 Tubulifera：翅面无微毛，前翅无脉或仅有 1 纵脉，腹末 1-2 节管状，缺产卵器。

3. 管蓟马科 Phlaeothripidae：前翅棒状，无脉，植食性。如榕管蓟马。

榕管蓟马 *Gynaikothrips uzeli*　　　　　丽瘦管蓟马 *Gigantothrips elegans*

学名：Hemiptera

中名：蝽、蝉、叶蝉、飞虱、粉虱、蚜虫、蚧

英名：bug、cicada、leafhopper、planthopper、whitefly、aphid、scale insect

一、形态特征

· 体微小至大型；

· 触角线形、刚毛状或锥状，刺吸式口器，上颚和下颚特化为 4 根口针，下唇特化为喙，大多 3-4 节；

· 前胸背板发达，中胸明显，背可见小盾片，前翅半鞘翅、覆翅（皮革质）或膜翅，后翅膜翅；翅加厚的基半部常被分为革片和爪片，膜质的端半部称为膜片，膜片上常有翅脉和翅室。陆生异翅亚目胸部腹面常有臭腺；

· 无尾须，部分头喙亚目产卵器发达。

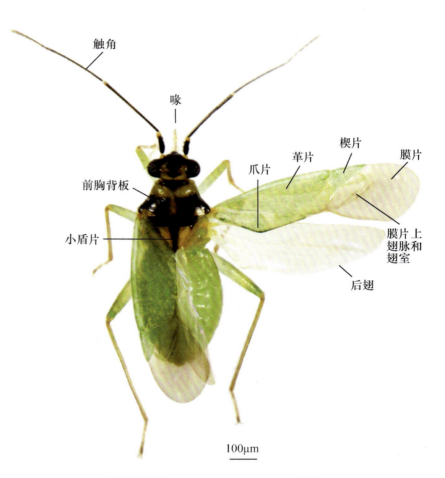

触角
喙
楔片
革片
膜片
爪片
前胸背板
膜片上翅脉和翅室
小盾片
后翅

100μm

黑肩绿盲蝽 *Cyrtorhinus lividipennis* 特征

二、生物学特性

渐变态，部分胸喙亚目的雄虫为过渐变态。大部分为植食性，是农林害虫的大类群之一。刺吸作物汁液，使农林植物衰弱甚至枯萎，同时分泌蜜露造成烟霉病，部分种类在植物组织中产卵影响植物长势；危害最严重的是传播植物病毒病，造成的损失往往超过虫本身的危害；吸血锥猎蝽和臭虫等是卫生害虫，大多数猎蝽、花蝽等是重要的害虫天敌；五倍子蚜虫、紫胶虫和白蜡虫又是重要的资源昆虫。

壮益蝽 *Cermatulus* **sp.** 若虫正在捕食酸浆瓢虫幼虫

益蝽 *Picromerus lewisi* 成虫正在捕食鳞翅目幼虫

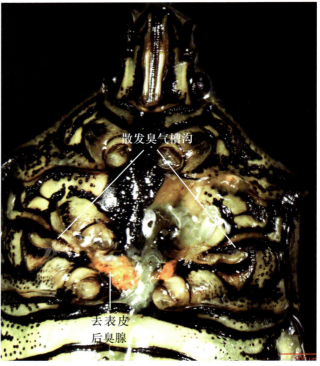

散发臭气槽沟

去表皮
后臭腺

叉角厉蝽 *Eocanthecona furcellata* 若虫和成虫，取食鳞翅目幼虫

麻皮蝽 *Erthesina fullo* 在中后足基部之间有一对臭腺，分泌臭气用于防御敌害

三、分类

　　半翅目是不完全变态中最大的类群。分子进化分析已经表明，传统的"同翅目"不是一个单系，目前国际公认的单系半翅目，包括原来狭义的"半翅目"和传统的"同翅目 Homoptera"。世界已知约 107 001 种，中国 14 000 多种，约分 29 个总科，归属 4 个亚目，包括胸喙亚目 Sternorrhyncha 18 693 种、头喙亚目 Auchenorrhyncha 43 024 种、鞘喙亚目 Coleorrhyncha 30 种和异翅亚目 Heteroptera 45 254 种。其中鞘喙亚目仅分布于新西兰和南美，取食苔藓。

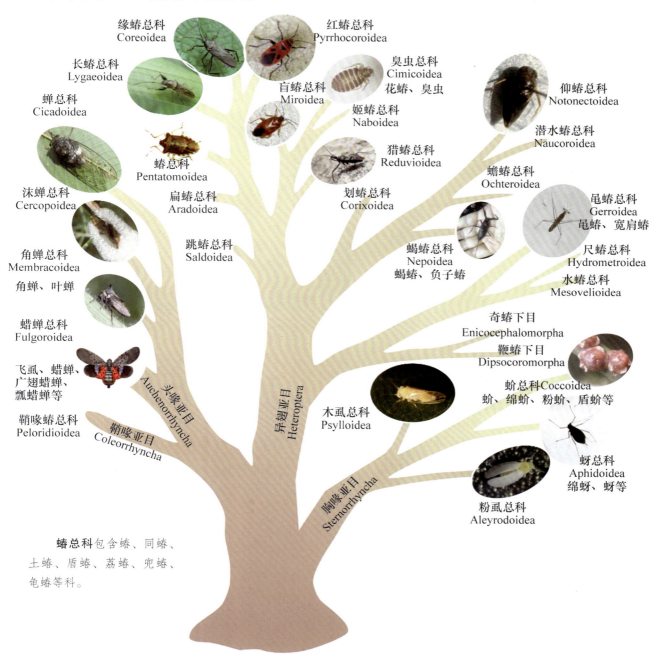

缘蝽总科 Coreoidea
红蝽总科 Pyrrhocoroidea
长蝽总科 Lygaeoidea
臭虫总科 Cimicoidea 花蝽、臭虫
盲蝽总科 Miroidea
仰蝽总科 Notonectoidea
蝉总科 Cicadoidea
姬蝽总科 Naboidea
潜水蝽总科 Naucoroidea
蝽总科 Pentatomoidea
猎蝽总科 Reduvioidea
蟾蝽总科 Ochteroidea
沫蝉总科 Cercopoidea
扁蝽总科 Aradoidea
划蝽总科 Corixoidea
黾蝽总科 Gerroidea 黾蝽、宽肩蝽
角蝉总科 Membracoidea 角蝉、叶蝉
跳蝽总科 Saldoidea
蝎蝽总科 Nepoidea 蝎蝽、负子蝽
尺蝽总科 Hydrometroidea
蜡蝉总科 Fulgoroidea 飞虱、蜡蝉、广翅蜡蝉、瓢蜡蝉等
水蝽总科 Mesovelioidea
奇蝽下目 Enicocephalomorpha
鞭蝽下目 Dipsocoromorpha
鞘喙蝽总科 Peloridioidea
蚧总科 Coccoidea 蚧、绵蚧、粉蚧、盾蚧等
头喙亚目 Auchenorrhyncha
鞘喙亚目 Coleorrhyncha
异翅亚目 Heteroptera
木虱总科 Psylloidea
蚜总科 Aphidoidea 绵蚜、蚜等
胸喙亚目 Sternorrhyncha
粉虱总科 Aleyrodoidea

蝽总科 包含蝽、同蝽、土蝽、盾蝽、荔蝽、兜蝽、龟蝽等科。

半翅目总科进化关系（改自 Johnson et al., 2018）

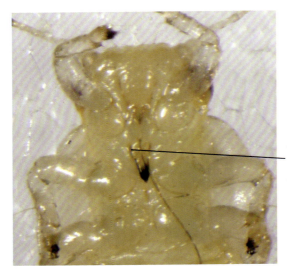

胸喙亚目喙出自两前足基节之间

（一）胸喙亚目 Sternorrhyncha

喙出自前足基节间（或退化），跗节 1-2 节，触角线状或退化（触角退化的个体足亦退化）。有的孤雌生殖，粉虱和介壳虫雄虫过渐变态。

烟粉虱 *Bemisia tabaci*

1. 粉虱科 Aleyrodidae：微小，长 2-3mm，体常被白粉，触角 7 节，后翅几乎与前翅等大，休息时平置于体上，翅膜质脉简单。过渐变态，1 龄活跃，2 龄起固定，足、触角退化，表皮变硬，4 龄若虫分类上称为蛹壳（也是分类重要特征），3 龄起翅芽外露。如烟粉虱、黑刺粉虱、温室白粉虱。

茶树上的黑刺粉虱

柑橘叶上黑刺粉虱

成虫

若虫

伪蛹

黑刺粉虱 *Aleurocanthus spiniferus*

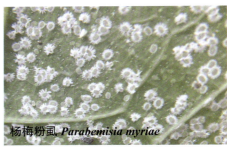

杨梅粉虱 *Parabemisia myriae*

四川三叶粉虱 *Aleurolobus szechwanensis*

2. 木虱科 Psyllidae：体长 2-5mm，触角 10 节，端部二刺，前翅膜质或革质，休息时叠于背上呈屋脊状，翅脉基部共柄，两两分叉；活泼跳跃，如梨木虱、桑木虱，而柑橘木虱能传播严重的黄龙病。

若虫

卵

正在交配的成虫

柑橘木虱 *Diaphorina citri*

樟个木虱 *Trioza camphorae*

触角端具 2 刺

樟个木虱为害状

若虫

翅脉基部共柄，两两分叉

成虫

香椿巴木虱 *Bharatiana octospinosa* (*toonae*)

• **蚜总科**（Aphidoidea）：多型现象，生活史复杂，有两性生殖和孤雌生殖，具有翅和无翅型个体，触角 3-6 节，具有各种感觉器；翅如有，后翅比前翅小很多，前翅有翅痣；腹部常有腹管、尾片等构造。蚜总科主要包括蚜科和绵蚜科等。

3. 绵蚜科 Eriosomatidae（绵瘿蚜科 Pemphigidae）：触角 5-6 节（次生感觉环多个），前翅具 Rs 脉，M 脉 1-2 分支（倍蚜 1 分支，绵蚜 2 分支），腹管小或退化，蜡腺发达，能分泌白色绵状蜡丝，如苹果绵蚜、五倍子蚜虫。绵蚜科中的五倍子蚜虫有 10 多种，其中角倍蚜是最主要种类，形成的虫瘿是提取单宁酸的重要工业原料。

杨叶柄上形成的虫瘿

虫瘿剖开状

苹果绵蚜 *Eriosoma lanigerum*

杨柄叶瘿绵蚜 *Pemphigus matsumurai*

朴绵叶蚜 *Shivaphis celti*

角倍蚜 *Schlechtendalia chinensis* 在苔藓上形成蜡球越冬

虫瘿中角倍蚜干雌

虫瘿爆裂和秋迁蚜

盐肤木羽状复叶上形成的角倍蚜虫瘿

五倍子加工工厂和产品之一

倍花蚜 *Nurudea shiraii* 产生的花状虫瘿

4. 蚜科 Aphididae：触角常 6 节，第 6 节分基部和鞭部，基部有较多次生感觉孔，前翅脉有 Rs，M 脉 2-3 分支，有腹管（第 6 或 7 腹节背面两侧圆柱形物），如豌豆蚜、棉蚜、桃蚜、萝卜蚜等。

桃粉大尾蚜 *Hyalopterus arundiniformis*

印度修尾蚜 *Indomegoura indica*

豌豆蚜 *Acyrthosiphon pisum*

白尾红蚜 *Uroleucon formosanum*

• **蚧总科 Coccoidea**：雌雄异型，跗节 1 节或退化；雌成虫无翅，触角和足也常退化，行动极缓或营固着生活，体常被蜡或介壳；雄成虫具 1 对翅（后翅退化成平衡棒），无喙，翅仅 2 脉，过渐变态。主要包括绵蚧科、粉蚧科、蚧科和盾蚧科等。卵产于雌虫体下、介壳下或卵袋中，1 龄若虫具触角和足，行动活泼，为扩散期；2 龄开始足、触角退化，盖有介壳、蜡等，雄虫最后一龄不吃不动（伪蛹）。介壳虫是最难防治的害虫类群之一，为害树木和多年生草本植物，已知 4000 余种，近 20 科，分类主要根据雌成虫形态。

越冬雌虫　　将产卵的雌虫　　卵胎生的卵孵化

1 龄若虫聚集在叶背取食　　2 龄聚集到小树枝　　3 龄若虫

雄虫的"蛹"　　雄成虫羽化

白蜡虫雄虫生活史

5. 绵蚧科 Monophlebidae（硕蚧科 Margarodidae）：体大，长椭圆形，被蜡丝，雌虫体节明显，触角常 6-11 节，足较发达（终生能爬行），肛门周围无环和刺毛。雄性具前翅、单眼和复眼，交尾器短小。如吹绵蚧、草履蚧、桑细绵蚧、纽绵蚧。

一种硕蚧雌虫

吹绵蚧 *Icerya purchasi*

草履蚧 *Drosicha contrahens* 雄虫

一种草履蚧雌虫

日本纽绵蚧 *Takahashia japonica*

6. 粉蚧科 Pseudococcidae：雌体椭圆，体被蜡粉，周围多蜡丝，体分节明显，终生可活动，臀板分 2 瓣，有肛板、肛环及肛环刺毛；雄虫似绵蚧，但无复眼。如康氏粉蚧、橘粉蚧。

扶桑绵粉蚧 *Phenacoccus solenopsis*

粉蚧与蚂蚁共生

柿树白毡蚧 *Asiacornococcus kaki*

石蒜绵粉蚧 *Phenacoccus solani*

7. 蚧科 Coccidae：雌体扁椭圆，分节不明显，被厚蜡壳，2 龄后固着生活，有明显的臀裂、三角板（肛板），有较退化的短足；雄虫口针短钝，交尾器长锥状。如红蜡蚧、龟蜡蚧、白蜡虫。

雌成虫

初孵若虫

500μm

红蜡蚧 *Ceroplastes rubens*

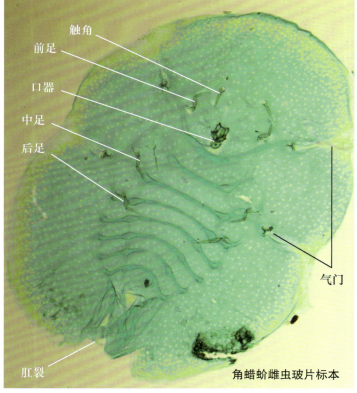

触角
前足
口器
中足
后足
气门
肛裂

角蜡蚧雌虫玻片标本

雌成虫（外被蜡质介壳）

若虫

角蜡蚧 *Ceroplastes ceriferus*

蚧科中的白蜡虫 *Ericerus pela* 是园林害虫，但也是重要的资源昆虫，主要寄主植物是木犀科 Oleaceae 女贞 *Ligustrum lucidum* 和白蜡树 *Fraxinus chinensis* 2 种。其雄虫分泌的虫白蜡，在医药和工业等领域用途很广泛。

白蜡虫（雄）及其分泌的白蜡布满树枝

白蜡虫雌（褐色）、雄（白色）　　　蜡农在采收白蜡　　　虫白蜡初产品

8. 盾蚧科 Diaspididae：雌体极扁，分节不明显，被介壳，二龄后固着，雌成虫完全无足，腹部后几节愈合成一臀板，其后缘有臀叶和臀栉；雄虫似蚧的雄虫，但口针细长、尖，有肛丝 2 条。如桑白蚧、褐圆蚧、矢尖蚧。

褐圆蚧 *Chrysomphalus aonidum*

考氏白盾蚧
Pseudaulacaspis caspiscockerelli

椰圆盾蚧 *Aspidiotus destructor*

拟白须盾蚧
Kuwanaspis pseudoleucaspis

柑橘叶上的矢尖蚧

口器

矢尖蚧 *Unaspis yanonensis*
雌成虫玻片标本

9. 胶蚧科 Lacciferidae：雌虫近半球形，包埋于分泌的胶壳内，其所分泌的紫胶和紫胶色素是国防工业和食品工业的重要原料。

紫胶虫 *Kerria sp.* 和紫胶产品

10. 胭蚧科 Dactylopiidae：雌虫卵形，分节明显，触角发达，体内富含胭脂红色素，寄生于仙人掌的胭脂蚧专门被养殖用于生产胭脂红。

胭脂蚧 *Dactylopius coccus*，可以生产胭脂红

（二）头喙亚目 Auchenorrhyncha

喙出自头的基部，至少中后足跗节 3 节，触角短（鬃状或锥状），前翅一般有明显爪片（臀区）。刺吸植物汁液，传播病毒病，是农林植物的主要害虫类群之一。包括蝉、角蝉、沫蝉和蜡蝉 4 个总科。

喙

11. 蝉科 Cicadidae：属于蝉总科。体大，3 只单眼，前翅膜质，前足腿节粗，下方多刺，雄虫腹基部常具发音器。产卵于树枝中，若虫地下生活，取食树根汁液。

头喙亚目喙出自头基部

绿草蝉 *Mogannia hebes*

焰螓蝉 *Auritibicen flammatus*

合哑蝉 *Karenia caelatata*

红娘子（黑翅红蝉）*Huechys sanguinea*

螗蜩 *Platypleura kaempferi*

熊蝉 *Cryptotympana holsti*

黑蚱蝉 *Cryptotympana atrata*

树枝中的卵

黑蚱蝉在小树枝上产卵为害状

黑蚱蝉 *Cryptotympana atrata* 产卵于小树枝中，造成枯枝，枯枝落地后，蝉卵孵化，孵化出的若虫钻入地下取食植物根的汁液

12. 沫蝉科 Cercopidae： 属于沫蝉总科。前翅加厚（皮革质），后足胫节有 2 个侧刺，端部有束端刺，第 1、2 跗节也有端刺，若虫第 7、8 腹节有 2 个泡沫腺，吹泡护体。桑赤沫蝉、赤斑禾沫蝉等可为害作物。

东方丽沫蝉 *Cosmoscarta heros*

松铲头沫蝉 *Clovia conifera*

褐点曙沫蝉 *Eoscarta semirosea*

赤斑禾沫蝉 *Callitettix versicolor*

13. 角蝉科 Membracidae：属于角蝉总科。前胸极发达，呈各种各样的角状突，还常盖住中胸或腹部。圆角蝉为害桑。

三刺角蝉 *Tricentrus* sp.　　三刺角蝉 *Tricentrus* sp.　　圆角蝉 *Gargara* sp.

14. 叶蝉科 Cicadellidae：现归于角蝉总科，其前翅加厚（皮革质），后足胫节有 2-3 列短刺，体小，能跳跃，有横走的习性。叶蝉是一类重要农业害虫，产卵于植物组织内，吸取汁液，传播病毒病。如黑尾叶蝉、电光叶蝉等。

雄　　雌

黑尾叶蝉 *Nephotettix cincticeps*

白边大叶蝉 *Tettigoniella albomarginata*　　琼凹大叶蝉 *Bothrogonia qiongana*　　电光叶蝉 *Inazuma dorsalis*

• 蜡蝉总科 Fulgoroidea：有翅基片（肩片），触角着生于复眼之下，触角基部 2 节膨大，端部鬃形，头部常狭于胸。常见的有蜡蝉科、飞虱科、广翅蜡蝉科、象蜡蝉科、蛾蜡蝉科、瓢蜡蝉科、袖蜡蝉科等。

15. 蜡蝉科 Fulgoridae：后翅臀区多横脉，前翅端区翅脉多分叉，多横脉。如龙眼鸡、樗鸡。

斑衣蜡蝉 *Lycorma delicatula*

若虫

成虫

斑衣蜡蝉 *Lycorma delicatula*

龙眼鸡 *Pyrops (Fulgora) candelaria*

16. 飞虱科 Delphacidae：常有长、短翅型分化，不少种类长翅型有长距离迁飞习性。该科最重要特征是后足胫节末端有一可动大距。飞虱科包含多种重要害虫，如褐稻虱、白背飞虱和灰飞虱是水稻的重要害虫，还传播多种水稻病毒病。

褐飞虱 *Nilaparvata lugens* 长翅和短翅型成虫

长绿飞虱 *Saccharosydne procerus*

白背飞虱 *Sogatella furcifera*

灰飞虱 *Laodelphax striatellus*

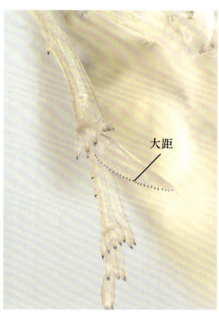

褐飞虱后足大距

17. 广翅蜡蝉科 Ricaniidae：蛾形，翅前缘区多横脉，爪片上无颗粒突。

成虫　　　　　　　　　若虫

带纹疏广翅蜡蝉 *Euricania facialis*

丽纹广翅蜡蝉 *Ricanula pulverosa*

阔带宽广翅蜡蝉 *Pochazia confusa*

18. 象蜡蝉科 Dictyopharidae：头部极度延长，象鼻状，有翅痣。

中野象蜡蝉 *Dictyophara nakanonis*

丽象蜡蝉 *Orthopagus splendens*

19. 蛾蜡蝉科 Flatidae：体形似蛾，体多绿色至玉黄色，翅前缘和端部多横脉，爪片上多颗粒突。

碧蛾蜡蝉 *Geisha distinctissima*　　　　　　　　　白蛾蜡蝉 *Lawana imitata*

20. 瓢蜡蝉科 Issidae：瓢虫形，体很小，多仅 4-5mm 长，六足很短，往往裹在腹下。

瓢蜡蝉　　　　　　　　　　　　　　　脊额瓢蜡蝉 *Gergithoides* sp.

瓢蜡蝉　　　　　　　　　　　　　　　褐额众瓢蜡蝉 *Thabena brunnifrons*

21. 袖蜡蝉科 Derbidae：头常小而狭窄，眼很大，占头大部分，常呈"斗鸡眼"状。很多种类前翅超过腹部，甚至长过腹部数倍。

红袖蜡蝉 *Diostrombus politus*

长袖蜡蝉 *Zoraida* sp.

萨袖蜡蝉 *Saccharodite* sp.

（三）异翅亚目 Heteroptera

即狭义的半翅目昆虫，统称蝽。喙出自头前端，口后片（外咽片）发达（口器出处远离前足基部），前翅为半鞘翅（休止时翅平覆腹部上，膜质部分重叠），前胸背板发达，中胸小盾片发达。有水生和陆生，陆生种类多有臭腺。有植食性、捕食性，也有外寄生。

22. 黾蝽科 Gerridae： 体腹有银白色疏水毛，翅在不少种类中消失，革区和膜区不分，体足细长，后足腿节远超过腹末，游弋于水面，捕食性。如背条黾蝽、湿地黾蝽。

异翅亚目口器出自头前端

大黾蝽 *Aquarius* sp.

23. 宽肩蝽科 Veliidae： 体粗短，在中、后足处最宽，向腹部渐窄；有长翅、短翅和无翅型，前、中、后足间距相等。小宽黾蝽属 *Microvelia* 常成群生活于岸边，可在水面迅速划跑。属于黾蝽总科。

小宽黾蝽 *Microvelia* sp.

305

24. 划蝽科 Corixidae：头宽于前胸，后端套于前胸前缘，前足杓状，跗节式 1-1-2。常见如四纹小划蝽、横纹划蝽。

横纹划蝽 *Sigara substriata*

四纹小划蝽 *Micronecta quadristrigata*

25. 蝎蝽科 Nepidae：体常细长，触角 3 节，呼吸管长，不能伸缩，前足捕捉足，中、后足为步行足，跗节式 1-1-1。如蝎蝽（红娘华）、螳蝽（水螳螂）。

日壮蝎蝽（红娘华）*Laccotrephes japonensis*

一种螳蝎蝽（水螳螂）

26. 田鳖科（负子蝽科）Belostomatidae：体大而扁阔，触角 4 节，呼吸管短且扁，能伸缩，中后足为游泳足，跗节式 1-2-2。许多种类雄虫有负卵于背上的习性。常见的有桂花蝉、负子蝽。属于蝎蝽总科。

狄氏田鳖 *Kirkaldyia deyrollei*

负子蝽雄虫

负子蝽 *Diplonychus esakii*（捕食落水蟑螂）

27. 仰泳蝽科 Notonectidae：头狭于前胸，后端陷于前胸内，体背隆起如船底状，后足长，为游泳足，跗节式 2-2-2。在水中仰泳。如大仰泳蝽、松藻虫。

仰泳蝽 *Notonecta* sp.

28. 猎蝽科 Reduviidae（食虫蝽科）：头后有细颈，喙 3 节，粗壮而弯曲，有单眼，跗节 3 节，翅有 2-3 个闭室，2-3 条纵脉，膜区比例大，前胸腹板有 1 纵沟，腹侧缘发达。如黄足猎蝽、裙腹猎蝽等，为重要害虫天敌。

六刺素猎蝽 *Epidaus sexspinus*

马来胶猎蝽 *Amulius malayus*

猛猎蝽 *Sphedanolestes* sp.

二色赤猎蝽 *Haematoloecha nigrorufa*

白双斑猎蝽 *Platymeris biguttata*

黄足猎蝽 *Sirthenea flavipes*

淡裙猎蝽 *Yolinus albopustulatus*

霜斑素猎蝽 *Epidaus famulus*

29. 瘤蝽科 Phymatidae：体长约 1cm，触角粗短，4 节，端节明显膨大；2 单眼显著，喙短粗 3 节；翅膜区有明显 3-4 条翅脉；前足捕捉足为其最显著特征。捕食性。

螳瘤蝽 *Cnizocoris* sp.（雄）

螳瘤蝽 *Cnizocoris* sp.（雌）

30. 姬蝽科 Nabidae：体小，多狭长，灰色或褐色；喙4节不弯曲，第1节极短，触角4节，具单眼；足常细长，跗节3节；前胸背板近前端有1横沟，前翅膜片具2-3翅室，由此发出多条短纵脉。捕食小昆虫。

胫狭姬蝽 *Stenonabis tibialis*

31. 臭虫科 Cimicidae：体扁多短毛，红褐色，无单眼，触角4节，喙3节，翅退化，跗节3节，有1对臭腺能分泌臭液。外寄生性，吸食恒温动物血，世界约74种，多寄生于蝙蝠和鸟，温带臭虫不仅吸人血，还会传播疾病。

温带臭虫 *Cimex lectularius*

32. 花蝽科 Anthocoridae：体微小，有单眼，前翅具楔片，膜区仅有不很明显的纵脉 1-3 条。栖于花朵间或叶下，捕食螨、蚜、蓟马等。

南方小花蝽 *Orius strigicollis*

南方小花蝽若虫

小花蝽 *Orius* sp.

33. 盲蝽科 Miridae：无单眼，半鞘翅具楔片，膜质区基端有 2 个闭室，跗节 2 节。大多数为害植物，如绿盲蝽，但黑肩绿盲蝽是飞虱等的天敌。

丽盲蝽 *Lygocoris* sp.

棉花绿盲蝽 *Apolygus lucorum*

诗凡曼盲蝽 *Mansoniella shihfanae*

赤须盲蝽 *Trigonotylus ruficornis*

黑肩绿盲蝽 *Cyrtorrhinus lividipennis*

中黑苜蓿盲蝽 *Adelphocoris suturalis*

红齿爪盲蝽 *Deraeocoris ruber.*

跳盲蝽 *Halticus* sp.

茶角盲蝽 *Helopeltis fasciaticollis*

34. 网蝽科 Tingidae：体微小，无单眼；前胸背板及前翅具网状花纹，前翅质地均一，不能分出膜片。如梨冠网蝽（梨军配虫）为害多种果树。该科在进化上与盲蝽科较接近，属于盲蝽总科。

悬铃木方翅网蝽 *Corythucha ciliata*

梨冠网蝽 *Stephanitis nashi*

柳膜肩网蝽 *Hegesidemus habrus*

贝肩网蝽 *Dulinius conchatus*

35. 缘蝽科 Coreidae：体多细长，中胸小盾片三角形，不达膜质部，前翅膜区基部有横脉，在横脉上长出 5 条以上纵脉。如稻大蛛缘蝽、点蜂缘蝽。

月肩奇缘蝽 *Derepteryx lunata*

瘤缘蝽 *Acanthocoris scaber*

若虫

成虫

点蜂缘蝽 *Riptortus pedestris*

钝肩普缘蝽若虫

瓦同缘蝽 *Homoeocerus walkerianus*

钝肩普缘蝽 *Plinachtus bicoloripes*

异稻缘蝽 *Leptocorisa acuta* 触角第一节端黑

大稻缘蝽 *Leptocorisa oratoria*

异稻缘蝽和大稻缘蝽归属于缘蝽科，或归属于另设的蛛（细）缘蝽科 Alydidae。

36. 姬缘蝽科 Rhopalidae：体中小椭圆形，灰或红色，单眼着生处隆起。

褐伊缘蝽 *Rhopalus sapporensis*

伊缘蝽 *Rhopalus* sp.

37. 红蝽科 Pyrrhocoridae：体中到大型，椭圆形，多为鲜红色，有黑斑。触角 4 节，喙 4 节，无单眼，前胸背板具扁薄上卷侧边。植食性。

离斑棉红蝽 *Dysdercus cingulatus*（上）
联斑棉红蝽 *Dysdercus poecilus*（下）

直红蝽 *Pyrrhopeplus carduelis*

突背斑红蝽 *Physopelta gutta gutta*

颈红蝽 *Antilochus coquebertii*

316

38. 大红蝽科 Largidae：体长椭圆形，红色，无单眼；前胸背板无扁薄上卷侧边。多植食性。

巨红蝽 *Macroceroea grandis*

39. 长蝽科 Lygaeidae: 体多细长，细而直，有单眼；半鞘翅膜质部仅 4-5 条纵脉，小盾片后端不达膜质部。多植食性，也有捕食性，如大眼长蝽。

短翅迅足长蝽 *Metochus abbreviatus*

红脊长蝽 *Tropidothorax elegans*

黑斑长蝽 *Spilostethus hospes hospes*

或单列为大眼长蝽科Geocoridae

大眼长蝽 *Geocoris* sp.

长须梭长蝽 *Pachygrontha antennata*

40.跷蝽科 Berytidae: 体、触角和足均极细长，前翅前缘常凹弯，体呈束腰状，运动时身体抬高由长足支撑，状如踩高跷，故名跷蝽。多植食性。

锥肩跷蝽 *Metatropis spinicollis*

41. 蝽科 Pentatomidae：体椭圆形，喙 4 节，中胸小盾片舌形，达半鞘翅膜质部。前翅膜区基部有横脉，在横脉上长出 5 条以上纵脉。多植食性，但益蝽亚科昆虫捕食性。如麻皮蝽、九香虫、益蝽。

稻绿蝽 *Nezara viridula*

麻皮蝽 *Erthesina fullo*

赤条蝽 *Graphosoma rubrolineata*

菜蝽 *Eurydema dominulus*

蓝蝽 *Zicrona caerulea*

日本羚蝽 *Alcimocoris japonensis*

二星蝽 *Eysarcoris guttiger*

茶翅蝽 *Halyomorpha halys*

42. 异蝽科 Urostylidae：似蝽科，体中等大小，扁椭圆形，膜区 6-8 根简单平行纵脉。雄性生殖器大，开口处有明显突起，故称"异尾蝽"。植食性。

红足壮异蝽 *Urochela quadrinotata*

43. 龟蝽科 Plataspidae：体小卵圆形，龟状或豆粒状，后缘近平，中胸小盾片极度发达，盖住腹部和前翅。常小群集聚，多取食植物小枝。

筛豆龟蝽 *Megacopta cribraria*

斑足平龟蝽 *Brachyplatys punctipes*

44. 荔蝽科（硕蝽科）Tessaratomidae：个体大，形态与蝽科相似，多数艳丽。头小，喙较短，不及前足基节长，跗节 2-3 节。为害乔木果实、嫩叶和嫩梢。

异色巨蝽 *Eusthenes cupreus*

暗绿巨蝽 *Eusthenes saevus*

红比蝽 *Pycanum rubens*

硕蝽 *Eurostus validus*

荔蝽 *Tessaratoma papillosa*

45. 兜蝽科 Dinidoridae：外形似蝽科，椭圆形，黑褐色无光泽，前胸背板多有皱纹或凹凸不平，前翅膜片多横脉呈不规则网状。植食性。

大皱蝽 *Cyclopelta obscura*

46. 土蝽科 Cydnidae：体中小，常黑色具光泽，小盾片发达。常栖息于地表和土缝中，吸食植物根的汁液和落地种子。

大鳖土蝽

革土蝽

革土蝽 *Macroscytus japonensis*
大鳖土蝽 *Adrisa magna*

革土蝽取食樟树种子

47. 盾蝽科 Scutelleridae：背面圆隆，多艳丽，小盾片 U 形极大，盖住整个腹部和前翅。植食性。

紫蓝丽盾蝽 *Chrysocoris stollii*

黄斑角盾蝽 *Cantao ocellatus*

尼泊尔宽盾蝽 *Poecilocoris nepalensis*

丽盾蝽 *Chrysocoris grandis*

桑宽盾蝽 *Poecilocoris druraei*

48. 同蝽科 Acanthosomatidae：体中型，椭圆形，绿色或褐红色；触角5节，前胸背板侧角常尖刺突出。植食性。

伊锥同蝽 *Sastragala esakii*

第四十八章
膜翅目

学名：Hymenoptera

中名：蜂、蚁

英名：wasp、bee、ant

一、形态特征

- 体微小至中大型；
- 口器咀嚼式或嚼吸式；触角线形、锤形、锯齿形或膝形；
- 翅 2 对膜质，后翅小，前后翅连锁器为翅钩列；
- 腹部第一节常并入胸部（并胸腹节），常具腹柄（第二腹节缩小而成）

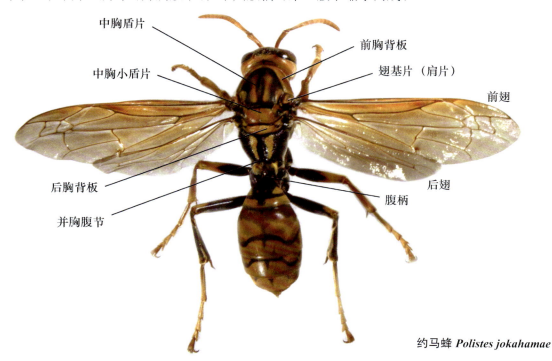

中胸盾片 · 前胸背板 · 中胸小盾片 · 翅基片（肩片）· 前翅 · 后胸背板 · 后翅 · 腹柄 · 并胸腹节

约马蜂 *Polistes jokahamae*

一种切叶蚁

结节

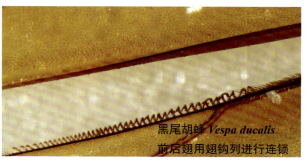

黑尾胡蜂 *Vespa ducalis*
前后翅用翅钩列进行连锁

二、生物学特性

完全变态，幼虫伪蠋式或无足型，蛹为裸蛹。细腰亚目多为捕食性和寄生性，广腰亚目植食性。

| 黄柄壁泥蜂幼虫在取食蜘蛛 | 蛹为裸蛹，外有薄茧 | 成虫 |

黄柄壁泥蜂 *Sceliphron madraspatanum* 的幼虫、蛹和成虫

三、常用分类特征

1. 触角： 形状、节数。

| 三节叶蜂科 | 叶蜂科 | 锤角叶蜂科 | 蚁科 |

2. 胸部：前胸背板形状及是否到达翅基片。

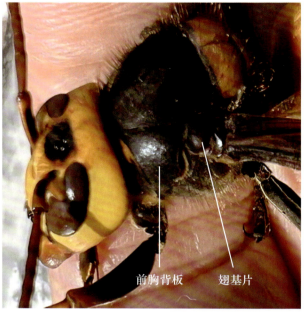

泥蜂前胸背板不达翅基片

胡蜂前胸背板到达翅基片

翅脉、翅室数、是否有第 2 回脉，例如，小蜂总科翅脉都极其简单，姬蜂科有第 2 回脉，而茧蜂科没有第 2 回脉。

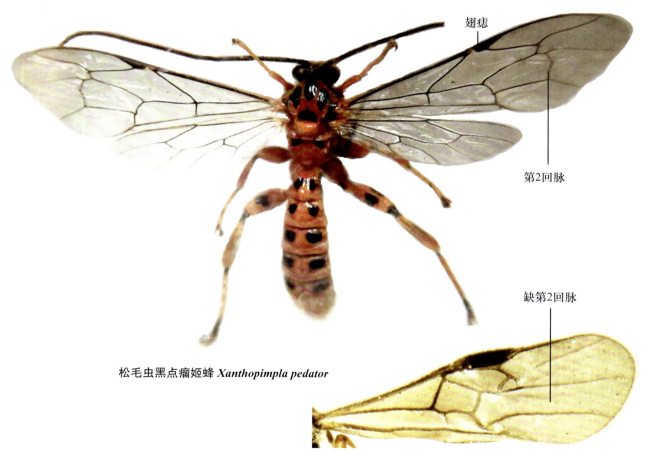

翅痣

第2回脉

缺第2回脉

松毛虫黑点瘤姬蜂 *Xanthopimpla pedator*

侧沟茧蜂 *Microplitis* sp. 前翅翅脉

足：叶蜂转节数多为 2 节，其他多为 1 节；跗节数多为 5 节，但赤眼蜂跗节仅 3 节，是其特征；中足胫节端距胡蜂亚科为 2 个，蜾蠃蜂亚科多为 1 个。

叶蜂足（转节 2 节）   胡蜂（后足转节 1 节，中足胫端距 2 个）

黑尾胡蜂 *Vespa ducalis*

3. 腹末形状：腹末腹板是否纵裂，产卵器是否有保护的鞘，细腰亚目中有鞘的为锥尾部，无鞘的为针尾部（产卵器多特化为螫刺）。

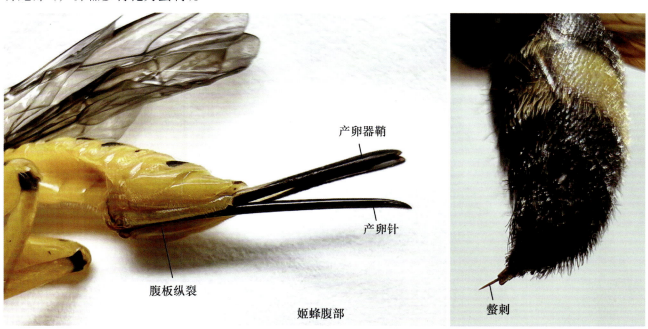

黑点瘤姬蜂腹部   间色腹土蜂腹部

四、分类

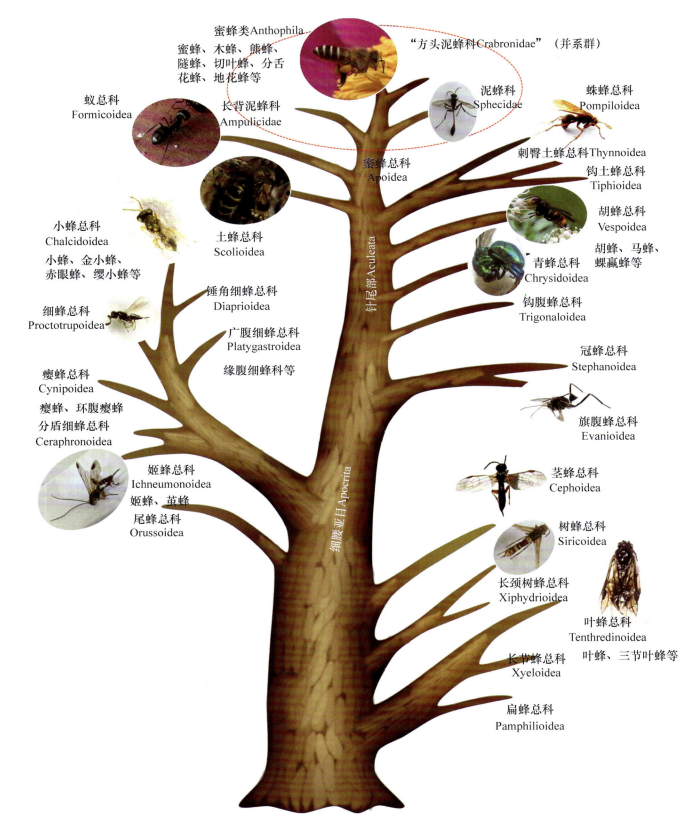

蜜蜂类Anthophila
蜜蜂、木蜂、熊蜂、隧蜂、切叶蜂、分舌花蜂、地花蜂等

"方头泥蜂科Crabronidae"（并系群）

泥蜂科
Sphecidae

长背泥蜂科
Ampulicidae

蚁总科
Formicoidea

蛛蜂总科
Pompiloidea

刺臀土蜂总科Thynnoidea

钩土蜂总科
Tiphioidea

蜜蜂总科
Apoidea

胡蜂总科
Vespoidea

胡蜂、马蜂、蜾蠃蜂等

青蜂总科
Chrysidoidea

小蜂总科
Chalcidoidea
小蜂、金小蜂、赤眼蜂、缨小蜂等

土蜂总科
Scolioidea

钩腹蜂总科
Trigonaloidea

锤角细蜂总科
Diaprioidea

冠蜂总科
Stephanoidea

细蜂总科
Proctotrupoidea

广腹细蜂总科
Platygastroidea

缘腹细蜂科等

旗腹蜂总科
Evanioidea

瘿蜂总科
Cynipoidea
瘿蜂、环腹瘿蜂
分盾细蜂总科
Ceraphronoidea

茎蜂总科
Cephoidea

针尾部Aculeata

姬蜂总科
Ichneumonoidea
姬蜂、茧蜂
尾蜂总科
Orussoidea

树蜂总科
Siricoidea

长颈树蜂总科
Xiphydrioidea

叶蜂总科
Tenthredinoidea
叶蜂、三节叶蜂等

细腰亚目Apocrita

长节蜂总科
Xyeloidea

扁蜂总科
Pamphilioidea

膜翅目进化图（改自 Peters et al., 2017）

膜翅目世界已知约 154 067 种，中国 15 800 种。该目总计约有 25 万种。传统上分为 2 亚目，即广腰亚目 Symphyta 和细腰亚目 Apocrita，150 余科，常见的有 20 多科。

广腰亚目 Symphyta：无腹柄，腹部第二和第一节间不紧缩；后翅基室至少 3 个；转节 2 节。幼虫伪蠋型或寡足型；包括叶蜂、树蜂、茎蜂和尾蜂等，除尾蜂总科寄生性外，其余植食性。从进化图看广腰亚目是个并系群。

三节叶蜂 *Arge sp.*（广腰亚目）

叶蜂翅脉

细腰亚目 Apocrita：有腹柄，腹部第一节并入胸部；翅脉较简或极简，后翅至多 2 基室；转节 1-2 节。幼虫无足型或原足型；多寄生、捕食、蜜食性。细腰亚目可以根据产卵器等，进一步分为锥尾部和针尾部。

中华马蜂 *Polistes chinensis*（细腰亚目）

产卵鞘

锥尾部（长尾小蜂）

螫针

针尾部

锥尾部 Terebrantia：雌虫最后腹节的腹板纵裂，产卵器多从纵裂间的前端伸出，并具 1 对与针等长的狭鞘，后翅多无臀叶，转节 1-2 节。包括瘿蜂、姬蜂、小蜂、旗腹蜂、钩腹蜂等，因此锥尾部在进化上还不是单系群。

针尾部 Aculeata：雌虫腹末节腹板不纵裂，产卵器无鞘，从腹末端伸出，多变为螫刺而不起产卵作用。后翅有臀叶，转节多 1 节。包括胡蜂、蜜蜂、蛛蜂、土蜂、泥蜂、蚁、青蜂等。

（一）广腰亚目 Symphyta

叶蜂总科 Tenthredinoidea：是广腰亚目下的一个大总科，已知至少 7000 种。根据触角节数和形状，可以分叶蜂科、三节叶蜂科 Argidae、四节叶蜂科 Blasticotomidae、锤角叶蜂科（或棍棒叶蜂科）Cimbicidae、松叶蜂科（或锯角叶蜂科）Diprionidae、筒腹叶蜂科 Pergidae（分布于大洋洲和南美洲）。目前已知的幼虫均为植食性，幼虫伪蠋型，咀嚼式口器，与鳞翅目幼虫的区别是其头无人字形额片，单眼每侧 2 个，腹足 6-8 对，无趾钩。

岛屿叶蜂 *Tenthredo insulicola*

雄交配器

雌产卵器

杜鹃三节叶蜂 *Arge similis*

幼虫

梅叶蜂 *Nematus* sp.

幼虫

朴童锤角叶蜂 *Agenocimbex maculatus*

1. 叶蜂科 Tenthredinidae：是叶蜂总科中最大的科。前足胫节有 2 端距，前胸背板后缘凹入，产卵器锯状，触角 7-12 节，多 9 节，丝状。

芜菁叶蜂 *Athalia japonica*

麦叶蜂 *Dolerus tritici* 幼虫

2. 三节叶蜂科 Argidae：触角 3 节，第 3 节最长。该科是叶蜂总科第 2 大科。

幼虫

成虫

杜鹃三节叶蜂 *Arge similis*

葛氏黄腹三节叶蜂 *Arge geei*

333

3. 茎蜂科 Cephidae：前胸背板后缘直或略凹入，腹部侧扁，产卵器短，能收缩，前胫端1距。如梨茎蜂，为害梨嫩梢。幼虫寡足型，每侧1单眼。属茎蜂总科。

4. 树蜂科 Siricidae：前胸背板后缘深凹入，腹部长筒形，产卵器长针状。幼虫寡足型。大树蜂为害多种树木。属树蜂总科。

梨茎蜂 *Janus piri*

树蜂 *Tremex* sp.

（二）细腰亚目 Apocrita

5. 瘿蜂科 Cynipidae：转节1节，无翅痣，前翅闭室5个以下，产卵管弯曲，能伸缩，腹部卵形，侧扁，第1、2节背板盖住腹部大部分。在栎树上产生虫瘿（即没食子），造成危害，但有的虫瘿被用于提取没食子酸。

虫瘿

幼虫

成虫

东方似脊瘿蜂 *Periclistus orientalis*

虫瘿

成虫

幼虫

栎空腔瘿蜂 *Trichagalma acutissimae*（王景顺摄）

6. 环腹瘿蜂科 Figitidae：体长多 3-6mm，黑色有光泽。雌性触角 13 节，雄性触角 14 节。胸部至少部分具刻纹。小盾片末端有的具 1 刺脊。前翅 Rs+M 脉从基脉和 M+Cu1 脉的连接点或近连接点发出。狭背瘿蜂亚科 Aspicerinae 的第 2 腹背板为舌状，其余亚科雄性腹部均不侧扁；雌性第 3 腹节背板常最大，有的第 2 腹节背板最大。该科是瘿蜂总科 Cynipoidea 中的寄生性类群，幼虫寄生于双翅目、膜翅目和脉翅目的幼虫和蛹。

雌

雄

布拉迪小环腹瘿蜂 *Leptopilina boulardi*

7. 姬蜂科 Ichneumonidae：转节 2 节，有翅痣，前翅闭室 5 个以上，前翅有第 2 回脉，有 3 个盘室。端部第 2 列翅室中间常有一个小翅室，腹细长。寄生鳞翅目、双翅目、鞘翅目幼虫体内。全世界已知约 1.5 万种，中国已定名的超过 1000 种。

斑翅恶姬蜂 *Echthromorpha agrestoria*

紫绿姬蜂 *Chlorocryptus purpuratus*

8. 蚜茧蜂科 Aphidiidae：体长 1.5-2.5mm，多为黄色或黄褐色；唇基端缘凸出，不与上颚形成口腔；前翅无第 2 回脉，有径室 1-3 个，后翅仅 1 个基室；腹柄生于并胸腹节下方两后足基节之间。雄性体略小，触角节数比雌性多，腹部呈椭圆形。寄生蚜虫，多化蛹在蚜虫体内的圆形薄丝茧中。

被寄生的蚜尸体，其体内寄生蜂在结茧

寄生萝卜蚜 *Lipaphis erysimi* 的菜蚜茧蜂

菜蚜茧蜂 *Diaeretiella rapae*

100μm

9. 茧蜂科 Braconidae：有翅痣，前翅闭室 5 个以上，无第 2 回脉，只有 2 个盘室；转节 2 节；腹细长，产卵管细长。茧蜂幼虫老熟后，爬出宿主虫体外结茧，故称茧蜂。寄生鳞翅目、双翅目和鞘翅目幼虫体内。

侧沟茧蜂 *Microplitis* sp.

雌　　雄

1000μm

在寄主幼虫体外结茧

菜粉蝶盘绒茧蜂 *Cotesia glomerata*

两色刺足茧蜂 *Zombrus bicolor*

10. 小蜂科 Chalcididae：胸部拱起，后足腿节膨大，下方有齿，胫节内弯，能跳。如黄大腿蜂可寄生粉蝶、松毛虫等。

建德大腿小蜂 *Brachymeria jiandeensis*

红足凹头小蜂 *Antrocephalus nasutus*

11. 赤眼蜂科 Trichogrammatidae：翅有长缘毛，眼常红色，前翅阔，翅面常有成行的微毛（放射状），后翅尖刀形，跗节3节（只有该科3节）。寄生鳞翅目昆虫的卵。如松毛虫赤眼蜂。

松毛虫赤眼蜂前翅

松毛虫赤眼蜂 *Trichogramma dendrolimi*

稻螟赤眼蜂 *Trichogramma japonicum*

12. 缨小蜂科 Mymaridae： 前翅狭长，基部缢束成柄（故又称柄翅小蜂），具长缘毛。寄生半翅目、鞘翅目、脉翅目和蜻蜓目等的卵。

稻虱缨小蜂 *Anagrus nilaparvatae*

13. 金小蜂科 Pteromalidae： 有金属光泽，胸部大而拱起，中胸侧板有凹沟，前足胫节有一粗距，跗节 5 节。如蝶蛹金小蜂寄生菜粉蝶等的蛹。

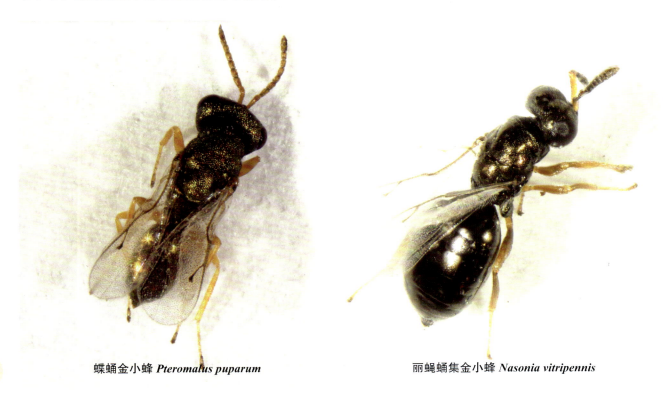

蝶蛹金小蜂 *Pteromalus puparum*　　　　　　丽蝇蛹集金小蜂 *Nasonia vitripennis*

14. 蚁小蜂科 Eucharitidae：体微小，有金色光泽，多刻点，触角线形或栉形；前胸小，背观多看不到，中胸发达，小盾片常往后延长成叉刺，跗节 5 节；腹部小，腹柄长。外寄生于蚁的幼虫和蛹。

角胸蚁小蜂 *Schizaspidia* sp.

15. 缘腹细蜂科 Scelionidae：体微小，前胸背板达翅基片，翅脉与小蜂总科一样仅前缘脉明显，腹部长卵形，两侧有脊。内寄生于鳞翅目、蝗等的卵，寄主卵最后黑色状（故又称黑卵蜂科）。属于广腹细蜂总科。

长腹黑卵蜂 *Telenomus rowani*

夜蛾黑卵蜂 *Telenomus remus*（王竹红摄）

16. 胡蜂科Vespidae： 体壁坚厚，光滑少毛，成虫体多呈黑、黄、棕三色相间，或为单一色，口器发达，上颚较粗壮。前胸背板达翅基片，静止时前翅纵折，雌具强螫针。雄蜂腹部7节，无螫针。社会性生活或独居性，筑巢。本科昆虫通称胡蜂，俗名黄蜂。成虫多为捕食性蜂类，也取食花蜜、花粉、植物汁液、腐果等。全世界已知5000种以上。本（总）科可分为胡蜂Vespinae、马蜂Polistinae、蜾蠃Eumeninae、铃腹胡蜂Ropalidiinae、狭腹胡蜂Stenogastrinae、异腹胡蜂Polybiinae等11个亚科。

黑尾虎头蜂头部正面

黄腰胡蜂 *Vespa affinis*

马蜂巢， 可见六角形巢房中卵、幼虫和已经封盖的巢房（内有老熟幼虫和蛹）及守卫的成虫

墨胸胡蜂巢

胡蜂亚科 Vespinae：腹部前端平截。

黑腹虎头蜂 *Vespa basalis*

墨胸胡蜂 *Vespa velutina*

细黄胡蜂 *Vespula flaviceps*

金环胡蜂 *Vespa mandarinia*

马蜂亚科 Polistinae：腹部前端渐细，第一腹节圆锥形。

褐马蜂 *Polistes* sp.

约马蜂 *Polistes jokahamae*

蜾蠃亚科 Eumeninae：上颚多呈刀状；中足胫节 1 距，第 1、2 腹节间收缢；成对分居。古代有"螟蛉有子，蜾蠃负之"说法，实际上蜾蠃（读作 guǒ luǒ）捕捉青虫，不是为了领养，而是为自己后代准备的食物。

泥壶蜂的泥壶育婴室

秀蜾蠃 *Pareumenes quadrispinosus*

泥壶内除 1 条白色的蜂幼虫外，还有母蜂为其准备的食物——多条麻醉状鳞翅目幼虫

黑胸蜾蠃 *Orancistrocerus drewseni* 捕捉猎物

侧异腹胡蜂 *Parapolybia* sp.（异腹胡蜂亚科）

丽狭腹胡蜂 *Eustenogaster nigra*（狭腹胡蜂亚科）

带铃腹胡蜂 *Ropalidia fasciata*（铃腹胡蜂亚科）

17. 蛛蜂科 Pompilidae：雌性触角 12 节，常卷曲。前胸背板达翅基片，中胸侧板有一横缝将侧板分成上下两部分，足长、多刺。捕食蜘蛛。

带蛛蜂 *Batozonellus* sp.

弯沟蛛蜂 *Cyphononyx* sp.

18. 蚁蜂科 Mutillidae：体长 3-30mm，色艳，密布绒毛。雌虫无翅，形似蚂蚁，雄虫多有翅。多寄生于蜜蜂、胡蜂、泥蜂等的幼虫和蛹。

眼斑驼盾蚁蜂 *Trogaspidia oculata*

古特拉扎蚁蜂 *Zavatilla (Mutilla) gutrunae*

蚁蜂 *Mutilla marginata*

19. 青蜂科 Chrysididae：体中小型，常多粗刻点，体鲜艳，多绿、蓝、紫色并有强金属光泽；并胸腹节后侧缘有齿，腹部 2-5 节，能弯曲。寄生于膜翅目蜂巢和刺蛾蛹内。

青蜂 *Chrysis* sp.　　　　　　上海青蜂 *Chrysis shanghaiensis*

20. 土蜂科 Scoliidae：前胸背板达翅基片，密生体毛，常黑白相间，腹部第 1、2 节间有深缢，翅纵行折叠，翅脉不达外缘。外寄生于金龟子幼虫，成虫捕食。

金毛长腹土蜂 *Campsomeris prismatica*　　　　间色腹土蜂 *Scolia watanabei*

21. 蚁科 Formicidae： 多型现象，社会性。触角膝形，有翅或无翅，腹柄上有疣状突起（结节）。有捕食性（如行军蚁）和植食性（如切叶蚁、火蚁），多数腐食性。世界已知有9000多种，分21亚科283属，中国已知600余种。

黄猄蚁织叶为巢

黄猄蚁 *Oecophylla smaragdina* 工蚁和幼虫

鼎突多刺蚁 *Polyrhachis vicina*

弓背蚁 *Camponotus* sp. 在交配

举腹蚁 *Crematogaster* sp.

红黑细长蚁 *Tetraponera rufonigra*

22. 泥蜂科 Sphecidae：雌性触角 12 节，雄性 13 节；前胸短，横形，不达翅基片，常腹柄细长，其后腹节呈锤状，但有的无柄。有长柄的泥蜂类筑泥巢，捕食昆虫、蜘蛛等。原传统的泥蜂总科内各科和亚科归属争论很大，例如，方头泥蜂类是多起源的，至少包含了 9 个单系群。访花泥蜂类与蜜蜂关系密切，目前泥蜂类已经被一些分类学家归属蜜蜂总科。

驼腹壁泥蜂 *Sceliphron deforme*

红带沙蜂（红带多沙泥蜂）*Ammophila sabulosa* 在捕食鳞翅目幼虫

雌成虫

羽化成虫爬出的孔

新筑孔道未封口的孔

结茧

蛹

幼虫取食蜘蛛

泥巢内部

刚羽化不久的成虫

黄柄壁泥蜂 *Sceliphron madraspatanum* 筑泥巢、捕食蜘蛛于各个巢穴孔道中，并产卵其中

23. 蜜蜂科 Apidae：体密被羽状毛，触角膝形，嚼吸式口器，后足第一跗节扁宽（携粉足），蜜食性。蜜蜂科可分为蜜蜂亚科 Apinae、花蜂亚科 Anthophrinae、木蜂亚科 Xylocopinae、腹刷蜂亚科 Fideliinae、芦蜂亚科 Ceratininae 等 5 个亚科。蜜蜂亚科下分为蜜蜂属 *Apis*、熊蜂属 *Bombus*、无刺蜂属 *Trigona*、麦蜂属 *Melipona* 等多个属。

东方蜜蜂 *Apis cerana* 工蜂

东方蜜蜂头部及嚼吸式口器

东方蜜蜂后足 - 携粉足

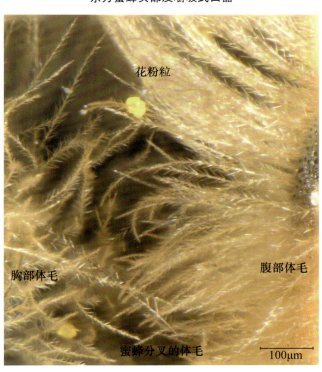

东方蜜蜂胸部和腹部分叉的体毛

349

西方蜜蜂 *Apis mellifera*

东方蜜蜂 *Apis cerana* 和蜂巢

大蜜蜂 *Apis dorsata*

青条花蜂 *Amegilla calceifera*

琉璃纹花蜂 *Thyreus* sp.

兰花蜂 *Euglossa* sp.（黄鸣柳摄）

无刺蜂 *Trigona* sp. 巢内

棕胸无刺蜂 *Trigona thoracica* 蜂巢出口

无刺蜂 *Trigona* sp.

黄熊蜂 *Bombus flavescens*

中华木蜂 *Xylocopa sinensis*（雄）

熊蜂 *Bombus* sp.

竹木蜂 *Xylocopa nasalis*

24. 切叶蜂科 Megachilidae：似蜜蜂，上唇大突出，上颚尖，腹面多有鲜色花粉刷，多独居，将叶片切下，在枯树、墙壁等上营巢，巢隔成 10-12 室。

切叶蜂 *Megachile* sp.

切叶蜂

蛇蛉目

学名：Raphidioptera
中名：蛇蛉
英名：snakefly

一、形态特征

- 体小至中型；
- 头如蛇头状，头后收缩如颈状，咀嚼式口器，触角线状；
- 前胸长，颈状（部分蛇身状），翅膜质，脉网状，有翅痣；
- 雌虫有细长针状产卵器。

盲蛇蛉 *Inocellia* sp.

二、生物学特性

完全变态。雌虫用长产卵器将卵产于树干或腐木的缝隙中。幼虫寡足型，常历期 1-2 年，老熟幼虫作蛹室化蛹，但不结茧，裸蛹能活动。成、幼虫均为捕食性。

三、分类

全世界已知约 248 种，中国已知 39 种。分为蛇蛉科 Raphidiidae（有单眼，翅痣内有横脉）和盲蛇蛉科 Inocellidae（无单眼，翅痣内无横脉）。

第五十章
广翅目

学名：Megaloptera
中名：齿蛉（鱼蛉）、泥蛉
英名：fishfly、dobsonfly、alderfly

一、形态特征

- 体多粗壮；
- 触角丝状、念珠状或栉状，口器咀嚼式；
- 翅膜质宽大，脉序网状。

东方巨齿蛉 *Acanthacorydalis orientalis*

二、生物学特性

完全变态。卵产于水边植物叶片、石头及其他物体上。幼虫生活于水中，肉食性，腹部每节 2 侧有气管鳃进行呼吸，化蛹在土壤中或苔藓中（裸蛹），蛹能取食，成虫基本不取食。

三、分类

　　世界已知约 373 种，中国已知约 139 种。可分齿蛉科（鱼蛉科）和泥蛉科 2 个科。齿蛉科（鱼蛉科）Corydalidae：翅展 40-150mm，单眼 3 只；幼虫是钓鱼用优质活饵，故称鱼蛉。泥蛉科 Sialidae：翅展 20-40mm，无单眼。鱼蛉幼虫在四川攀西地区又被称为"安宁土人参"或"虫参"，云南多地叫"爬爬虫"，被[…]

海南星齿蛉 *Protohermes hainanensis*

花边星齿蛉 *Protohermes costalis*

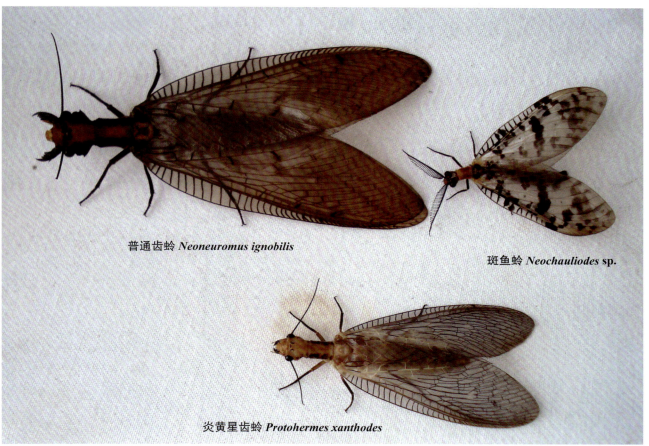

普通齿蛉 *Neoneuromus ignobilis*

斑鱼蛉 *Neochauliodes* sp.

炎黄星齿蛉 *Protohermes xanthodes*

第五十一章
脉翅目

学名：Neuroptera

中名：草蛉、幼虫称蚜狮、蚁狮

英名：lacewing、aphis lion、ant lion

一、形态特征

- 体小至大型；
- 复眼大而突出，多无单眼，口器咀嚼式，下口式。触角长而多变；前后翅大小、形状和翅脉相似，膜翅透明，脉网状，脉在翅外缘呈 2 分叉；
- 无尾须。

意草蛉 *Italochrysa* sp.

通草蛉 *Chrysoperla* sp. 幼虫在捕食蚜虫

二、生物学特性

完全变态。卵多呈长卵圆形，有的具长卵柄（草蛉）或具小突起（粉蛉）。幼虫口器为捕吸式，其上颚和下颚左右嵌合成端部尖锐的长管，用以捕获猎物并吮吸其体液。幼虫一般 3-5 龄，化蛹时老熟幼虫由肛门抽丝做成圆形或椭圆形小茧，蛹为离蛹；成虫飞翔力弱，多数具趋光性。幼虫多数种类陆生，而水蛉科和翼蛉科幼虫水生或半水生。幼虫和成虫均捕食性，是农林作物害虫的重要天敌，目前已有人工饲养草蛉用于防治蚜虫、螨类等。蚁狮等还可入药。

三、分类

　　全世界已知约 5813 种，估计可达 10 000 种。中国已知 865 种。脉翅目亚目或总科的划分分歧较大，目前多分为 18 个科。

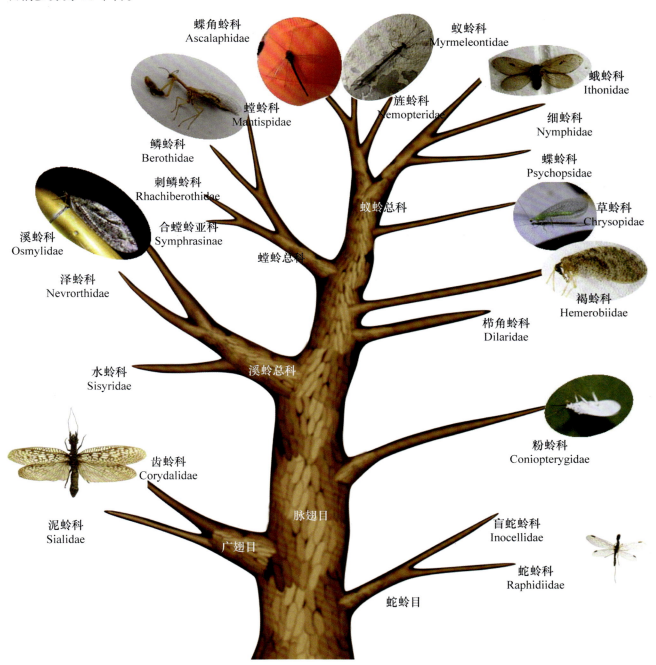

脉翅类进化关系（改自 Winterton et al., 2018）

1. 粉蛉科 Coniopterygidae：体小，体翅被白粉；触角念珠状，翅脉较少，至边缘不分叉。捕食小节肢动物。

粉蛉

2. 褐蛉科 Hemerobiidae：体翅常为黄、褐色；触角念珠状，约与翅等长或至少过翅一半；双翅多具有褐色斑纹，前翅前缘区横脉多分叉，翅具 2 条以上 Rs 脉。成、幼虫捕食螨、蚜、蚧等。

褐蛉 1 *Hemerobius* sp.

褐蛉 2 *Hemerobius* sp.

500μm

3. 溪蛉科 Osmylidae：触角线状，常不过翅长一半，头部宽于前胸，多有 3 单眼（其他脉翅目类群无单眼），翅面多褐疤斑，前后翅脉序相近，翅被浓密的拒水毛。幼虫多水生。

溪蛉 *Osmylus* sp.

异溪蛉 *Heterosmylus* sp.

4. 草蛉科 Chrysopidae：体多黄、绿、红色；复眼具金属或铜色光泽，触角线状，前翅前缘横脉 30 条以下不分叉。幼虫称蚜狮，捕食蚜虫等小虫，为著名害虫天敌类群。

大草蛉 *Chrysopa pallens*

日本通草蛉 *Chrysoperla nippoensis*（越冬型）

叉草蛉 *Pseudomallada* sp. 幼虫

草蛉卵

5. 螳蛉科 Mantispidae: 前足捕捉足,前半身像螳螂,后半身像黄蜂。

铜头螳蛉(铜头梯螳蛉)*Euclimacia badia*

日本螳蛉 *Mantispa japonica*

6. 蝶角蛉科 Ascalaphidae：体形似蜻蜓，触角球杆状，似蝴蝶触角。

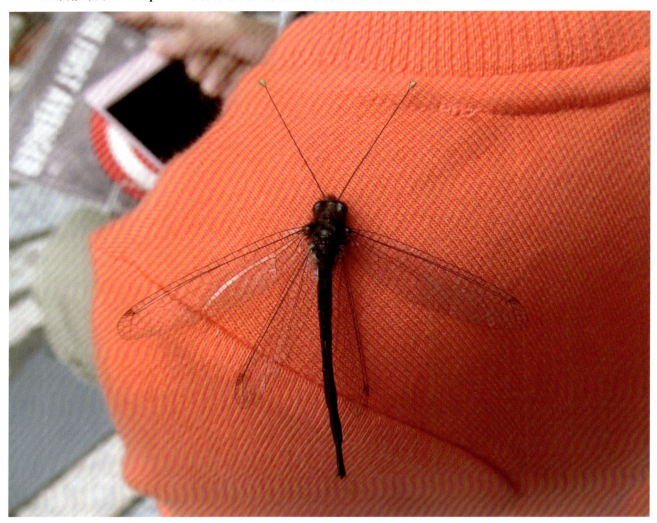

玛蝶角蛉 *Maezous* sp.

黄脊蝶角蛉 *Ascalohybris subjacens*

蝶角蛉幼虫

7. 蚁蛉科 Myrmeleontidae：形似蟌，触角短棒形，小于 1/3 体长，翅多深色斑。幼虫称蚁狮，在沙土上挖筑陷阱，捕蚂蚁等。该科是脉翅目最大的科，世界已描述了 2000 多种，中国已记录 33 属约 100 种。

幼虫在沙土上挖筑的漏斗状捕虫陷阱

黑斑距蚁蛉 *Distoleon nigricans*

捕虫陷阱中的蚁狮幼虫

白云蚁蛉 *Paraglenurus (Glenuroides) japonicus*

第五十二章
鞘翅目

学名：Coleoptera
中名：甲虫、硬壳虫、象鼻甲
英名：beetle、weevil

一、形态特征

- 体微小至巨大，体壁硬；
- 口器咀嚼式；
- 前胸发达，中胸背观仅见小盾片；前翅鞘翅，后翅膜翅，休息时折叠于鞘翅下。

巨黑鳃金龟 *Holotrichia lata* 起飞状态

二、生物学特性

完全变态（包括复变态）。幼虫有蛃型、蠕虫型、蛴螬型、无足型等，蛹为离蛹。生活于各种生境，具植食性、捕食性、腐食性、粪食性、尸食性等食性。很多植食性的种类如马铃薯甲虫是重要的农林害虫；而很多捕食性的如瓢虫，是农林害虫的重要天敌，广泛被用于害虫生物防治；有些如斑蝥是药用昆虫，很多漂亮的甲虫是观赏昆虫。

柳蓝叶甲 *Plagiodera versicolora* 生活史

四纹豆象 *Callosobruchus maculatus* 生活史

三、分类

鞘翅目是昆虫纲，也是动物界最大的一个目，世界已知约 386 755 种，中国已知 35 000 余种。一般分 4 个亚目，包括 170 余科，常见的有 30 余科。

藻食亚目 Myxophaga： 体极小（<1mm），触角的棒状部分 3 节，生活于潮湿的溪边岩石、小水坑、泥土中，取食藻类，很少见。

原鞘亚目 Archostemata： 体长，两侧平行；触角丝状 11 节，前胸有大而坚硬的裸露侧板，有背侧缝，翅上有网状刻纹。仅包括 1 个总科（长扁甲总科 Cupedoidea），4 个科，见于树皮下或腐木中。全世界已知不足 50 种，浙江分布有长扁甲科的天目叉长扁甲 *Tenomerga tianmuensis*。

天目叉长扁甲 *Tenomerga tianmuensis*（原鞘亚目）

1000μm

肉食亚目 Adephaga： 后足基节固定于腹板，且斜生，将第 1 腹板分为左右 2 片；前胸有背侧缝。捕食性，包括步甲、虎甲、豉甲、龙虱等。

有背侧缝

基节

第1腹板

无背侧缝

第1腹板

步甲（肉食亚目）　　　　　　　　　　　　　　　金龟甲（多食亚目）

多食亚目 Polyphaga： 后足基节活动，横生于第 1 腹板基节窝内，第 1 腹板不被分成 2 片；前胸无背侧缝，翅上无网状刻纹。食性复杂，是最大的亚目，包括瓢虫、天牛、叶甲、金龟甲、象甲、隐翅虫等。

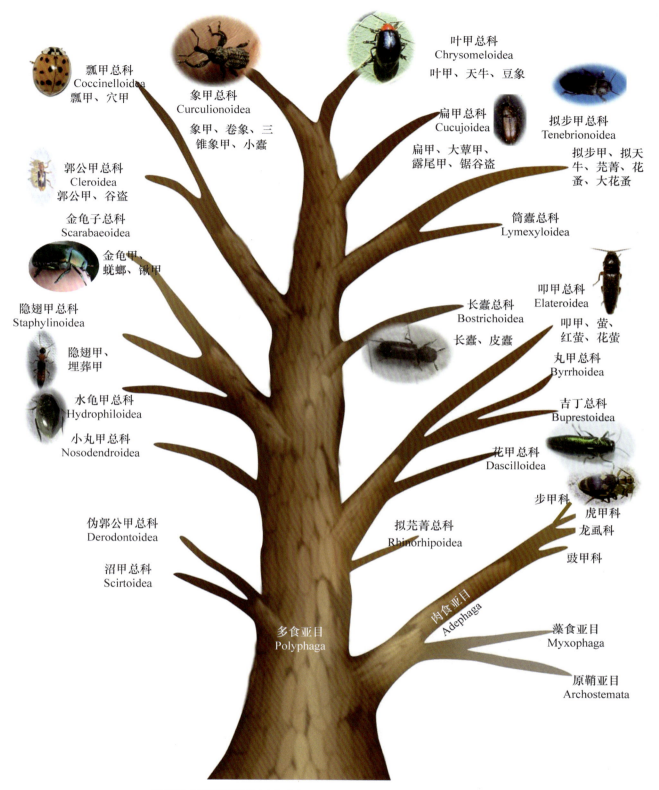

鞘翅目主要类群进化树（改自 Mckenna et al., 2019; Zhang et al., 2018）

（一）肉食亚目 Adephaga

1. 步甲科 Carabidae：长椭圆形，略扁；前口式，头常比前胸狭，触角生于唇基两侧，两触角间距大于上唇宽；后胸腹板有一横沟，在基节前划分出基前片，足为步行足，善于快速爬行，多陆生。世界已知约 2.5 万种，中国约 800 种，多捕食各种小动物，包括软体、环节动物。硕步甲、拉步甲等是国家二级重点保护野生动物。

耶屁步甲 *Pheropsophus jessoensis*

双斑青步甲 *Chlaenius bioculatus*

硕步甲 *Carabus davidis*

拉步甲 *Carabus lafossei* 幼虫

步甲 *Carabus sp.*

拉步甲 *Carabus lafossei* 成虫

2. 虎甲科 Cicindelidae：体圆筒形，下口式，头比前胸略宽，复眼突出，触角生于唇基后额区（触角间距小于上唇宽）。捕食各种小动物。

离斑虎甲 *Cosmodela separata*

星斑虎甲 *Cylindera kaleea*

绿丽七齿虎甲 *Heptodonta posticalis*

长胸缺翅虎甲 *Tricondyla pulchripes*

锚纹虎甲 *Abroscelis anchoralis*

离斑虎甲头部

3. 棒角甲科 Paussidae：体长 5-13mm，黑褐色或红褐色带黑色斑；头约与前胸等宽；触角 2 节，第 2 节片状膨大，有的触角 10-11 节，第 3/4 节至端部逐膨大；前胸基部窄，鞘翅两侧平行，端钝圆；跗节式 5-5-5。多生活于蚁巢中，幼虫捕食性。有的分类将该科归属于步甲科。

大卫圆角棒角甲 *Platyrhopalus davidis*

4. 豉甲科 Gyrinidae：体多黑色、蓝黑或绿；触角短，不及前胸，第 2 节膨大，端数节成棒状；每只复眼分上下 2 个，虫体浮在水面时，水面上下各 1 对复眼；前胸背板和鞘翅侧缘形成圆弧状流线形。生活于水面捕食小虫。

圆豉甲 *Dineutus* sp.　　　　长唇豉甲 *Porrorhynchus* sp.

5. 龙虱科 Dytiscidae：体流线形，光滑；后足为游泳足，雄虫前足基部 3 跗节成吸盘（抱握足）。成幼虫均水生，捕食水中生物，可为害鱼苗。黄缘龙虱在广东等地被用作菜肴。

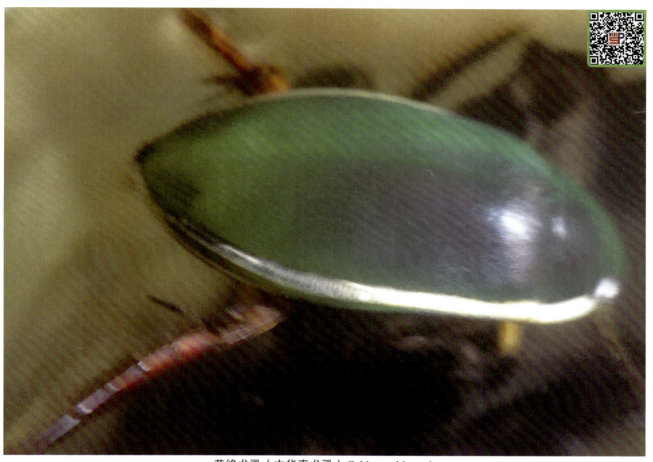

黄缘龙虱（中华真龙虱）*Cybister chinensis*

黄条斑龙虱 *Hydaticus bowringii*

（二）多食亚目 Polyphaga

6. 吉丁虫科 Buprestidae：成虫铜色、蓝色、绿色或黑色有金属光泽。触角 11 节，多锯齿状；前胸腹面有 1 楔形突，嵌入中胸，不能活动，前胸背板两后角钝，背面与鞘翅间不凹入，在一弧面上。成虫植食花芽，幼虫钻蛀树木。幼虫无足型，体扁细长，白色，前胸扁阔如头，背腹面均骨化。幼虫是蛀干型害虫，为害严重时可让树皮爆裂，枝干枯死，故又称"爆皮虫"。吉丁虫成虫多有艳丽的金属光泽，"吉丁"虫名就是来源于金属发出的声音。全世界已知 1.3 万种，分属于 12 个亚科。中国已知 9 个亚科 450 余种。

脊吉丁 *Chalcophora* sp.

艾古利吉丁虫
Endelus sp.

白蜡窄吉丁虫
Agrilus planipennis

绿翅细长吉丁虫
Coroebus hastanus ephippiatus

柑橘吉丁虫（柑橘爆皮虫）
Agrilus auriventris 幼虫

7. 叩甲科 Elateridae：褐、黑或绿色，有的有金属光泽。前胸腹面中央有 1 楔形突，可活动，借此弹跳、发音。前胸背板两后角尖，背板与鞘翅相接处凹下。成虫植食花芽。幼虫称金针虫，蠕虫型，前口式，上唇退化，腹末有成对刺突（臀叉）和伪足，气门双孔式，是地下害虫。

丽叩甲 *Campsosternus auratus*

眼纹斑叩甲 *Cryptalaus larvatus*

楔形突

双瘤槽缝叩甲 *Agrypnus bipapulatus*

叩甲幼虫（金针虫）

8. 萤科 Lampyridae：前胸背板平板状，头部隐藏在前胸背板下，腹末有发光器（求偶信号），雌虫常无翅。有的卵、幼虫、蛹也能发弱光。成虫常不取食，幼虫水生，捕食蜗牛、蛞蝓等。萤火虫也是重要的观赏昆虫。

黄胸窗萤 *Pyrocoelia rubrothorax*

宽缘窗萤 *Pyrocoelia analis*

窗萤 *Pyrocoelia* sp.

端黑萤 *Abscondita chinensis*

窗萤 *Pyrocoelia* sp. 的无翅雌成虫

萤的幼虫在取食水螺

9. 花萤科 Cantharidae：体长形，两侧平行；头和前胸背板多方形，触角线形 11 节，少数锯齿形；鞘翅软，有的短翅。跗节式 5-5-5。植食性或捕食性。

胶州异花萤 *Lycocerus kiontochananus*

皱青丽花萤 *Themus rugosocyaneus*

隐翅菊虎 *Ichthyurus sp.*

李氏丽花萤 *Themus (Haplothemus) licenti*

10. 红萤科 Lycidae：体扁平，两侧近平行，多红色；头下弯；前胸背板三角形，多凹陷和隆起；鞘翅上有纵脊和刻点。跗节式 5-5-5。植食也访花。

红翅红萤 *Xylobanellus sp.*

短沟红萤 *Plateros sp.*

11. 水龟甲科 Hydrophilidae：体长 0.9-40mm，卵圆形，多黑色、褐色。外形似龙虱，背面光滑且隆起显著。触角6-9节，端部3-4节膨大，下颚须线状与触角等长或更长；胸部腹板中央常有1条长的针状突。成虫和幼虫多水生，成虫有趋光性；成虫多腐食，幼虫多捕食。

大水龟 *Hydrophilus acuminatus*

水龟甲

水龟甲

12. 隐翅甲科 Staphylinidae：体细长略扁，两侧平行，腹部可向背弯曲，前翅后面一般露出 7-8 腹节，多杂食性，也有的捕食小虫或寄生蝇蛹。

梭毒隐翅虫 *Paederus fuscipes*

突眼隐翅虫 *Stenus* sp.

隐翅虫

菲隐翅虫 *Philonthus* sp.

13. 埋葬甲科 Silphidae：触角锤状，鞘翅后端有时平截，露出 1 或 2 个（极少 4 个）腹节背板。以动物尸体为食，也有捕食蜗牛、蝇蛆、蛾类幼虫或为害植物者。世界已知有 14 属 175 种，中国 50 余种。

尼泊尔埋葬甲 *Nicrophorus nepalensis*

红胸丽埋甲 *Necrophila brunnicollis*

黑负葬甲（大黑埋葬甲）*Nicrophorus concolor*

滨尸埋甲 *Necrodes littoralis*

14. 锹甲科 Lucanidae：体中大型，前口式，触角在鳃角类中很特别，叶片状不发达，不能像金龟甲的触角一样开合，其端部 3-6 节向一侧延伸呈栉状，整个触角肘状；下唇不明显，不能活动；性二型明显，雄性上颚极发达。幼虫多取食朽木，是重要观赏昆虫。

褐黄前锹甲 *Prosopocoilus astacoides*

巨扁锹甲（巨锯锹甲）*Serrognathus (Dorcus) titanus*

彩虹锹甲 *Phalacrognathus muelleri*

15. 黑蜣科 Passalidae：体中型，长扁；头前口式，头部背面常凹凸不平，有多个突起，触角 10 节，常弯曲，端部 3-6 节向一侧延伸呈栉状，上唇明显；前胸盾片发达，小盾片不见，鞘翅上纵沟明显；腹部背面全被鞘翅覆盖。幼虫取食朽木。

大黑蜣 *Aceraius* sp.

格瑞大黑蜣 *Proculus goryi*

黑蜣

16. 金龟甲科 Scarabaeidae：触角鳃形，触角叶状片发达，能合成实心锤；前足开掘足，后足多着生于体中部，气门至少露出 1 对。成虫除蜣螂粪食性外，多植食性，幼虫蛴螬型，地下害虫或取食腐木。常见以下几亚科：鳃金龟甲亚科（足两爪等长）、丽龟甲亚科（体具金属光泽，两爪不等长）、花金龟甲亚科（中胸小盾片长大于宽）、犀金龟亚科（前胸背板上有犀角状突起）、臂金龟亚科（前足极长，尤其雄性）、蜣螂亚科（头前口式，前端铲状，小盾片不可见，后足基节着生位置靠近体后端）。

雌 雄

大云斑鳃金龟 *Polyphylla laticollis*

黑绒金龟子 *Serica (Maladera) orientalis*

华北大黑鳃金龟 *Holotrichia oblita*

鳃金龟亚科 Melolonthinae

丽罗花金龟 *Rhomborrhina resplendens*

东方星花金龟 *Protaetia orientalis*

绿奇花金龟 *Agestrata orichalca*

黄粉鹿花金龟 *Dicronocephalus wallichi*

乌干达花金龟 *Mecynorhina torquata ugandensis*

花金龟亚科 Cetoniinae

阳彩臂金龟雌

阳彩臂金龟幼虫

阳彩臂金龟 *Cheirotonus jansoni*

臂金龟亚科 **Euchirinae**

铜绿异丽金龟 *Anomala corpulenta*

青铜金龟 *Anomala expansa*

无斑弧丽金龟 *Popillia mutans*

蓝边矛丽金龟 *Callistethus plagiicollis*

中华弧丽金龟 *Popillia quadriguttata*

彩丽金龟 *Mimela* sp.

丽金龟亚科 Rutelinae

双叉犀金龟 *Allomyrina dichotoma*

南洋大兜虫 *Chalcosoma caucasus*

犀金龟亚科 Dynastinae

神农蜣螂 *Catharsius molossus*

巨蜣螂 *Heliocopris* sp.

黑裸蜣螂 *Paragymnopleurus melanarius*

蜣螂亚科 Scarabaeinae

17. 皮蠹科 Dermestidae： 体椭圆形，被鳞片和毛，触角短棒状，置于前胸下沟内，后足基节扁阔，能嵌入腿节。许多种类是仓储害虫。

花斑皮蠹 *Trogoderma variabile*

白腹皮蠹 *Dermestes maculatus*

小圆皮蠹 *Anthrenus verbasci*　　　　　　100μm

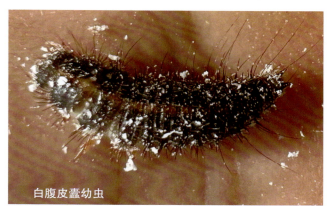

白腹皮蠹幼虫

18. 长蠹科 Bostrychidae： 前胸背板帽状，盖住头部，上有排成同心环颗状突。幼虫蛴螬型。许多种类是仓储害虫。

谷蠹 *Rhyzopertha dominica*

1000μm

双棘长蠹 *Sinoxylon anale*

1000μm

双钩异翅长蠹
Heterobostrychus aequalis

烟草甲 *Lasioderma serricorne*

19. 窃蠹科 Anobiidae：体小，卵圆与长椭圆形，红褐与褐色，体密被半竖立毛；触角 10-11 节，少数 8-9 节，锯齿状、栉齿状与棒状。前胸背板常隆起帽状，盖住头部，前足基节球形。多种为仓储害虫。

20. 郭公虫科 Cleridae：体小至中型，长形，体表具竖毛。触角 11 节，多棒状，前胸背板多数长大于宽，表面有隆起和凹洼，鞘翅两侧平行，表面多密长毛。跗节式 5-5-5，1-4 节均双叶状。幼虫多为捕食性。

奥郭公虫 *Opilo* sp.

杜丽郭公甲 *Callimerus dulcis*

1000μm

大谷盗 *Tenebroides mauritanicus*

21. 谷盗科 Trogossitidae：触角棒形，前胸背板两前侧角前突，后侧与鞘翅间呈颈状。大谷盗成虫捕食性，幼虫为仓储害虫。属于郭公虫总科。

388

22. 瓢甲科 Coccinellidae：体多半球形，触角棒形，跗节拟 3 节，有假死习性。著名天敌，捕蚜、蚧等；毛瓢虫植食性，如二十八星瓢虫。

七星瓢虫 *Coccinella septempunctata*

茄二十八星瓢虫 *Henosepilachna vigintioctopunctata*

瓢虫第 3 跗节隐于双叶状的第2跗节基部

① ③ ② ④

异色瓢虫 *Harmonia axyridis*

幼虫

红颈盘瓢虫 *Lemnia melanaria*

红点唇瓢虫 *Chilocorus kuwanae*

红点唇瓢虫蛹

23. 穴甲科 Bothrideridae：体鞘坚硬；头凹入胸内，触角短小，11 节，端部膨大呈扁球状，基节膨大；头和前胸密布小刻点；跗节式 4-4-4。幼虫寄生天牛、吉丁虫、木蜂等。目前花绒寄甲已经人工繁殖用于天牛防治。该科属于瓢甲总科。

花绒寄甲 *Dastarcus helophoroides*

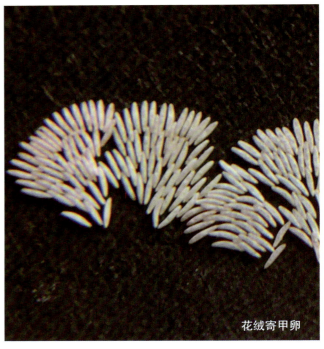

花绒寄甲卵

24. 伪瓢甲科 Endomychidae：体长 1-8mm；椭圆形，背隆起；头大部位于前胸背板下；触角 11 节，端部 3 节膨大成棒状；前胸背板两前角突出；侧缘具折边；鞘翅两侧弧形；跗节拟 3 节。多食菌性。属于扁甲总科。分子进化分析表明该科部分亚科应该归属于瓢甲总科，部分亚科属于扁甲总科。

四斑原伪瓢虫 *Eumorphus quadriguttatus*

25. 筒蠹科 Lymexylidae：体细长，软；复眼硕大，触角 11 节；雄虫的下颚须特化呈单栉状或辐射状；前胸背板长大于宽，鞘翅有长翅和短翅两种类型；短翅型鞘翅长约等于前胸，后翅发达，跗节式 5-5-5。在枯木中生活，晚上具趋光性。

雄虫的下颚须

阿筒蠹 *Arractoerus* sp.

26. 扁谷盗科 Laemophloeidae：触角棒状不明显（近线状或念珠状），前胸背板多倒梯形，两侧还常有与边缘平行的沟；跗节 5 节。长角扁谷盗等为仓库害虫。属于扁甲总科。

扁谷盗 *Cryptolestes* sp.

27. 大蕈甲科 Erotylidae：体长 3-25mm，长卵形；头明显，触角 11 节，端 3 节膨大成棒状；额区与唇基合并；上唇窄长；前胸背板侧缘具折边；鞘翅盖住腹端，翅面多具纵行刻点，跗节式 5-5-5。多菌食性。属于扁甲总科。

黄带艾蕈甲（蓝斑蕈甲）*Episcapha flarosciata cheni*

拟叩甲亚科 Languriinae 或
单独设拟叩甲科 Languriidae

福周艾蕈甲 *Episcapha fortunii*

大拟叩甲 *Tetralanguria collaris*

28. 露尾甲科 Nitidulidae：体长 1-18mm，倒卵圆形至长形，多淡褐色至近黑色；头显露，上颚宽，强烈弯曲。腹末端 2-3 节背板外露。成虫和幼虫生活于谷物、花卉等。属于扁甲总科。

瓜花上的露尾甲 *Haptoncus* sp.

29. 锯谷盗（细扁甲）科 Silvanidae：前胸背板上有 3 脊，两侧常各有 5-6 齿。锯谷盗等是仓储害虫。属于扁甲总科。

锯谷盗 *Oryzaephilus surinamensis*

30. 芫菁科 Meloidae：体翅软，鞘翅末端不能合并，前胸似颈状，跗节式 5-5-4，每爪分裂为 2 个。著名复变态，幼虫土下生活，取食蝗虫卵等。成虫以豆科植物为食，如豆芫菁。芫菁血液中含斑蝥素，极毒，可药用。

大斑芫菁 *Mylabris phalerata*

每爪分裂为2个

100μm

豆芫菁 *Epicauta* sp.

丝发绿芫菁 *Lytta sifanica*

马氏豆芫菁 *Epicauta makliniana*

31. 拟步甲科 Tenebrionidae：形似步甲，但下口式，触角棒形，跗节式 5-5-4，多腐食性。幼虫似金针虫，但上唇存在，腹末无成对刺突和伪足，只 1 个尾突。种类繁多，赤拟谷盗、黄粉虫为仓储害虫，网目拟地甲为地下害虫。

黄粉虫 *Tenebrio molitor*

树甲（长回木虫）*Strongylium* sp.

土甲 *Gonocephalum* sp.

喙尾琵琶甲 *Blaps rynchopetera* 成虫（药用昆虫）

喙尾琵琶甲幼虫

尖匣朽木甲 *Cistelomorpha apicipalpis*

黑拟缘腹朽木甲 *Cistelomorpha nigripilis*

白朽木甲 *Cistelomorpha* sp.

朽木甲亚科 **Alleculinae**

天蓝刻胸伪叶甲 *Aulonogria coerulescens*

红胸沟伪叶甲 *Bothynogria ruficollis*

伪叶甲亚科 **Lagriinae**

397

32. 花蚤科 Mordellidae：体小至中型；触角 11 节，末端略粗或锯齿状；前胸背板前缘窄；鞘翅前端与前胸后部等宽，前端有隆起的背，后端渐窄，驼背状和流线状体形；后足善跳跃；体末端尖。跗节式 5-5-4，属于拟步甲总科。成虫喜生活于伞形花科植物，幼虫多植食草茎或朽木真菌。

花蚤

带花蚤 *Glipsa* sp.

33. 大花蚤科 Rhipiphoridae：体小至中型；与花蚤科一样具驼背状和流线状体形，但雄性触角栉状、扇状或锯状，雌性触角锯齿状；腹末端缺尖刺。足瘦长，胫节末端有大距刺。跗节式 5-5-4，属于拟步甲总科。大多栖息在蜂巢内，是胡蜂、地花蜂、土蜂等幼虫的寄生性天敌。蠊花蚤寄生于蜚蠊体内。

双带凸顶花蚤 *Macrosiagon bifasciata*

噬蜂大花蚤族 Macrosiagonini

34. 拟天牛科 Oedemeridae：体长 5-20mm，细长，似天牛，头倾斜，触角线形，多 11 节；前胸长大于宽，鞘翅宽于前胸，与天牛不同的是其跗节式为 5-5-4，属于拟步甲总科。幼虫多栖于潮湿的枯木内，成虫喜访花。

拟天牛 *Nacerdes* **sp.**

瓦特短毛拟天牛 *Nacerdes (Xanthochroa) waterhousei*

黑尾拟天牛 *Nacerdes melanura*

拟天牛

35. 叶甲科 Chrysomelidae：体形多变，似天牛、瓢甲、萤、豆象等。复眼球形，上颚粗短，触角多线形，小于体长的 2/3。跗节拟 4 节。幼虫寡足型，形态多变，单眼 6 对。成虫和幼虫均植食性，取食叶片，如小猿叶甲、黄守瓜、黄叶甲、蓝叶甲。

黄足黑守瓜 *Aulacophora lewisii*

十星瓢萤叶甲 *Oides decempunctata*

核桃扁叶甲 *Gastrolina depressa*

宽缘瓢萤叶甲 *Oides maculatus*

叉趾铁甲 *Dactylispa* sp.

稻铁甲 *Dicladispa (Hispa) armigera*

铁甲亚科 Hispinae

波纹扁角肖叶甲 *Platycorynus undatus*

黑额光叶甲 *Smaragdina nigrifrons*

肖叶甲亚科 Eumolpinae

分爪负泥虫 *Lilioceris* sp.

紫茎甲 *Sagra femorata*

负泥虫亚科 Criocerinae

幼虫
蛹
成虫

大锯龟甲 *Basiprionota chinensis* 幼虫、蛹和成虫

甘薯梳龟甲 *Aspidomorpha furcata*

梳龟甲 *Aspidomorpha* sp.

甘薯蜡龟甲
Laccoptera guadrimaculata

褐刻梳龟甲 *A. fuscopunctata*

甘薯小绿龟甲 *Taiwania (Cassida) circumdata*

龟甲亚科 Cassidinae

36. 天牛科 Cerambycidae：触角长于体长，复眼肾形，围于触角的基部，上颚长而尖，前胸颈状，常有刺突和疣。跗节拟 4 节。幼虫蛀树干，无足型，前胸大，仅背面骨化，中后胸和腹部各节背面有步泡突。属于叶甲总科。

复眼围绕触角基部

幼虫

星天牛 *Anoplophora chinensis*

弧斑红天牛 *Erythrus fortunei*

长牙土天牛 *Dorysthenes walkeri*

双纹薄翅天牛 *Embrikstrandia bimaculata*

黄星天牛 *Psacothea hilaris*

木棉丛角天牛 *Diastocera wallichi*

锈斑白条天牛 *Batocera numitor*

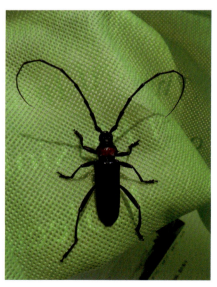

长颈鹿天牛 *Macrochenus guerini*

图纹虎天牛 *Chlorophorus graphus*

桃红颈天牛 *Aromia bungii*

37. 豆象科 Bruchidae：体卵圆形，复眼肾形围绕触角基部，头下延呈短吻状，触角棒形、锯齿形或栉形，跗节拟 4 节，腹末露出鞘翅外。幼虫无足型，半头式，体粗短略弯，气门单孔式。植食性，为害豆科种子，如绿豆象、蚕豆象等。属于叶甲总科。

四纹豆象 *Callosobruchus maculatus*

蚕豆象 *Bruchus rufimanus*

四纹豆象 *Callosobruchus maculatus* 为害状

绿豆象 *Callosobruchus chinensis*

38. 象甲科 Curculionidae：头部常延长成喙状，无咽片，上唇退化，触角槌形＋膝形，前胸筒形；跗节拟 4 节。幼虫无足型，显头式，气门双孔式。植食性。象甲科是鞘翅目最大的一个科，已知 6 万多种。

大绿象甲 *Hypomeces squamosus*

红棕象甲 *Rhynchophorus ferrugineus*

食芽象甲 *Pachyrhinus* sp.

条斑棕象甲 *Rhynchophorus vulneratus*

甘薯长足象甲 *Alcidodes waltoni*

米象 *Sitophilus oryzae*

39. 卷象科 Attelabidae：体小中型，多色艳，有的具金属光泽；头长倒三角筒形，头和喙前伸，触角不呈膝状，末 3 节呈棒状；前胸明显小于鞘翅，端部收窄，足腿节大，胫节弯曲。雌虫能切叶卷成筒状，卵产于卷筒内，幼虫以筒巢为食；或能钻蛀果实，卵产于果中，幼虫为害果实。

长颈卷象甲 *Paratrachelophrous* sp.

斑卷象甲 *Agomadaranus* (*Paroplapoderus*) sp.

蔷薇卷象甲 *Compsapoderus* (*Apoderus*) sp.

姬瘤卷象甲成虫

姬瘤卷象甲 *Phymatapoderus latipennis* 卷叶状

40. 三锥象甲科 Brentidae：体细长，头和喙细长前伸，与前胸长度相等，鞘翅盖住腹末。也有的分类系统将梨象和蚁象单独列为科。

雌

雄

韦氏三锥象甲 *Prophthalmus wichmanni*

梨象 *Piezotrachelus sp.*（有的单列为梨象科 Apionidae）

甘薯小象甲 *Cylas formicarius*（或单列为蚁象甲科 Cyladidae）

纵带三锥象甲 *Hormocerus sp.*

41. 小蠹科 Scolytidae：喙短宽，触角短，槌形＋膝形；前胸帽状，盖住头大部分，形似长蠹科，胫节有齿。小蠹在树皮下为害，常一雄一雌或一雄多雌共同生活，为许多林木重要害虫。

对粒材小蠹 *Xyleborus perforans*

红长小蠹 *Platypus* sp.

凹缘材小蠹 *Xyleborus emarginatus*

小蠹为害在树干形成母子坑道

学名：Strepsiptera
中名：捻翅虫、蝙
英名：twisted-wing parasite

一、形态特征

- 体微小，长 0.5-4.0mm，雌雄异型；
- 雄虫口器咀嚼式，退化；触角 4-7 节，某些触角节上有一长侧枝；前翅退化成拟平衡棒，后翅大呈扇形，脉放射状，跗节 2-5 节；
- 雌性幼虫式，多无眼、无触角、无翅及足。多终身寄生，腹部有按节排列生殖孔。

稻虱跗蝙 *Elenchus japonicus* 雄虫（何佳春摄）

二、生物学特性

复变态，1 龄蚋型，2 龄蛴螬型，3 龄后化蛹。主要寄生膜翅目、半翅目昆虫。

三、分类

世界已知 600 余种，中国已知 28 种。据雄虫跗节、触角分类，可分 4-11 科。寄生黑尾叶蝉的有二点栉蝙 *Halictophagus bipunctatus*，寄生飞虱的有稻虱跗蝙 *Elenchus japonicus*。

寄生位置

白背飞虱上寄生的稻虱跗蝙 *Elenchus japonicus*

稻虱跗蝙雌虫

第五十四章
双翅目

学名：Diptera

中名：蝇、虻、蚊

英名：fly、house fly、horsefly、mosquito

一、形态特征

- 体小到中型；
- 口器刺吸式、刺舐吸式或舐吸式；
- 翅 1 对膜质，后翅特化为平衡棒，中胸极发达，体多粗刚毛（鬃）。

二、生物学特征

　　完全变态。幼虫无足型（多无毛），显头、半头或无头，蛹为裸蛹或围蛹。幼虫植食性、腐食性和肉食性。成虫多陆栖，多吸取植物汁液、花蜜和动物血液，有的取食腐烂物和动物排泄物。植食性种类有很多为农林害虫，而捕食和寄生的种类不少是害虫天敌。部分蚊类和舌蝇不仅吸血还传播疟疾、锥虫病、病毒病，危害极大。

交配

雌蝇在蚕幼虫表面产卵

寄蝇卵

孵化后寄蝇幼虫钻入蚕表皮留下孔

寄生蚕体内幼虫

蝇幼虫老熟钻出蚕茧

老熟幼虫

寄蝇蛹

蚕追寄蝇 *Exorista sorbillans* 生活史 ▲

双翅目幼虫主要类型 ▶

蚊型　　大蚊型　　摇蚊型　　瘿蚊型　　蝇型　　虻型

三、分类常用特征

1. 头部

复眼的形状和大小，两复眼是连接还是分开；触角形状和节数，触角芒及芒上刚毛分布；口器类型（刺吸或舐吸）；鬃（刚毛）分布；是不是有额囊缝。

复眼的形状和大小，两复眼是连接还是分开；触角形状和节数，触角芒及芒上刚毛分布；口器类型（刺吸或舐吸）；鬃（刚毛）分布；是不是有额囊缝。

单眼

外顶鬃
后顶鬃
内顶鬃
单眼鬃

额眶鬃

新月片
复眼
额囊缝
触角芒
触角

鬚（最粗口鬃）

口鬃

绿蝇 *Lucilia* sp. 头部鬃的分布

触角

额囊，羽化时膨大，帮助新羽化成虫顶开蛹壳，羽化后收缩，留下额囊缝

蝇的额囊

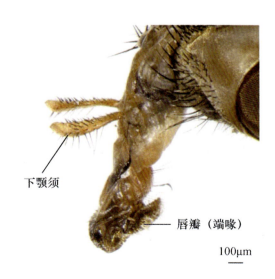

下颚须

唇瓣（端喙）

100μm

蝇的舐吸式口器

413

肩胛
前盾片
盾横沟
后盾片
小盾片
后背片

肩鬃
背侧鬃
肩后鬃
翅内鬃
翅上鬃
中鬃
翅后鬃
背中鬃
小盾鬃

狭颊寄蝇 *Carcelia* sp. 中胸背板

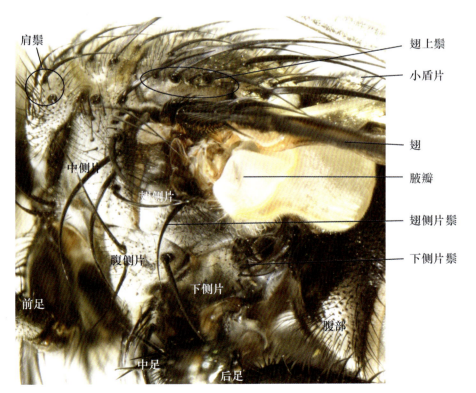

肩鬃
中侧片
翅侧片
腹侧片
下侧片
前足
中足
后足

翅上鬃
小盾片
翅
腋瓣
翅侧片鬃
下侧片鬃
腹部

狭颊寄蝇 *Carcelia* sp. 中胸侧板

2. 胸部

胸部构造及鬃；中胸盾沟有无，形状；小盾片形状；后背片有无和形状；翅基腋瓣有无及翅脉序；爪间突形态（针状或片状）。

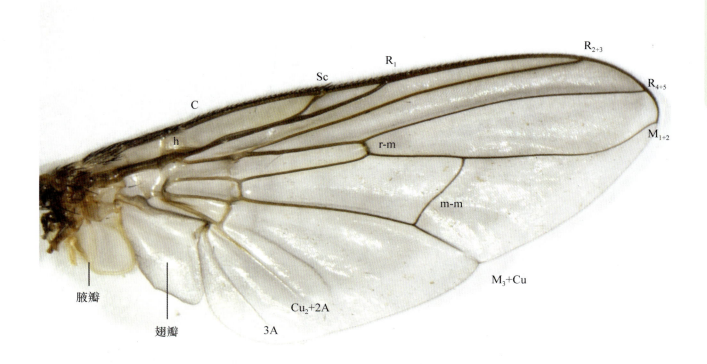

C
h
Sc
R$_1$
R$_{2+3}$
R$_{4+5}$
M$_{1+2}$
r-m
m-m
M$_3$+Cu
Cu$_2$+2A
3A
腋瓣
翅瓣

蝇的脉序

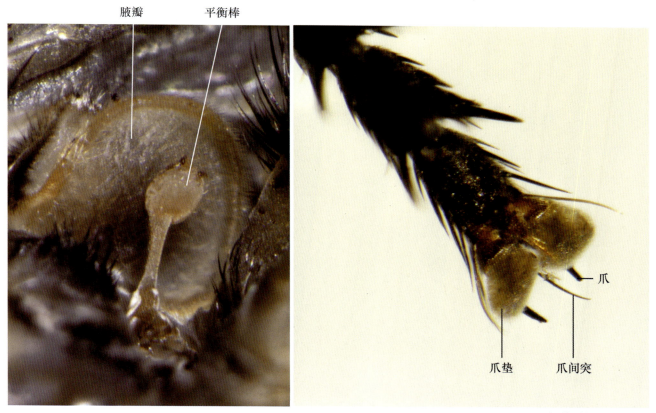

腋瓣   平衡棒

红角棕蝇（裸芒综绳）*Synthesiomyia nudiseta* 平衡棒

爪
爪垫   爪间突

丽蝇的爪间突和爪垫

3. 腹部

可见节数，背腹板形状，腹末成产卵管否。

瓜实蝇 Bactrocera cucurbitae 腹末几节特化成外露产卵管

蝇类腹末平时收缩，图为产卵时伸出状态

雌蝇

雄蝇

裸芒综蝇 Synthesiomyia nudiseta 的雌雄区别

有瓣蝇类腹末不形成产卵管，平时收缩于腹部内，但在产卵时腹部末端几节可以伸长，行使产卵管功能。

四、分类

　　世界已知约 157 971 种，中国已知 18 000 多种，传统上分 2-3 亚目，100 余科，常见的有 20 余科。蚊和虻的蛹为离蛹或被蛹，羽化时蛹从背面纵裂，故又被归为直裂亚目；而蝇的蛹被包藏在最后一龄幼虫形成的蜕壳内，属于围蛹，羽化时蛹壳前端环状裂开，故又被归为环裂亚目。本书暂按传统 3 亚目分类介绍。但长角亚目、短角亚目进化上都还是并系群，需今后研究。

　　长角亚目 Nematocera：体多瘦长，多无单眼，触角长，7 节以上，多达 40 节；刺吸式口器或退化。本亚目统称蚊、蠓、蚋。

　　短角亚目 Brachycera：体粗壮，有单眼，触角短，3-5 节（牛角状、棒状、长刺状，有的端部分成几个亚节，形成坚实的构造）。刺舐式口器或较为退化。统称虻。

　　芒角亚目 Aristocera：体粗壮，有单眼，具芒形触角 3 节，口器多舐吸式。统称蝇。

直裂亚目 **Orthorrhapha**

环裂亚目 **Cyclorrhapha**

蚊的触角和口器（长角亚目）

虻触角和口器（短角亚目）

100μm

蝇触角和口器（芒角亚目）

417

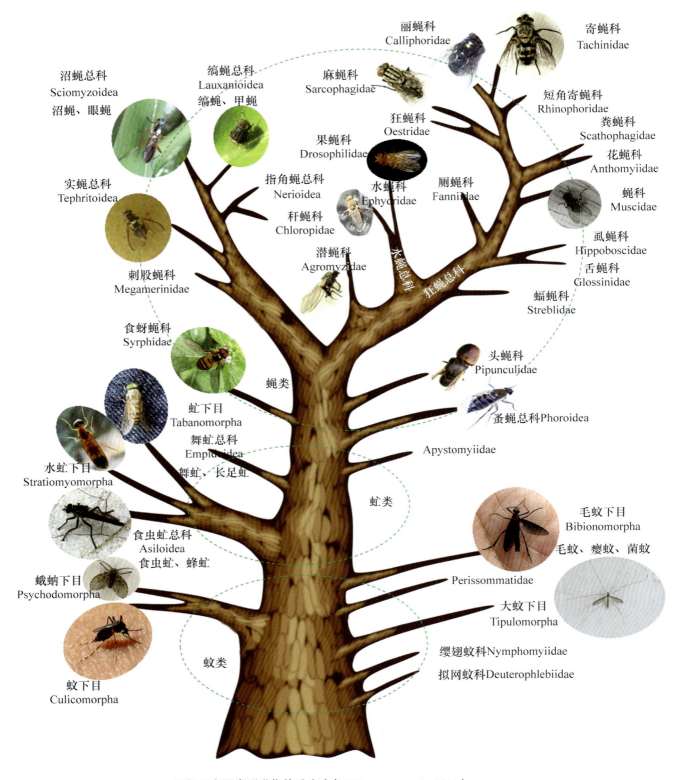

丽蝇科 Calliphoridae

寄蝇科 Tachinidae

麻蝇科 Sarcophagidae

短角寄蝇科 Rhinophoridae

沼蝇总科 Sciomyzoidea 沼蝇、眼蝇

缟蝇总科 Lauxanioidea 缟蝇、甲蝇

狂蝇科 Oestridae

粪蝇科 Scathophagidae

果蝇科 Drosophilidae

花蝇科 Anthomyiidae

实蝇总科 Tephritoidea

指角蝇总科 Nerioidea

水蝇科 Ephydridae

厕蝇科 Fanniidae

蝇科 Muscidae

秆蝇科 Chloropidae

水蝇总科

虱蝇科 Hippoboscidae

刺股蝇科 Megamerinidae

潜蝇科 Agromyzidae

狂蝇总科

舌蝇科 Glossinidae

蝠蝇科 Streblidae

食蚜蝇科 Syrphidae

头蝇科 Pipunculidae

蝇类

虻下目 Tabanomorpha

蚤蝇总科 Phoroidea

舞虻总科 Empidoidea 舞虻、长足虻

Apystomyiidae

水虻下目 Stratiomyomorpha

虻类

毛蚊下目 Bibionomorpha 毛蚊、瘿蚊、菌蚊

食虫虻总科 Asiloidea 食虫虻、蜂虻

Perissommatidae

蛾蚋下目 Psychodomorpha

大蚊下目 Tipulomorpha

蚊类

缨翅蚊科 Nymphomyiidae 拟网蚊科 Deuterophlebiidae

蚊下目 Culicomorpha

双翅目主要类群进化关系（改自 Wiegmann et al., 2011）

（一）长角亚目 Nematocera

30 余科，常见的有大蚊、蚊、摇蚊、蠓等科。

1. 大蚊科 Tipulidae：体小中型；头前端延伸成喙状，口器位于喙末端，较短小，复眼明显，无单眼。触角线形，少数锯齿形或栉形；中胸盾沟 V 形，翅横脉和各纵脉分支多在近翅端部，足细长易落；雄性腹部的端部常明显膨大。幼虫有陆生、水生和半水生，多腐食性，大蚊成虫多不取食。

棘膝大蚊（巨大蚊）*Holorusia* sp.

双斑比栉大蚊 *Pselliophora bifascipennis*（雌）

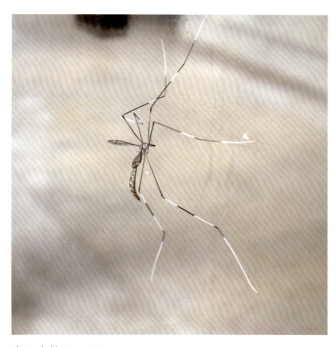

白环大蚊 *Tipulodina* sp.

双斑比栉大蚊 *Pselliophora bifascipennis*（雄）

2. 蚊科 Culicidae：体小，体、翅缘、翅脉上有鳞片，无横脉，触角轮毛形，雄成虫口针退化，雌喙发达；后足特长，休息时上翘。幼虫水生，称孓孑。为四害之首，吸血传病，严重影响人畜健康。世界已知约3000种，中国已知约400种及亚种，共分38属，其中最常见的是按蚊、库蚊和伊蚊3属。

库蚊

500μm

库蚊头部

口针

喙

库蚊口器

蚊科为害最严重的主要是按蚊、伊蚊和库蚊 3 个属。

按蚊属 *Anopheles*：翅上常有斑纹，休息时腹末向后上方斜举，日夜均出，是疟疾媒介。幼虫生活于清流水中。

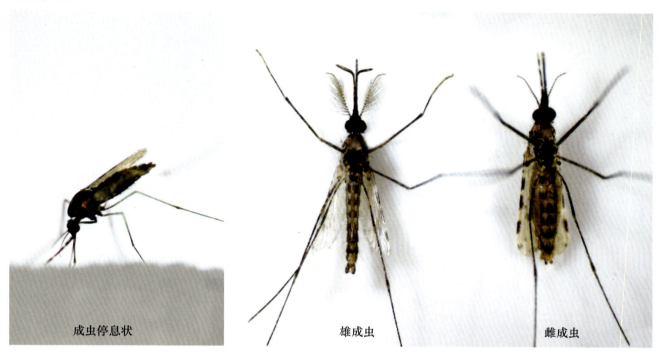

成虫停息状	雄成虫	雌成虫

幼虫　　　　　　　　　　　　卵

蛹

斯氏按蚊 *Anopheles stephensi*（王四宝摄）

伊蚊属 *Aedes*：成虫体、足黑白相间（花蚊），休息时体呈水平状，日出性。幼虫生于清洁积水中，体斜。该蚊会传乙型脑炎病毒。国内常见的种类为白纹伊蚊。

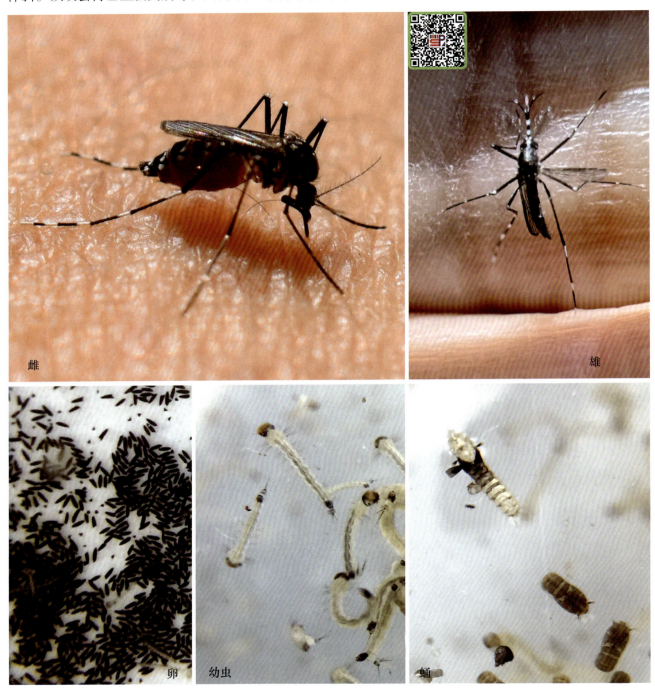

雌　　雄

卵　幼虫　蛹

白纹伊蚊 *Aedes albopictus*

库蚊属 Culex：成虫暗褐色，休息时体呈水平状，翅上无斑纹，夜出性。幼虫生活于污浊积水，尾翘体斜。淡色库蚊是常见吸血蚊子，还传播多种病毒。

雌成虫　雄成虫

卵　幼虫　蛹

淡色库蚊 *Culex pipiens pallens*

3. 摇蚊科 Chironomidae：形似蚊，其与蚊科区别是该科雌雄喙均退化，体和翅无鳞片，前足特长，休息时上举。世界上已知的摇蚊科昆虫约有 5000 种，其幼虫可以在相对缺氧的环境中生活，因为它体内拥有血红素，呈血红色。摇蚊幼虫已成为一种重要的生物资源，它在各类水体中都有广泛的分布，而且数量较大，其生物量常占水域底栖动物总量的 50%-90%，是水体中食物链重要的一环，也是多种鱼、虾、蟹、鳖、龟等的优良天然饵料。

摇蚊 *Chironomus* sp. 雄成虫

摇蚊亚科 Chironominae

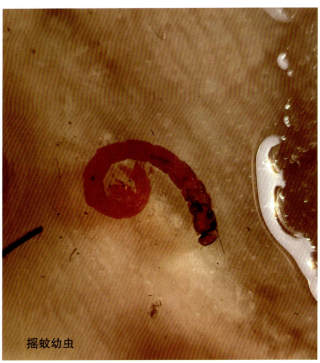

摇蚊幼虫

摇蚊亚科 Chironominae

4. 蠓科 Ceratopogonidae：吸血蠓通常是黑色或深褐色，体长多在 2mm 左右，头部近球形，复眼发达，触角丝状，吸血种类口器发达，但比蚊科的口器短。胸部背面略隆起。产卵于湿润土壤的表面，幼虫生活在腐败有机物和潮湿沃土中。而成蠓平时多栖息于草坪、树林、竹林、杂草、洞穴等避风和避光处，特别是在无风晴天，常有成群的吸血蠓集体活动，攻击人群。俗称"小咬"或"墨蚊"。中国已知300多种，其中 6 属有吸食人类和高等温血动物血液的习性。也有种类吸取其他动物血液，包括其他昆虫的血淋巴。

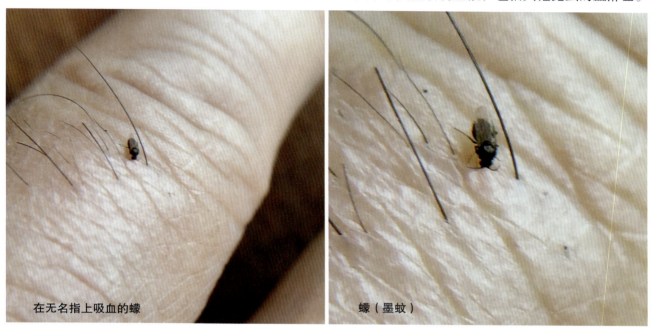

在无名指上吸血的蠓　　　　蠓（墨蚊）

5. 蛾蠓科（蛾蚋科）Psychodidae：微小至小型，多毛或鳞毛；头小而略扁，复眼左右远离，无单眼；触角 12-16 节，与头胸约等长或更长，轮生长毛；下颚须长而曲折，4 或 5 节，多喙短，但吸血性种类喙长。胸部粗大而背面隆突；翅缘和脉上密生细毛，少数还有鳞片，纵脉多而明显，至少有 9 条伸达翅缘。室内常见的有多种蛾蚋，多在下水管道生活，成虫飞停于墙壁上，但不会吸血。白蛉亚科 Phlebotominae 部分属会吸人血和传播黑热病等。

成虫　　　　幼虫

白斑蛾蚋 *Telmatoscopus albipunctata*

6. 毛蚊科 Bibionidae：形态变化较大，触角 8-16 节，常比胸短。翅较大，前缘脉发达，足腿节比长角亚目其他科较短。世界已知约 700 种。幼虫以植物根和腐烂植物为食。

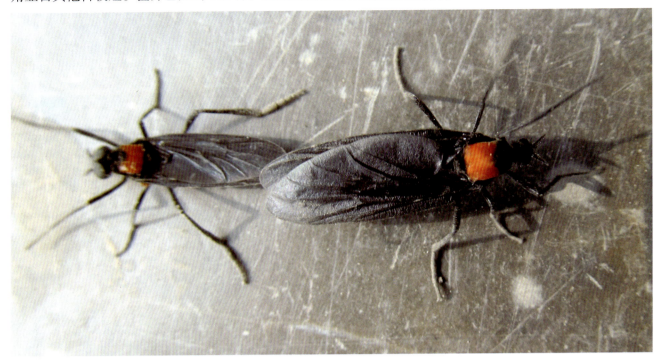

泛叉毛蚊 *Penthetria japonica*

7. 瘿蚊科 Cecidomyiidae：体微小，触角串珠状，环生细毛及环丝；中胸小盾片发达，隆起呈驼峰状，翅仅 3-5 条纵脉。成虫不取食，幼虫植食或捕食蚜、蚧、螨等，或腐食。麦红吸浆虫是小麦重要害虫。

麦红吸浆虫 *Sitodiplosis mosellana*

龙眼叶球瘿蚊 *Dimocarpomyia (Asphondylia)* sp.

8. 菌蚊科 Mycetophilidae：体小，多侧扁；触角多16节，胸部粗壮，翅脉上多毛，足多细长。

折翅菌蚊 *Allactoneura* sp.

（二）短角亚目 Brachycera

约19科，常见的有虻、食虫虻、水虻等科。

9. 小头虻科 Acroceridae：头较小，胸部大而近直角驼背。

黑蒲寡小头虻 *Oligoneura (Philopoda) nigroaenea*

10. 虻科 Tabanidae：体长 5-26mm，粗壮，略扁；雄性复眼大，左右接眼，雌性离眼，复眼上常有各种斑纹；触角 3 节，牛角状，鞭节分为 2-7 亚节；刺舐式口器。翅宽大，前缘脉包围全翅缘，翅中央有六角形中室；足爪间突片状。雌成虫吸人畜血；雄虫上颚退化，吸花蜜；幼虫水生、湿生，腐食或取食小动物。

伊豫弘虻 *Hirosia (Tabanus) iyoensis*

虻 *Tabanus* sp.

中华麻虻 *Haematopota sinensis*

虻 *Tabanus* sp.

虻 *Tabanus* sp.

虻 *Tabanus* sp.

11. 水虻科 Stratiomyidae：体长 2-25mm，细长或粗壮，体色常鲜艳；头部较宽，触角鞭节分 5-8 亚节，翅有明显五边形中室。成虫喜在垃圾堆附近飞行，幼虫腐食。目前黑水虻已大量人工养殖，用于处理城市厨卫垃圾。

金黄指突水虻 *Ptecticus aurifer*

黑水虻 *Hermetia illucens*

脉水虻 *Oplodontha* sp.

红斑瘦腹水虻 *Sargus mactans*

人工繁殖的黑水虻幼虫

12. 食虫虻科（盗虻科）Asilidae：体中大型，多圆锥形；触角具刺形，3 节；足多长毛，爪间突针状，适捕食。成虫捕食其他昆虫，幼虫生湿处，腐食。属于食虫虻总科。

微芒食虫虻 *Microstylum* sp.

叉胫食虫虻 *Promachus* sp.

大琉璃食虫虻 *Microstylum oberthurii* 在捕食花金龟

13. 蜂虻科 Bombyliidae： 体长 1-30mm，多毛；喙常细长（长吻虻），拟熊蜂、蜜蜂和姬蜂，故名。成虫喜光，常访花，幼虫多为蜂类和其他昆虫外寄生。属于食虫虻总科。

北京斑翅蜂虻 *Hemipenthes beijingensis*

白斑蜂虻 *Bombylella* sp.

姬蜂虻 *Systropus* sp.

姬蜂虻 *Systropus* sp.

坦塔罗斯丽蜂虻（黑翅丽蜂虻）*Ligyra tantalus*

越蜂虻 *Petrorossia* sp.

14. 舞虻科 Empididae： 体长 4-5mm，复眼发达，接眼式；触角芒细长；胸部背面明显驼峰状隆起。幼虫在土中或水中，成虫捕食性。

舞虻

15. 长足虻科 Dolichopodidae： 体多金绿色，头宽大于胸；足细长，多鬃，腹末尖细。幼虫常见于泥土、腐败植物和水中，成虫捕食小虫。属舞虻总科。

长足虻

直纹金长足虻 *Chrysosoma vittatum*

（三）芒角亚目 Aristocera

80 余科，可以根据头部是否有额囊缝，分为有缝组和无缝组。

无缝组 Aschiza： 无额囊缝。包括食蚜蝇、头蝇等 10 余科。

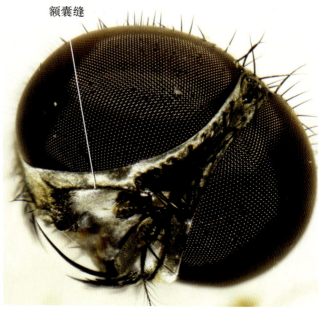

食蚜蝇无额囊缝

蝇有额囊缝

有缝组 Schizophora： 有额囊缝，包括大多数蝇类。有缝组可以根据是否有腋瓣（翅基鳞）进一步分为无瓣类 Acalyptratae 和有瓣类 Calyptratae。

- **无瓣类 Acalyptratae：** 无腋瓣，盾沟不明或中断。包括实蝇、果蝇、潜蝇、秆蝇、水蝇等。
- **有瓣类 Calyptratae：** 腋瓣发达，盖住平衡棒，中胸盾沟明显。包括寄蝇、麻蝇、丽蝇、蝇、花蝇等。

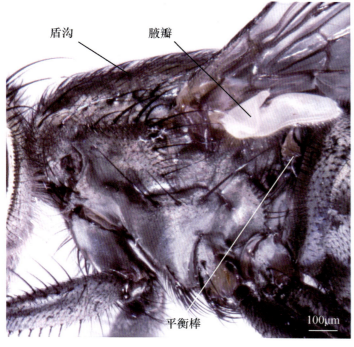

寄蝇有腋瓣

腰角蚜蝇 *Sphiximorpha* sp. 无腋瓣

16. 食蚜蝇科 Syrphidae：体中小型，有鲜明黄纹，拟蜜蜂；翅外缘有和边缘平行横脉，R、M 之间有一假脉。成虫食花蜜，幼虫捕食蚜等小虫或腐食、粪食（如鼠尾蛆）。

羽芒宽盾蚜蝇 *Phytomia zonata*

黑带食蚜蝇 *Episyrphus balteatus*（雌）

四纹蚜蝇（黄跗斑眼蚜蝇）*Eristalinus quinquestriatus*

鼻颜蚜蝇 *Rhingia* sp.

17. 实蝇科 Tephritidae：体小，翅有浅暗相间斑纹，Sc 脉端部向前近直角弯曲，与 R$_1$ 脉分离，且弯曲部分变弱，与 R$_1$ 组成翅痣，臀室具一尖角状延伸。雌腹末细长，3 节成产卵器。成虫食蜜，幼虫蛀果。橘小实蝇、苹果实蝇、地中海实蝇等都是果实大害虫。

南亚实蝇 *Bactrocera tau*

橘小实蝇幼虫

绕实蝇 *Rhagoletis* sp.

臀室　Sc
橘小实蝇

果实蝇 *Bactrocera* sp.

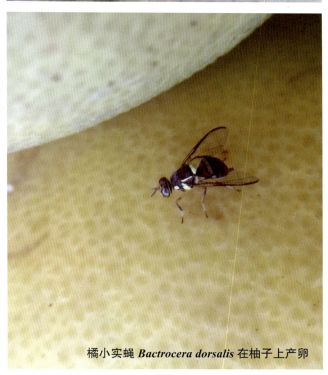
橘小实蝇 *Bactrocera dorsalis* 在柚子上产卵

18. 果蝇科 Drosophilidae：体小，眼多红色，触角芒羽形，有口鬃和鬚，翅前缘 2 缺切，Sc 细弱，臀室小。腐食，有的取食果实。全世界已知有 2558 种，中国已报道 193 种。除了黑腹果蝇等为模式生物外，有些种类为成熟期水果如杨梅、樱桃等的重要害虫。

黑腹果蝇 *Drosophila melanogaster*

果蝇

斑翅果蝇 *Drosophila suzukii*

大果蝇 *Drosophila virilis*

19. 潜蝇科 Agromyzidae：体小，暗色，有口鬃和鬣，翅前缘有 1 缺切，臀室小。幼虫潜叶为害，成虫食蜜。如豌豆潜叶蝇、小麦潜叶蝇。

豌豆潜叶蝇 *Phytomyza nigricornis*

豌豆潜叶蝇头部

豌豆潜叶蝇为害状

M$_3$+Cu

无臀室

1000μm

稻秆潜蝇 *Chlorops oryzae*

20. 秆蝇科 Chloropidae：体色淡，多绿、黄色，翅前缘 1 缺切，无口鬃，无臀室。成虫食蜜，幼虫取食禾本科植物生长点。如稻秆潜蝇。

21. 水蝇科 Ephydridae：体暗黑色，无口鬃，无臀室。翅前缘有 2 缺切。成虫蜜食性，多水生。植食的种类幼虫内蛀，如稻小潜叶蝇，螳水蝇为捕食性。

卵

幼虫

蛹

成虫

水蝇

飘浮于水面的一种水蝇

500μm

稻叶毛眼水蝇 *Hydrellia sinica*

22. 寄蝇科 Tachinidae：体中小型，多粗毛；触角芒光滑（或微毛），后盾片发达，舌状突于小盾片之下，下侧片和翅侧片具鬃，翅脉 M_{1+2} 向上急折至近 R；腹部腹板大部分为背板包围覆盖。幼虫内寄生鳞翅目幼虫，是害虫天敌，但蚕追寄蝇是家蚕害虫。

狭颊寄蝇 *Carcelia* sp.

长唇寄蝇（长喙寄蝇）*Siphona* sp.

刺须寄蝇 *Torocca* sp.

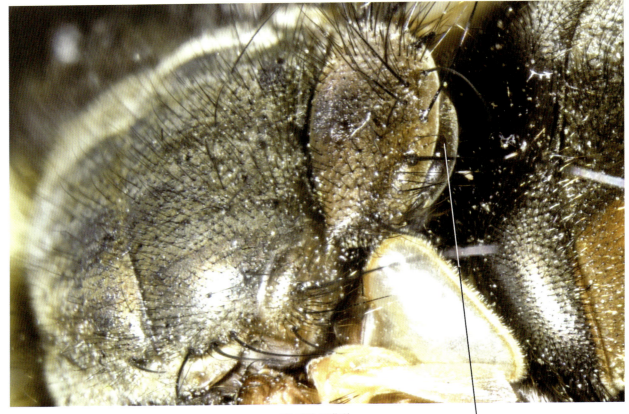

寄蝇的后背片

寄蝇科后盾片发达，舌状
突于小盾片之下

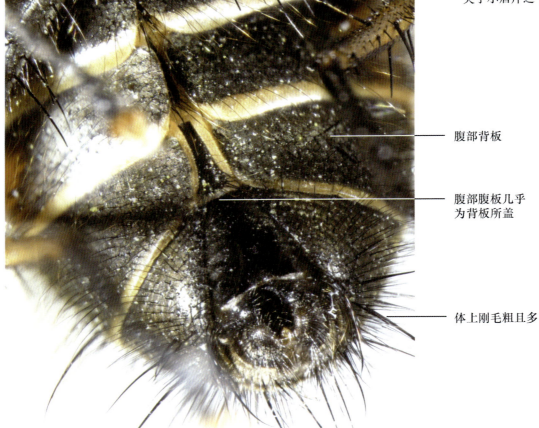

腹部背板

腹部腹板几乎
为背板所盖

体上刚毛粗且多

寄蝇腹部腹面观

23. 麻蝇科 Sarcophagidae：体多灰色，多毛，无金属光泽；触角中段以内具羽状毛，胸部背板常具黑色纵条纹，后小盾片较退化，M_{1+2} 呈直角状向前弯折，腹部腹板全为背板所盖。幼虫多腐肉食性，胎生。成虫多为室内卫生害虫。

1000μm

白头亚麻蝇 *Sarcophaga (Parasarcophaga) albiceps*

白头亚麻蝇交配

1000μm

台湾别麻蝇 *Boettcherisca formosensis*

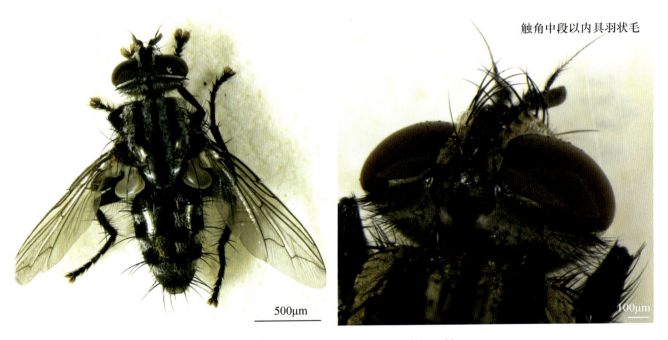

触角中段以内具羽状毛

500μm

100μm

台南钳麻蝇 *Sarcophaga (Bellieriomima) josephi*

24. 丽蝇科 Calliphoridae：体中等，多蓝绿色有金属光泽；复眼红色，触角芒上全部有羽状毛，M_{1+2} 呈直角状向前弯折。成虫为室内害虫，最常见的为各种绿蝇和大头金蝇。其中嗜人瘤蝇（皮肤蛆蝇）*Cordylobia anthropophaga* 和螺旋锥蝇（螺旋蝇）*Cochliomyia hominivorax* 幼虫寄生人和大型哺乳动物皮肤。

巴浦绿蝇 *Lucilia papuensis*

瘦叶带绿蝇 *Hemipyrellia ligurriens*

反吐丽蝇 *Calliphora vomitoria*

443

大头金蝇 *Chrysomya megacephala*

口鼻蝇 *Stomorhina sp.*

绿蝇 *Lucilia* sp.（雄）

丽蝇触角芒全部有羽状毛

25. 蝇科 Muscidae：体灰色，触角芒常全部有羽状毛；胸部背板常具黑色纵条纹，无下侧鬃列和翅侧鬃列。M_{1+2}弯曲近 R。重要室内卫生害虫，部分用于人工繁殖，作为鱼禽养殖饲料。蝇科中的采采蝇（舌蝇属 *Glossina* sp.）吸食哺乳动物血，中非舌蝇是昏睡病原——冈比亚锥虫 *Trypanosoma brucei gambiense* 的主要携带者，而东非舌蝇是罗得西亚锥虫 *T. brucei rhodesiense* 的主要携带者。舌蝇类目前多被单列为舌蝇科 Glossinidae（图见 523 页）。

红角棕蝇（裸芒综蝇）*Synthesiomyia nudiseta*

蝇科无下侧鬃列和翅侧鬃列

家蝇 *Musca domestica*

人工饲养的家蝇幼虫，是鸡鸭和鳗鱼的优质饲料

26. 花蝇科（种蝇科）Anthomyiidae：体灰或灰黑色；触角芒全部有羽状毛，胸部无下侧鬃列和翅侧鬃列，M$_{1+2}$ 不回归，直达外缘，Cu$_2$+2A 伸达翅后缘。成虫腐食，常生活于室外污处，部分幼虫内蛀植物。

横带花蝇 *Anthomyia illocata*

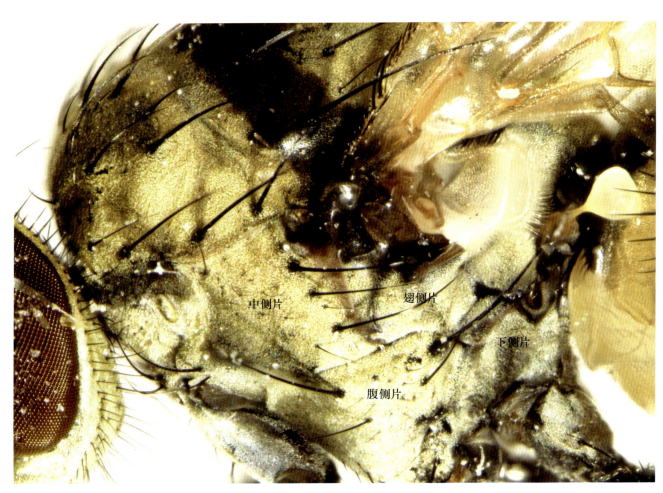

中侧片　　翅侧片

下侧片

腹侧片

横带花蝇胸部侧面

沼蝇科 Sciomyzidae

突眼蝇科 Diopsidae

蛆症异蚤蝇
Megaselia scalaris

蚤蝇科 Phoridae

鼓翅蝇科 Sepsidae

眼蝇科 Conopidae

头蝇科 Pipunculidae

1000μm

指角蝇科 Neriidae

缟蝇科 Lauxaniidae

甲蝇科 Celyphidae

其他较常见蝇类

第五十五章
长翅目

学名：Mecoptera

中名：蝎蛉

英名：scorpionfly

一、形态特征

· 体小至中型；

· 头部垂直延长（马脸状、长喙状），口器咀嚼式，触角线状；

· 翅2对，膜质，前后翅相似，翅脉序近假想式；

· 有的雄性生殖节膨大且上举如蝎尾（故称蝎蛉），尾须1-2节。

二、生物学特性

完全变态，幼虫近蠋型，胸足3对，腹足4-9对不分节，似鳞翅目的幼虫，成、幼虫多肉食性或腐食性，有的成虫取食花蜜、果实或苔藓植物。一般陆生，但水蝎蛉科水生。

三、分类

世界已知约713种，中国已知308种，分5-7科，常见的是蝎蛉科Panorpidae：足有2爪，雄性外生殖器球状上举；蚊蝎蛉科Bittacidae：形似大蚊，常前足攀悬树枝，后足捕小虫，足仅1爪。

杨氏新蝎蛉 *Neopanorpa youngi*

学名：Siphonaptera

中名：跳蚤

英名：flea

一、形态特征

• 体小，体长小于 5mm，侧扁，多向后的粗刚毛或栉刺；

• 触角短，刺吸式口器；

• 翅退化，足发达，善跳跃；

• 腹末有感温器。

二、生物学特性

完全变态。幼虫无足，多生活于动物巢穴的缝隙处，杂食。成虫外寄生于哺乳动物和鸟。

三、分类

世界已知约 2183 种，中国已知 700 余种，分为 7 个科。人蚤 *Pulex irritans*、猫蚤 *Ctenocephalides felis*、犬栉首蚤 *C. canis* 等会传播鼠疫。

感温器

蚤

猫蚤

第五十七章
毛翅目

学名：Trichoptera

中名：石蛾、石蚕（幼虫）

英名：caddisfly

一、形态特征

- 体小至大型，外形似蛾（细长）；
- 咀嚼式口器（不发达，不能咀嚼），触角线形，很长，大于体长；
- 翅密被刚毛（毛翅），脉序近假设，翅休息时折叠于腹背呈屋脊状。

角石蛾 *Stenopsyche* sp.

二、生物学特性

完全变态。卵产于水中或水面的物体上，幼虫蝎型或蛹型，水生，一般居于砂粒缀丝的巢中，也有的在水下石头间结网居于其间，称石蚕。植食性（多以藻类为食），亦有肉食性的。幼虫是重要的淡水鱼饵料。成虫多不取食，或取食花蜜露水。

角石蛾 *Stenopsyche* sp. 幼虫

三、分类

世界已知约 14 548 种，中国已知约 1300 种，可分为 21 科，常见的有长角石蛾科 Leptoceridae、角石蛾科 Stenopsychidae 和沼石蛾科 Limnephilidae 等。

长角石蛾 *Mystacides* **sp.**

斑纹角石蛾 *Stenopsyche marmorata*

畸距石蛾科 **Dipseudopsidae**

第五十八章
鳞翅目

学名：Lepidoptera

中名：蛾、蝶

英名：moth、butterfly

一、形态特征

• 体微小至巨大，被鳞片；

• 触角线、栉、羽、球杆形；口器虹吸式；

• 前后翅均为鳞翅，翅脉有一大中室；

• 腹部 10 节，有的具鼓膜听器，无产卵器和尾须。

榆凤蛾 *Epicopeia mencia*

碧翠凤蝶 *Papilio bianor*

二、生物学特性

完全变态。幼虫蠋型，蛹为被蛹。幼虫多植食性，少数寄生或捕食；成虫多吸花蜜、树汁、果液或不取食。

二化螟 *Chilo suppressalis* 生活史

由于鳞翅目幼虫主要是植食性，因而是为害农林植物的主要害虫类群。成虫多为蜜食性，有传授花粉的作用，部分夜蛾成虫为害成熟水果。有少数鳞翅目幼虫是捕食性和寄生性。如尺蛾科小花尺蛾属（球果尺蛾属）*Eupithecia* 的幼虫可捕食多种昆虫，寄蛾科 Epipyropidae 寄生半翅目头喙亚目许多种类。此外，漂亮的蝴蝶被称为会飞的花朵，是重要观赏昆虫，不少种类是国家一级和二级重点保护野生动物。

金斑喙凤蝶 *Teinopalpus aureus* 雄（国蝶，国家一级重点保护野生动物）

寄蛾

寄蛾幼虫

蝉寄蛾 *Epipomponia* sp.（寄蛾科），幼虫外寄生斑透翅蝉 *Hyalessa maculaticollis*

三、分类常用特征

（一）成虫分类特征

1. 体形和体色：体长 2-70mm，翅展 3-265mm，可分为大蛾类（包括舟蛾、毒蛾、灯蛾、夜蛾、枯叶蛾、尺蛾、燕蛾、钩蛾、箩纹蛾、蚕蛾、大蚕蛾、天蛾等科）和小蛾类（翅展 <20 mm）。

2. 口器：下颚外颚叶一般形成喙（虹吸式口器），但一些低等蛾类不形成喙，具上颚，为退化的咀嚼式口器，高等蛾类有不少喙退化而不取食；下唇须发达，3 节，其长短、上曲、下弯或前伸也是分类依据。

东方菜粉蝶 *Pieris canidia* 的喙   200μm

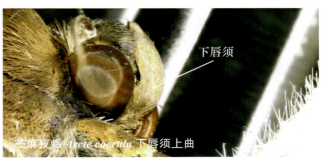

苎麻夜蛾 *Arcte coerula* 下唇须上曲

二化螟下唇须前伸

3. 触角：有丝、棒、羽、栉状。有的如天蛾和弄蝶触角端部还弯曲成钩状。在部分蝶类、卷叶蛾、斑蛾等类群中，触角后方常有一对小疣，其上着生放射状毛束，称为毛隆，可能是感觉器官。

天蛾触角

直纹稻弄蝶 *Parnara guttata* 触角

4. 翅的形状和休息状态：有三角形、长方形、狭窄的披针形等。尺蛾、天蚕蛾、蝶类等停息时双翅平展在身体两侧或竖立，蛱蝶停下时翅还会不停地扇动，但多数蛾类停息时双翅覆盖于腹部背上。

黑脉蛱蝶 *Hestina assimilis*

停息时双翅平展在身体两侧

钩翅大蚕蛾 *Antheraea assamensis*

丝棉木金星尺蛾 *Calospilos suspecta*

多数蛾类双翅覆盖于腹部背上

大斑波纹蛾 *Thyatira batis formosicola*

5. 前后翅的联络方式（见外部形态部分）：①翅轭型，低等蛾类如蝙蝠蛾科（以前翅后缘基部指状翅轭夹住后翅前缘基部）；②翅缰型，多数蛾类（以后翅前基部的翅缰串住前翅基部下方的Sc或Cu_1的翅缰钩中。雄性翅缰1根，雌性2-9根；③膨肩型（翅抱型），蝶类和部分大蛾类（以扩大的后翅前缘基部贴合于前翅下）。

6. 翅室和脉序：中室是开室还是闭室，中室是否保留 M 脉主干，径锁室是否存在；M_2 脉靠近 M_1 或 M_3 或居中，A 脉的数量。蝙蝠蛾科后翅脉序同前翅；多数蝶蛾类后翅 Rs 不分支，R_1 与 Sc 合并为 $Sc+R_1$，$Sc+R_1$ 与 Rs 相近、相接情况；翅面色斑线纹。

7. 胸足：前足有的退化，中足胫距 1 对或无。

8. 外生殖器：是鉴定种的重要特征。

刺蛾脉序（中室保留了没完全退化的 **M** 脉主干）

（二）幼虫分类特征

1. 幼虫结构和头部

草地贪夜蛾幼虫及头部前、腹面观

蚕幼虫头部前面观

2. 趾钩： 鳞翅目幼虫的腹足上着生骨化的钩状物，爬行时帮助幼虫抓持植物等表面，其长短和分布形式作为幼虫分类的主要依据之一。

家蚕幼虫趾钩

趾钩类型可以根据趾钩长短（序）、趾钩排列（环或带）以及趾钩基部排列的行／列数组合进行命名。例如，单序全环指趾钩长短一致，排成单环形。

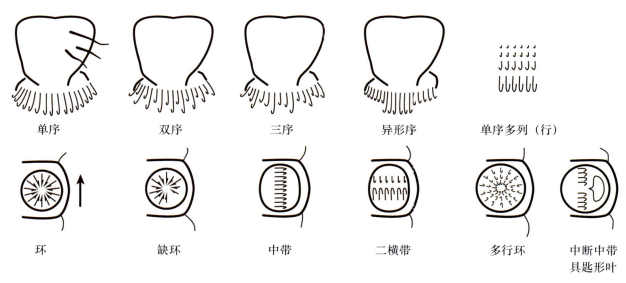

鳞翅目幼虫腹足的趾钩类型

印度谷螟：单序全环趾钩　　　稻纵卷叶螟：多行环　　　二化螟：缺环

斜纹夜蛾：单序中带　　　夜蛾：单序中带　　　葡萄透翅蛾：二横带

灯蛾：单序异形中带　　　小菜蛾：单序全环　　　弄蝶：二序全环

丁香天蛾：中带　　　菜粉蝶：中带　　　卷蛾：多序全环

部分鳞翅目幼虫趾钩类型

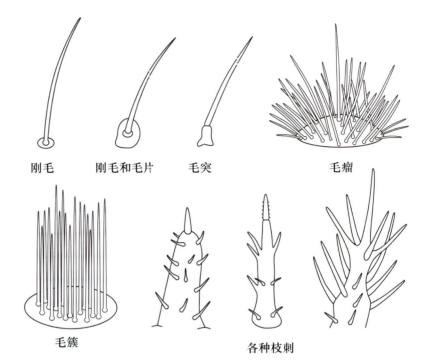

刚毛　　刚毛和毛片　　毛突　　　　　毛瘤

3. 刚毛类型

　　原生刚毛：孵出后就有。

　　亚原生刚毛：脱一次皮2龄后长出（数量较少）。

　　次生刚毛：多在2龄后长出，较杂。

毛簇　　　　　　　　各种枝刺

鳞翅目幼虫刚毛类型

东方菜粉蝶毛突　　　　　灯蛾幼虫毛瘤　　　　　毒蛾幼虫毛瘤

蛱蝶幼虫枝刺　　　　　刺蛾幼虫枝刺　　　　　天蚕幼虫枝刺

几种鳞翅目幼虫刚毛

4. 毛序：指原生刚毛和亚原生刚毛在幼虫体节表面上的分布型式，也是幼虫分类的重要特征。尤其是气门附近侧毛（L毛）数量常被用于科的分类。

D：背毛

XD：前背毛

SD：亚背毛

L：侧毛

SV：亚腹毛

小菜蛾幼虫体表面的毛序

461

5. 臀栉： 弄蝶科、麦蛾科等幼虫在腹部最后一节肛门上方有栉状结构，称为臀栉，是这些科幼虫的重要形态特征之一。

臀栉

臀栉

肛门

稻弄蝶幼虫

6. 幼虫类型： 统称蠋型，但可进一步分为以下常见几种类型。

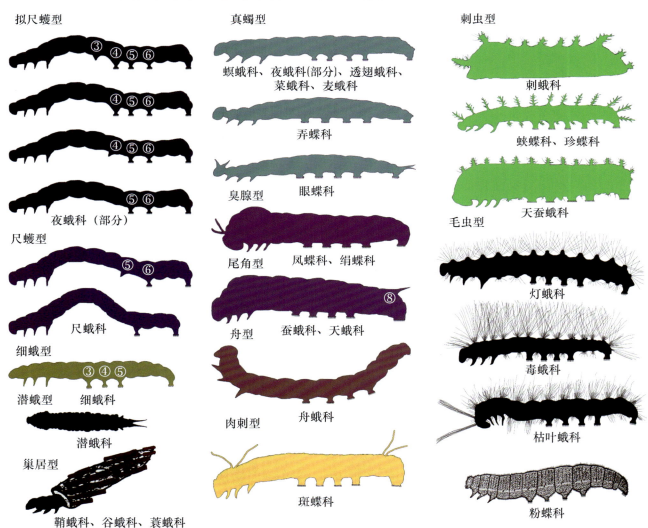

拟尺蠖型

③④⑤⑥

④⑤⑥

④⑤⑥

⑤⑥

夜蛾科（部分）

尺蠖型

⑤⑥

尺蛾科

细蛾型

③④⑤

潜蛾型　细蛾科

潜蛾科

巢居型

鞘蛾科、谷蛾科、蓑蛾科

真蠋型

螟蛾科、夜蛾科(部分)、透翅蛾科、菜蛾科、麦蛾科

弄蝶科

臭腺型　眼蝶科

尾角型　凤蝶科、绢蝶科

⑧

舟型　蚕蛾科、天蛾科

肉刺型　舟蛾科

斑蝶科

刺虫型

刺蛾科

蛱蝶科、珍蝶科

天蚕蛾科

毛虫型

灯蛾科

毒蛾科

枯叶蛾科

粉蝶科

鳞翅目幼虫常见类型
注：部分幼虫腹足所着生的腹节位置及尾角位置用数字表示

四、分类

鳞翅目为昆虫纲第二大目，可分为 2-5 个亚目，34 个总科，160 余科，已知约 157 761 种（蝶 1.8 万种）。中国已知约 24 400 种，蝴蝶 1300 余种。

传统上分为同脉亚目 Homoneura（前翅与后翅脉序相同，R 脉各分为 5 支，前后翅以翅轭联络，如蝙蝠蛾科）和异脉亚目 Heteroneura（前后翅脉序不同，后翅的 R 与 Sc 合并为 1 条（Sc+R_1），Rs 不分支，前后翅以翅缰和翅缰钩或翅抱型联络，包括多数蛾类和蝶类）。其中，蛾类（异角组 Heterocera，实际上蛾类是并系群，不是单系群），触角丝形、栉形、羽形，翅联络多翅缰型，少数翅抱型，停息时翅多呈屋脊状，少数平展体两侧，夜出性。而蝶类（锤角组 Rhopalocera，均为凤蝶总科），触角球杆状，无翅缰，翅联络为膨膊型，休息时翅多竖立，少数平展，日出性。

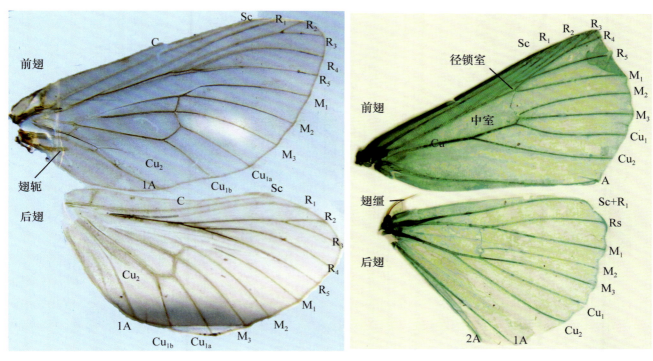

蝙蛾翅脉（同脉亚目）　　　　　　　棉小夜蛾翅脉（异脉亚目）

现代的鳞翅目分类变化很大，最为原始的是小翅蛾总科 Micropterigoidea，接近毛翅目，上颚发达，无喙，幼虫腹足 8 对，单独设轭翅亚目 Zeugloptera。贝壳杉蛾科（颚蛾总科）Agathiphagoidea 也没有喙，上颚也发达，幼虫无胸足和腹足，单独设无喙亚目 Aglossata。异石蛾总科（异蛾总科）Heterobathmioidea 幼虫有胸足，无腹足，单独设异蛾亚目 Heterobathmiina。其余所有总科都有发达的喙，都归为有喙亚目 Glossata。分子进化分析揭示了不同类群之间更准确的进化关系，如丝角蝶科 Hedylidae，其触角丝状、色泽灰暗、多夜行性，停息时翅还平展两侧，早期分类学家把它放在尺蛾科中，但其卵、幼虫和蛹接近粉蝶和蛱蝶，2005 年分子进化分析确定了其属于蝶类。所有蝶类都归为凤蝶总科 Papilionoidea，与螟蛾、夜蛾、尺蛾、枯叶蛾和蚕蛾等总科一起同属于大螟蛾类 Obtectomera。根据下页分子进化关系图，许多较为原始的鳞翅目总科，也都可能被提升为新的亚目。

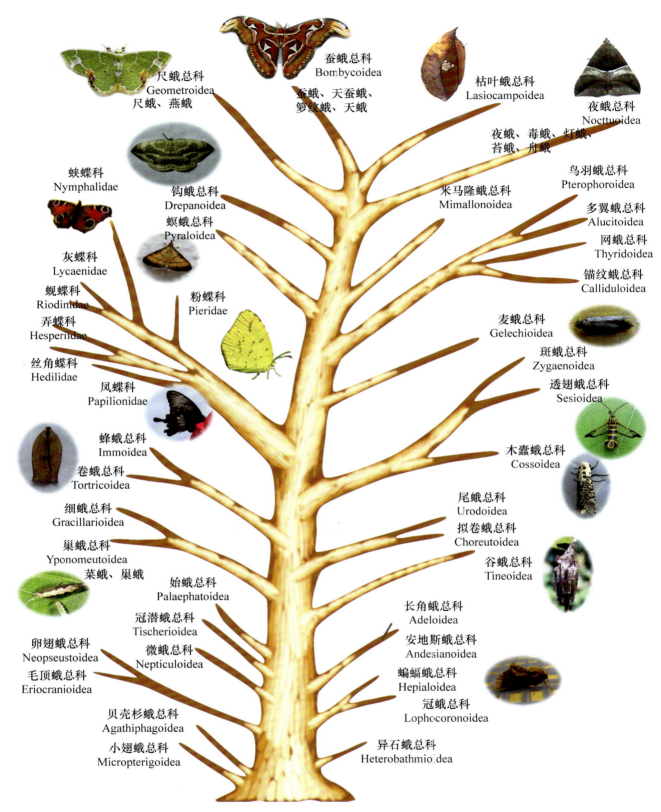

尺蛾总科
Geometroidea
尺蛾、燕蛾

蚕蛾总科
Bombycoidea
蚕蛾、天蚕蛾、
箩纹蛾、天蛾

枯叶蛾总科
Lasiocampoidea

夜蛾总科
Noctuoidea

夜蛾、毒蛾、灯蛾、
苔蛾、舟蛾

蛱蝶科
Nymphalidae

钩蛾总科
Drepanoidea

螟蛾总科
Pyraloidea

米马隆蛾总科
Mimallonoidea

鸟羽蛾总科
Pterophoroidea

多翼蛾总科
Alucitoidea

网蛾总科
Thyridoidea

锚纹蛾总科
Calliduloidea

灰蝶科
Lycaenidae

蚬蝶科
Riodinidae

弄蝶科
Hesperiidae

粉蝶科
Pieridae

麦蛾总科
Gelechioidea

斑蛾总科
Zygaenoidea

透翅蛾总科
Sesioidea

丝角蝶科
Hedilidae

凤蝶科
Papilionidae

蜂蛾总科
Immoidea

卷蛾总科
Tortricoidea

木蠹蛾总科
Cossoidea

尾蛾总科
Urodoidea

拟卷蛾总科
Choreutoidea

细蛾总科
Gracillarioidea

巢蛾总科
Yponomeutoidea
菜蛾、巢蛾

始蛾总科
Palaephatoidea

谷蛾总科
Tineoidea

长角蛾总科
Adeloidea

冠潜蛾总科
Tischerioidea

微蛾总科
Nepticuloidea

安地斯蛾总科
Andesianoidea

卵翅蛾总科
Neopseustoidea

毛顶蛾总科
Eriocranioidea

蝙蝠蛾总科
Hepialoidea

冠蛾总科
Lophocoronoidea

贝壳杉蛾总科
Agathiphagoidea

小翅蛾总科
Micropterigoidea

异石蛾总科
Heterobathmioidea

鳞翅目主要种群系统发育树（改自 Kawahara, 2019; Mitter, 2017）

1. 蝙蝠蛾科 Hepialidae：体中至大型，较粗壮。头小，无单眼；触角短，雄蛾羽状，雌蛾念珠状；口器退化，上唇、上颚与下颚只存痕迹，无喙管，前、后翅脉序相同（故传统分类上归为同脉亚目），中室内 M 主干完整，分 2 叉，将中室分为 3 室；交配孔与生殖孔分离，故又被归为有喙亚目的外孔下目 Exoporia。幼虫腹足 5 对，趾钩环式，其中虫草钩蝙蛾幼虫体节多环，胸部色浅，在地下 20cm 处营隧道，取食珠芽蓼等植物根茎，分布在川藏等 3500m 以上的高寒地带，被虫草真菌寄生后长出子实体，便是著名的冬虫夏草。其他蝙蝠蛾科幼虫蛀植物茎干和根。

成虫

蛹　　　　　　　　幼虫　　　　　　　脉序　　　　　卵

钩蝙蛾 *Thitarodes* (*Hepialus*) sp.

2. 蓑蛾科 Psychidae：雌雄异型，雌虫蛆形，无翅、足、眼及触角，居住在幼虫巢内；雄虫触角羽形，喙退化，翅上鳞片细薄半透明或部分缺。幼虫生活在可携带的巢中，巢以丝和树枝叶制成，露出头胸取食；幼虫硬而粗短，前胸气门特别大，横形。常见有大蓑蛾、小蓑蛾。

大袋蛾 *Eumeta (Clania) variegata* 雄虫

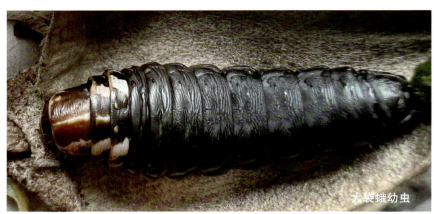

大袋蛾幼虫

大袋蛾 幼虫前胸气门

白囊蓑蛾 *Chalioides kondonis*

小蓑蛾
Clania (Cryptothelea) minuscula

大袋蛾虫囊

3. 菜蛾科 Plutellidae：体小，触角休息时前伸，翅狭长，外缘及后缘有长缘毛，停息时上翘如鸡尾。幼虫前胸 L 毛 3 根，腹足细长，臀足后伸，行动活泼，进退自如，趾钩单序或双序，多全环式 2-3 列，小菜蛾多列缺环。

小菜蛾 *Plutella xylostella*

小菜蛾幼虫

小菜蛾成虫

500μm

前胸L毛

小菜蛾幼虫

小菜蛾翅脉

小菜蛾茧和蛹

4. 卷蛾科 Tortricidae：中小型，前翅略呈方形，肩区发达，前缘弯曲，外缘直，休息时两翅平叠在背上，整虫呈吊钟状，Sc+R$_1$ 与 Rs 不近、不接触。幼虫体略扁，前胸 L 毛 3 根，有臀栉，双序全环，活泼（进退自如），常会吐丝下垂，卷叶、内蛀等。

黄褐卷蛾 *Pandemis chlorograpta*

豹裳卷蛾 *Cerace xanthocosma*

梨小食心虫 *Grapholita molesta*

5. 木蠹蛾科 Cossidae：体中型，触角多羽状，喙退化；翅多斑纹，前、后翅中室保留有 M 脉基部。幼虫扁，头及前胸盾硬化，上颚发达，趾钩双序或三序环式，多蛀食树木。

蠹蛾

木蠹蛾 *Cossus sp.* 幼虫

褐斑豹蠹蛾 *Rapdalus pardicolor*

大豹斑蠹蛾（多斑豹蠹蛾）*Zeuzera multistrigata*

6. 透翅蛾科 Aegeriidae（Sesiidae）：体拟胡蜂，细长，前翅狭长，臀区退化，鳞片细而薄，前后翅常透明。幼虫细长杆状，前胸盾和臀盾特别发达，趾钩单序或双序，二横带，前胸 L 毛 2 根，内蛀茎干。如桑透翅蛾（桑蛀虫）、葡萄透翅蛾。

罗格透翅蛾（红颈透翅蛾）*Glossosphecia romanovi*

毛足透翅蛾 *Melittia* sp.

兴透翅蛾 *Synanthedon* sp.

葡萄透翅蛾 *Paranthrene regalis* 幼虫

绒透翅蛾 *Trichocerota* sp.

葡萄透翅蛾幼虫二横带趾钩

7. 斑蛾科 Zygaenidae：体较光滑，喙发达，触角丝状或栉状，常前伸与体呈 45°；翅鳞细薄，中室有 M 脉残余。幼虫头小而缩入胸内，气门小，圆形，各节有毛瘤，瘤上生短毛，排成放射状，故称星毛虫，趾钩单序中带。常见梨星毛虫、茶斑蛾、重阳木锦斑蛾等为害植物叶子。

重阳木锦斑蛾茧

重阳木锦斑蛾 *Histia rhodope*

白带锦斑蛾 *Chalcosia remota*

绿颈小斑蛾 *Chrysartona stipata*

8. 刺蛾科 Limacodidae：体粗壮，多毛，黄色、褐色或绿色；喙退化，翅上有各色简单斑纹。前翅 R_{3-5} 共柄。幼虫体多有枝刺，有毒（痒辣虫），体色多鲜艳，足退化为吸盘状。常见绿刺蛾、褐刺蛾为害树叶，茧被称为雀瓮。

球须刺蛾 *Scopelodes* sp.

褐边绿刺蛾 *Parasa consocia*

桑褐刺蛾 *Setora postornata* 幼虫

黄刺蛾 *Monema flavescens*

贝刺蛾（背刺蛾）*Belippa horrida* 幼虫

9. 麦蛾科 Gelechiidae：体小型，下唇须长而向上弯曲（弯过头顶），前翅披针形，后翅菜刀形（外缘凹入，翅尖突出），缘毛长过翅宽。幼虫蠋型，前胸 L 毛 3 根，趾钩双序缺环或二横带（内蛀类腹足退化，趾钩 2-3 个），有臀栉，为害严重的有马铃薯块茎蛾、棉红铃虫、甘薯卷叶蛾等。

马铃薯块茎蛾 *Phthorimaea operculella*

甘薯麦蛾（甘薯卷叶蛾）*Helcystogramma (Brachmia) triannuella*

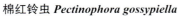

棉红铃虫 *Pectinophora gossypiella*　　　　　　　　　棉红铃虫幼虫

10. 螟蛾科 Pyralidae：体中小型，体足细长，鳞片细密，喙多退化但下唇须发达，前伸或上弯；前翅多三角形，前后翅 M_2 近 M_3，后翅 $Sc+R_1$ 与 Rs 在中室外一段并接。幼虫蠋型，前胸 L 毛 2 根，趾钩一般全环或缺环。螟蛾科是鳞翅目第 3 大科，仅次于夜蛾和尺蛾，全世界已记载约 1.6 万种，水稻害虫有二化螟、三化螟、稻纵卷叶螟等。

印度谷螟幼虫

印度谷螟 *Plodia interpunctella*

米蛾 *Corcyra cephalonica*

黑脉厚须螟 *Arctioblepsis rubida*

艳双点螟 *Orybina regalis*

螟蛾 *Datanoides* sp.

2种野螟和下页种类可以归入新设的草螟科

大白斑野螟 *Polythlipta liquidalis*

瓜绢野螟 *Diaphania indica*

稻纵卷叶螟 *Cnaphalocrocis medinalis*

白蜡绢须野螟 *Palpita nigropunctalis*

黄纹银草螟 *Pseudargyria interruptella*

六斑蓝水螟 *Talanga sexpunctalis*

褐缘绿野螟 *Parotis marginata*

棉褐环野螟 *Haritalodes derogata*

桃蛀螟 *Conogethes punctiferalis*

二化螟 *Chilo suppressalis*

475

11. 草螟科 Crambidae：目前多把传统的螟蛾科分为螟蛾科和草螟科 2 个科，草螟科背观外形与螟蛾科很难区分，两者都具有腹部鼓膜器，位于第 2 腹节腹面，由成对的鼓膜室组成。螟蛾科不具听器间突（praecinctorium），鼓膜室关闭，鼓膜和节间膜位于同一平面，而草螟科听器间突发达，端部被鳞片，鼓膜室开放，鼓膜和节间膜之间有角度。螟蛾科幼虫的第 8 节 SD_1 刚毛的毛片骨化或形成骨化环，这可与草螟科区分开。草螟科已知 10 000 余种，包括二化螟、稻纵卷叶螟、桃蛀螟、野螟、水螟等，而螟蛾科已知 5000 余种，包括印度谷螟、米蛾、大蜡螟等。

大蜡螟 *Galleria mellonella*

大蜡螟幼虫

黄杨绢野螟 *Diaphania perspectalis*

螟蛾科

大蜡螟鼓膜　　　　　　　　　　500μm

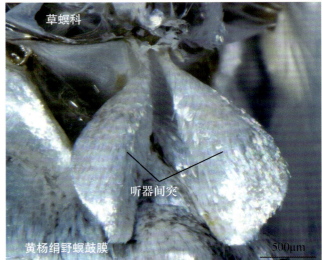

草螟科

听器间突

黄杨绢野螟鼓膜　　　　　　　　500μm

12. 钩蛾科 Drepanidae：体大中型，前翅顶角常呈钩状（也有的非钩状），触角线形或单、双栉齿形，休息时触角通常置于前翅之下，前、后翅斑纹常近似且相连，停息时常类似尺蛾平展两侧。低龄幼虫有群居性，取食植物叶片。

洋麻圆钩蛾 *Cyclidia substigmaria*

哑铃带钩蛾（丁铃钩蛾）*Macrocilix mysticata*

三线钩蛾 *Pseudalbara parvula*

透明斑钩蛾 *Auzata minuta*

交让木山钩蛾（虎皮楠带钩蛾）*Oreta insignis*

13. 夜蛾科 Noctuidae：体中至大型，粗壮，鳞片厚密；喙发达，复眼大而光亮，触角线形（雌）或栉形（雄），腹部有听器，翅面多斑纹，前翅 M_2 近 M_3，后翅 $Sc+R_1$ 与 Rs 基部稍接触。幼虫毛虫型、拟尺蠖型或蠋型，趾钩单序中带。该科是鳞翅目最大的科，有 2 万多种，如棉铃虫、斜纹夜蛾、小地老虎。目前据进化关系分析，多把夜蛾科的裳夜蛾亚科、灯蛾科、毒蛾科等另归为裳夜蛾科（裳蛾科）Erebidae。典型的裳夜蛾科前后翅 Cu 脉从翅基部出发分两叉伸达翅外缘，并在翅中部与 M_2 和 M_3 一起多形成 4 叉脉到达翅外缘，尤其后翅 4 叉脉与典型夜蛾科不同。

斜纹夜蛾 *Spodoptera litura*

胡桃豹夜蛾 *Sinna extrema*

银纹夜蛾 *Ctenoplusia agnata*

折纹殿尾夜蛾 *Anuga multiplicans*

辐射夜蛾 *Apsarasa radians*

毛健夜蛾（葱兰夜蛾）*Brithys crini*

本页和下页种类在新的分类中归为裳夜蛾科。

绕环夜蛾（赫环夜蛾）*Spirama (Speiredonia) helicina*

晕分巧裳蛾 *Ataboru a lauta*

枯艳叶夜蛾 *Eudocima tyrannus*

肾巾夜蛾 *Bastilla praetermissa*

艳修虎蛾 *Sarbanissa venusta*

苎麻夜蛾 *Arcte (Cocytodes) coerula*

苎麻夜蛾幼虫

红尺夜蛾 *Naganoella timandra*

旋夜蛾 *Eligma narcissus*

一点拟灯蛾 *Asota caricae*

雄

雌

铅拟灯蛾 *Euplocia membliaria*

铅拟灯蛾 *Euplocia membliaria* 雄成虫胸部背上的斑纹

14. 灯蛾科 Arctiidae：体中型，粗壮，色鲜艳；喙退化，翅面多深色斑点，Sc+R$_1$ 与 Rs 近基部有较长距离并接。幼虫毛长，多而密，毛的长短、色泽较一致，生于毛瘤上，中胸气门上 2-3 个毛瘤，趾钩单序异形中带。有多种害虫，如红腹灯蛾取食豆叶。根据分子进化关系的新分类系统将本科归为裳夜蛾科 Erebidae 的灯蛾亚科 Arctiinae。

粉蝶灯蛾 *Nyctemera adversata*

大丽灯蛾 *Aglaomorpha histrio*

净白污灯蛾 *Spilarctia rubida*

481

乳白斑灯蛾 *Areas galacyina*

八点灰灯蛾 *Creatonotos transiens*

闪光玫灯蛾 *Amerila astrea*

黑条灰灯蛾 *Creatonotos gangis*

15. 苔蛾科 Lithosiidae：前翅较窄，后翅宽且端圆。后翅 Sc 基部变粗，常与 Rs 有一段愈合。幼虫似灯蛾，毛虫型但毛更密，趾钩单序中带。多取食地衣苔藓和藻。传统苔蛾科现多被归到裳夜蛾科灯蛾亚科的 1 个分支。

美苔蛾 *Miltochrista sp.*

东方美苔蛾 *Miltochrista (Barsine) orientalis*

掌痣苔蛾 *Stigmatophora palmata*

之美苔蛾 *Miltochrista ziczac*

黄雪苔蛾 *Cyana dohertyi*

喜鹊蛾 *Cyana meyricki*
用幼虫长毛搭的类似喜鹊巢，用于保护蛹

条纹艳苔蛾 *Asura strigipennis*

闪光苔蛾 *Chrysaeglia sp.*

安土苔蛾 *Eilema (Brunia) antica*

16. 鹿蛾科 Ctenuchidae：体小中型，外形似蜂；喙发达，前后翅常缺鳞片，形成透明窗状，中室达翅长 1/2 以上，后翅很小；腹部常具黑黄条带。幼虫的毛瘤上具毛簇，趾钩半环。该科现常被归到灯蛾亚科的 1 个分支。

明窗鹿蛾 *Amata hirayamae*

鹿蛾 *Amata* sp.

伊贝鹿蛾 *Syntomoides imaon*

鹿蛾 *Amata* sp.

17. 毒蛾科 Lymantriidae: 体中型,鳞片厚密,多白色、黄色、褐色,触角羽形,腹末多有深色丛毛。Sc+R₁ 与 Rs 在中室中部附近相接。幼虫毛虫型,体毛呈不同形状和长短,多长在毛瘤上或成毛簇,色彩鲜艳,第 6、7 腹节背中央线有毒腺开口,趾钩单序中带。如桑毛虫、乌桕毒蛾、舞毒蛾。有新的分类系统把本科归为裳夜蛾科 Erebidae 的毒蛾亚科 Lymantriinae。

茶白毒蛾 *Arctornis alba*

白斜带毒蛾 *Numenes albofascia*(雌)

白斜带毒蛾 *Numenes albofascia*(雄)

榕透翅毒蛾 *Perina nuda*

埔里丽毒蛾(线茸毒蛾)*Calliteara grotei horishanella*

485

白毒蛾 *Arctornis lnigrum*

缘黄毒蛾 *Somena scintillans*

黄跗雪毒蛾 *Leucoma ochripes*

棉古毒蛾 *Orgyia postica* 幼虫

二点阿尔毒蛾 *Artaxa digramma*

毒腺开口

古毒蛾 *Orgyia antiqua* 幼虫

18. 舟蛾科 Notodontidae：体中型，前翅臀角圆，翅面多波状纹，前足胫节多丛毛，休息时前伸如兔足（故又称兔蛾）；前翅 M_3、Cu_1、Cu_2 成三叉脉，后翅 $Sc+R_1$ 与 Rs 接近但不并接。幼虫体常多次生毛（多不成毛瘤），上唇缺刻很深，倒 V 形，臀足呈枝状小突起或退化，停息时头尾上翘如舟（故名舟蛾）。舟蛾幼虫为害很多果树，如苹掌舟蛾。

苹掌舟蛾 *Phalera flavescens*

核桃美舟蛾 *Uropyia meticulodina*

杨二尾舟蛾 *Cerura menciana*

黑蕊尾舟蛾 *Dudusa sphingiformis*

同心舟蛾 *Homocentridia concentrica*

榆掌舟蛾 *Phalera fuscescens*

云舟蛾 *Neopheosia fasciata*

杨小舟蛾 *Micromelalopha sieversi*

新奇舟蛾 *Allata sikkima*

绿梭舟蛾 *Netria viridescens*

19. 尺蛾科 Geometridae：体中小型，细瘦；翅三角形宽大，鳞片细薄，停息时平展两侧，前后翅斑纹多相似，且线纹多上下相接；M₂ 居中，后翅 Sc+R₁ 基部弯曲。幼虫尺蠖型，腹部仅有第 6 腹足和臀足，余足退化，爬行时弓曲，似以手量物长（故名尺蛾），少数腹足 2 对，但仅 1 对有趾钩。尺蛾科是鳞翅目中仅次于夜蛾科的第二大科，有许多林木害虫，如茶尺蛾等。

橙带蓝尺蛾 *Milionia basalis*

翠锈腰青尺蛾 *Hemithea aquamarina*

丸尺蛾 *Plutodes flavescens*

彩青尺蛾 *Eucyclodes gavissima*

细枝树尺蛾 *Erebomorpha fulguraria*

茶尺蠖 *Ectropis obliqua*

灰褐普尺蛾 *Pseudomiza obliquaria*

巨星尺蛾 *Parapercnia giraffata* 幼虫

镰翅绿尺蛾 *Tanaorhinus reciprocata*

小红姬尺蛾 *Idaea muricata*

小蜻蜓尺蛾 *Cystidia couaggaria*

黄缘伯尺蛾 *Diaprepesilla flavomarginaria*

葡萄洄纹尺蛾 *Chartographa (Callabraxas) ludovicaria*

青辐射尺蛾 *Iotaphora admirabilis*

20. 燕蛾科 Uraniidae：体小至大型，大燕蛾类形似凤蝶，美丽；触角线形，后翅具尖的尾突，无翅缰。马达加斯加的日落蛾被誉为最美的蛾。

大燕蛾 *Lyssa menoetius*

日落蛾 *Chrysiridia rhipheus*

L 纹双尾蛾 *Warreniplema fumicosta*

虎皮楠双尾蛾 *Oroplema oyamana*

21. 枯叶蛾科 Lasiocampidae：体中至大型，多枯叶色；触角羽状；后翅有特大膨膊，停息时常露出前翅前缘，内有 1 至多条强大肩横脉。幼虫体多略扁，多长毛，也有短毛，粗细较一致，少数有毒毛，散生无瘤，前胸两侧毛常特别长，趾钩双序中带。枯叶蛾科幼虫多为害林木，如天幕毛虫、马尾松毛虫、杏枯叶蛾等。

松栎枯叶蛾 *Paralebeda plagifera*

台黄枯叶蛾
Trabala vishnou guttata 幼虫

竹黄枯叶蛾 *Philudoria laeta*

红点枯叶蛾 *Alompra roepkei*

22. 蚕蛾科 Bombycidae：体中型，粗壮；触角羽状，前翅顶角突出，外缘多有一弧形缺刻。幼虫尾角型，在第 8 腹节背面有 1 角刺状突起，体软而光滑，或每体节分 2-3 环，中胸特大拱起，腹足左右远离。家蚕是著名产丝昆虫，而野蚕、桑蟥等是桑树害虫。

家蚕 *Bombyx mori*

家蚕不同品系

野蚕茧和蛹

野蚕 *Bombyx mandarina*

野蚕幼虫

23. 天蚕蛾科（大蚕蛾科）Saturniidae：体大至巨型，色泽美丽；触角羽状，翅上常有新月形透明斑，有的种类后翅有燕尾状突起。幼虫体大而粗壮，枝刺较硬，色艳，趾钩双序中带。许多种类是产丝昆虫，如柞蚕、天蚕、蓖麻蚕等，也有不少种类可为害林木。

柞蚕 *Antheraea pernyi*

柞蚕 *Antheraea pernyi* 幼虫

幼虫

长尾大蚕蛾 *Actias dubernardi*（雄）

樗蚕 *Samia cynthia*

乌桕大蚕蛾 *Attacus atlas* 翅展可达 250mm

幼虫

绿尾大蚕蛾（宁波尾大蚕蛾）*Actias ningpoana*

雄

华尾天蚕蛾 *Actias sinensis*

后目珠天蚕蛾 *Saturnia simla*

雌

华尾天蚕蛾 *Actias sinensis*

樟蚕 *Eriogyna pyretorum*

茧

幼虫

银杏大蚕蛾 *Dictyoploca japonica*

黄豹大蚕蛾 *Loepa katinka*

24. 箩纹蛾科 Brahmaeidae：体大型，喙发达，下唇须上伸，触角双栉状，翅宽，色暗，因翅纹像箩筐条纹而得名。幼虫有多条刺，取食木犀科植物。

青球箩纹蛾 *Brahmaea hearseyi*

青球箩纹蛾幼虫

青球箩纹蛾蛹

紫光箩纹蛾 *Brahmaea porphyrio*

紫光箩纹蛾幼虫

25. 天蛾科 Sphingidae：体大型，纺锤状，强健，鳞片厚而紧密；触角棒状或纺锤状，顶端尖而弯，喙极发达，复眼大而光亮；前翅大，狭长三角形，后翅小，飞翔有声似小鸟，Sc+R$_1$ 与 Rs 平行至中室外，以一斜横脉在中室前连接。幼虫尾角型，体粗壮，每体节分 6-8 环，腹足左右靠近，体多色艳（警戒色），如鬼脸天蛾等。

葡萄天蛾 *Ampelophaga rubiginosa*

白肩天蛾 *Rhagastis mongoliana*

鬼脸天蛾 *Acherontia lachesis*

赭斜纹天蛾 *Theretra (Chaerocampa) pallicosta*

夹竹桃天蛾 *Daphnis nerii*

构月天蛾 *Parum colligata*

497

茜草白腰天蛾 *Daphnis hypothous*

坡绿天蛾 *Callambulyx poecilus*

小豆长喙天蛾 *Macroglossum stellatarum*

紫光盾天蛾 *Phyllosphingia dissimilis*

斜纹背天蛾 *Notonagemia analis*

裂璃鹰翅天蛾 *Ambulyx ochracea*

26. 凤蝶科 Papilionidae：体大型，美丽，后翅臀角多有燕尾状突起，M_3 伸入其中，M_2、M_3、Cu_1、Cu_2 呈 4 叉脉，前翅 A 脉 2 条，后翅 A 脉 1 条。幼虫前胸背中央有一能伸缩的 Y 形臭腺，受惊时伸出散臭气，色常鲜艳具纹。观赏昆虫，金斑喙凤蝶为国蝶（国家一级重点保护野生动物），也有种类为害多种果树。

柑橘凤蝶 *Papilio xuthus*

台湾宽尾凤蝶 *Agehana maraho*
幼虫胸部 2 个眼状斑纹和臭腺

柑橘凤蝶幼虫

台湾宽尾凤蝶 *Agehana maraho* 幼虫侧面

绿带燕凤蝶 *Lamproptera meges*

金凤蝶 *Papilio machaon*

丝带凤蝶 Sericinus montelus 雌

幼虫

裳凤蝶 Troides helena

绿凤蝶（虎纹剑尾凤蝶）Graphium antiphates

绿凤蝶腹面

玉带凤蝶 Papilio polytes

幼虫

青凤蝶 Graphium sarpedon

图解昆虫学

500

27. 绢蝶科 Parnassiidae：体多为中型，白色或蜡黄色；触角短棒状，体被密毛，翅近圆形，翅面鳞片稀少呈半透明，有黑色、红色或黄色的斑纹，斑纹多呈环状，前翅 R 脉只 4 条，A 脉 2 条，无臀横脉；后翅无尾突，A 脉 1 条。本科种类均产于高山上，耐寒力强，有的在雪线上下紧贴地面飞翔，行动缓慢。世界已知 52 种，中国已知 35 种，包括阿波罗绢蝶（国家二级重点保护野生动物）。很多分类系统把其归为凤蝶科的绢蝶亚科。

阿波罗绢蝶 *Parnassius apollo*

小红珠绢蝶 *Parnassius nomion*

君主绢蝶 *Parnassius imperator*

28. 弄蝶科 Hesperiidae：体中型，暗色具金属光泽；触角基部左右远离，端部弯成钩状；前翅各脉均出自中室，翅上多有浅色斑。幼虫体纺锤形，头大，前胸小似颈状，有臀栉，二序或三序全环。如直纹稻弄蝶。

直纹稻弄蝶 *Parnara guttata*

绿弄蝶 *Choaspes benjaminii*

玉带弄蝶 *Tagiades tethys moori*

飒弄蝶 *Satarupa* sp.

黑豹弄蝶 *Thymelicus sylvaticus*

29. 粉蝶科 Pieridae：体中至大型，色浅，翅面似覆盖有白粉或黄粉，多有深色斑点，前翅 R_2-R_5 均出自中室外，且共柄或合并。幼虫多青绿色，毛细短而均匀分布（毛突上），趾钩双序或三序中带。菜粉蝶为害甘蓝等。

宽边黄粉蝶 *Eurema hecabe*

黄纹粉蝶 *Colias erate formosana* 雌

迁粉蝶（淡黄蝶）*Catopsilia pomona*

报喜斑粉蝶 *Delias pasithoe*

菜粉蝶 *Pieris rapae* 幼虫

黄尖襟粉蝶 *Anthocharis scolymus*

503

云粉蝶 *Pontia edusa*

红翅尖粉蝶 *Appias nero*

异色尖粉蝶 *Appias lyncida*

端红粉蝶（鹤顶粉蝶）*Hebomoia glaucippe*

504

30. 蚬蝶科 Riodinidae： 从灰蝶科分出的 1 个科，小型蝶种，以红色、褐色和黑色为主，饰有白纹，两翅正反面的颜色及斑纹对应相似；触角具多数白环；雄性前足退化不用，仅 1 跗节，爪全退化；雌性前足正常；前翅多呈三角形，多数种类后翅肩角加厚，有肩脉，多无尾状突。喜在阳光下活动，飞翔敏捷，但飞距不远。在叶面上休息时四翅呈半展开状，故名"蚬"。有的种类在叶上频频转身，不断改变方向。中国已知 30 多种。

波蚬蝶 *Zemeros flegyas*

白带褐蚬蝶 *Abisara fylloides*

白条松蚬蝶 *Rhetus periander*

蛇目褐蚬蝶 *Abisara echerius*

31. 灰蝶科 Lycaenidae： 小型蝶种；触角各节多具白环；翅正面以灰、褐、黑等色为主，部分种类翅表面具紫、蓝、绿等金属光泽，反面斑纹多样，颜色丰富；翅常有尾状突且能动；前足退化，但仍能步行，雄性前足多为 1 跗节，1 爪；雌性前足为 2-5 跗节。幼虫蛞蝓型，椭圆形而扁，足短。

波纹小灰蝶 *Lampides boeticus*

展翅状

幼虫

白灰蝶（麻雀斑小灰蝶）
Phengaris atroguttata

点玄灰蝶 *Tongeia filicaudis*

曲纹紫灰蝶 *Chilades pandava*

红灰蝶 *Lycaena phlaeas*

翠蓝黄灰蝶 *Heliophorus saphir*

曲纹紫灰蝶幼虫为害铁树

32. 蛱蝶科 Nymphalidae：体中至大型，美丽；触角棒状明显；翅外缘波状凹缺，休息时不停扇动，前足常较退化。幼虫刺虫型，刺长而软，头部常有角状突起。

斐豹蛱蝶 *Argyreus hyperbius*

小红蛱蝶 *Vanessa cardui*

雪白丝蛱蝶 *Cyrestis nivea*

美眼蛱蝶 *Junonia almana*

孔雀蛱蝶 *Inachis io*

二尾蛱蝶 *Polyura eudamippus*

小豹律蛱蝶 *Lexias pardalis*

枯叶蛱蝶 *Kallima inachus*

33. 斑蝶科 Danaidae：体中至大型，美丽；触角棒状不明显，雌性前足退化，雄性前足端部膨大成球形，后翅常有香腺。有的分类系统将其归为蛱蝶科斑蝶亚科。

端紫斑蝶（异型紫斑蝶）*Euploea mulciber*

金斑蝶 *Danaus chrysippus*

大帛斑蝶 *Idea leuconoe*

虎斑蝶 *Danaus genutia*

大帛斑蝶 *Idea leuconoe* 幼虫

小纹青斑蝶 *Tirumala septentrionis*

34. 珍蝶科 Acraeidae: 本科从蛱蝶科分出，成虫近似斑蝶，因此又称斑蛱蝶科。触角端部渐加粗，但不明显；雄性前足 1 跗节，雌性 5 跗节，爪全退化；前翅呈窄长卵圆形，明显长于后翅；中室闭式，R 脉 5 分支，R_2-R_5 共柄，M_1 与 R 脉不共柄，A 脉只有 1 条，后翅近卵圆形，A 脉有 2 条；雌性交配后，腹部末端留有三角形的臀套；幼虫与蛱蝶类似，刺虫型。有的分类将其归为蛱蝶科长翅蝶（釉蛱蝶）亚科 Heliconiinae。

苎麻珍蝶 *Acraea issoria*

35. 喙蝶科 Libytheidae：体中小型，下唇须特别长，达头长的两倍以上；雄性前足退化不用，1 跗节，爪退化；雌性前足正常。前翅呈三角形；中室端部有弱的横脉封闭；R 脉 5 分支，R_{3-5} 共柄，M_1 与 R 脉不共柄，M_2 脉明显突出，超过顶角；A 脉基部有分叉。幼虫形态近粉蝶，但中后胸稍大些。本科种类较少，全世界仅 10 余种，我国有朴喙蝶等。有的分类系统将其归为蛱蝶科的一个亚科。

背面　　　　　　　　　　　　　腹面

朴喙蝶 *Libythea celtis*

36. 眼蝶科 Satyridae：体中至大型，暗色；翅上（尤其腹面）有大小环状眼纹，前翅有 1-3 条脉的基部特别膨大，前足跗节也退化。幼虫体纺锤形，头大分 2 叶，或有角状突起，前胸小似颈状，臀板分叉，趾钩中带（1-3 序）。有分类系统把眼蝶科归为蛱蝶科的眼蝶亚科。

白带黛眼蝶 *Lethe confusa*

锡金眉眼蝶 *Mycalesis visala*

稻眉眼蝶 *Mycalesis gotama* 幼虫

乡村荫眼蝶 *Neope goschkevitschii*

矍眼蝶 *Ypthima* sp.

37. 环蝶科 Amathusiidae：属中至大型蝶，常以灰褐、黄褐色为基调，饰有黑、白色彩的斑纹；触角较短，末端不明显地渐加粗，前足退化，雄性 1 跗节，雌性 4-5 跗节，爪退化，翅面积较大，前翅近三角形，中室为闭式，中室后角向外突出，后翅近圆形，中室开式，肩区具肩横脉，臀区发达，两翅反面近亚外缘常具数个环斑纹。箭环蝶幼虫为害竹林。有分类系统把环蝶归于蛱蝶科眼蝶亚科。

箭环蝶 *Stichophthalma howqua*

箭环蝶翅反面

第五篇
昆虫生态学

昆虫生态学（Insect Ecology）是研究昆虫与环境关系的科学。现代生物科学向两极发展，一极是微观，从细胞、分子水平上探索生命的真谛，另一极是宏观，在有机体、种群、群落、生态系统甚至生物圈水平上探索生命系统的奥秘。同时，两极又走向融合，比如分子生态学。

第五十九章

昆虫与环境的关系

　　环境（environment）是指在一定时间内对有机体的生活、生长发育、繁殖以及存活数量有影响的所有空间条件，包括生物因子和非生物因子。生物因子包括同种或异种个体，非生物因子包括气候、土壤等。栖息地（habitat；又称生境）是指昆虫在自然界中所生活的地方。

（一）气候

1. 温度：是气候因素中对昆虫影响最为显著的一个因素。昆虫是变温动物。

（1）温区：不同昆虫和不同的发育阶段对温度的要求是不一样的，有的昆虫比较耐寒，如蝙蝠蛾幼虫适合在 <18℃ 条件下生活。一般昆虫与温度的关系如下表。

温度/℃	温区		昆虫反应
50	致死高温区		部分蛋白凝固、酶系统破坏，短时间死亡
40	停育高温区(亚致死高温区)		随高温和持续时间死亡升高
30	高适温区	适温区 (有效温区)	随温度升高，发育反而减慢
20	最适温区		死亡率低、发育快、繁殖力高
	低适温区		发育慢、繁殖力低或不繁殖
10 0 -10	停育低温区(亚致死低温区)		代谢很慢、生理功能失调，随温度下降和持续时间，死亡率升高
-20 -30	致死低温区		细胞结冰、组织破坏而死亡

　　昆虫体温随环境温度而变化。下页上图示过冷却现象，当环境温度降到 0℃ 时，体液不会结冰，当温度降到某一昆虫特定过冷却点时，由于结冰释放能量，体温会突然上升，然后体液开始结冰。一种昆虫的过冷却点越低，该昆虫抗低温能力越强，因此是一种昆虫抗寒性的重要指标。

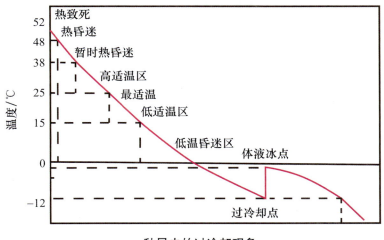

一种昆虫的过冷却现象

（2）发育历期和发育速率

· 发育历期（N）：指完成一定的发育阶段（1个世代，1个虫期或龄期）所经历的时间。常以"日"为单位。

· 发育速率（V）：发育历期的倒数，即单位时间内完成一定发育阶段的比例。$V=1/N$。

· Logistic 曲线模式：温度与发育速率关系呈 S 形，在偏低温度范围内发育速率增长缓慢，温度继续提高，发育速率迅速加快，而在偏高温度范围内，发育速度又减慢。

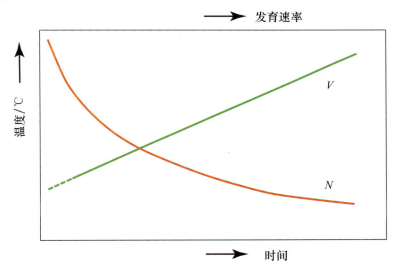

温度与发育历期和发育速率的关系

（3）有效积温法则：变温生物在发育期内需要摄取的有效温度的总和是一个常数。

$$NT=K \text{ 或 } V=T/K, \quad V=1/N$$

式中，T 为该期平均温度。

很多变温动物，包括昆虫，在一定温度范围内符合有效积温法则，但发育起点温度 C 不一定是 0℃，所以上述公式应修订为：

$$N(T-C)=K$$

式中，C 为发育起点温度；$T-C$ 为有效温度；K 为有效积温。

有效积温：指生物在某一发育期内需要摄取的有效温度的总和，单位为日或小时。

有效积温法则的应用：①预测发生期（在气温预测基础上）；②推测一种昆虫在不同地区可能发生的代数，世代数 $N=$ 某地全年有效积温 K/K_1（一个世代）；③估计昆虫可能地理分布界限，如 $N=K_1/K < 1$，则该地不能分布。

有效积温应用局限性：①昆虫在适温区内发育速率与温度关系为 Logistic 曲线，不成正比；②最适温区常有恒定温区；③恒温条件下得出的资料不能完全反映变温条件下的情况；④在昆虫滞育和休眠期不适用；⑤大气温度与昆虫生活的小气候环境有差异；⑥影响发育速率的还有食物、湿度等。

翠叶红颈凤蝶 *Trogonoptera brookiana* 在直接饮水

西方蜜蜂 *Apis mellifera* 在直接饮水

2. 湿度和降水

水是一切生命活动的基础。①昆虫的获水方式：从食物中取得水分，直接饮水，体壁吸水，利用代谢过程产生的水。②昆虫失水途径：呼吸系统，消化和排泄系统排出，体壁蒸发。

不同生活方式的昆虫对环境湿度要求不同，如稻瘿蚊幼虫，离开水很容易死亡。地下害虫、土栖昆虫及钻蛀性害虫一般对湿度的要求高；仓储害虫则对干燥环境有很强的忍耐能力；裸露在植物表面的昆虫，也有一定的最适湿度。偏低的湿度条件下，由于虫体失水较多，在体内形成不了足够的液压，从而对产卵、孵化、脱皮、羽化等也会发生影响。

降水除影响空气湿度和土壤含水量外，还会影响昆虫的行为，如停止飞翔，大雨能直接杀死蚜虫、粉虱、蓟马等小型昆虫。

3. 光

（1）影响活动

人的可见光区为 400-800nm 波长，含红、橙、黄、绿、青、蓝、紫色等，但昆虫视觉区与人不同，其可以感觉到人看不见的紫外光，因此可以用黑光灯诱虫。

（2）光周期与昆虫生物钟

生物钟就是指生物在生理、行为上与光周期的日变化和年变化形成相适应的节律，主要是昼夜节律。光周期的变化通常是诱导昆虫滞育的主要环境因子。

4．微气候

昆虫实际生活的环境是微气候环境，其与一般气象资料所记录的不同。微气候环境中温度变化比较缓和，湿度增大，风速减少。微气候的影响有时是很大的。

角倍蚜生活在虫瘿中，虫瘿内外环境差异很大

飞蝗将卵块深深地产于沙土深处，土壤的微气候对其胚胎发育和孵化影响巨大

（二）生物因素

1．生物因素作用的特点

生物因素包括食物、捕食性和寄生性天敌、病原微生物、共生生物等。

大琉璃食虫虻在捕食东方白点花金龟

沙泥蜂在捕食鳞翅目幼虫

　　生物因素的作用特点：①在一般情况下，生物因子只涉及种群中的某些个体；非生物因子对种群各个体影响基本一致；②生物因子是密度制约因子，作用大小与种群密度有关；③昆虫与生物因子之间存在相互适应，协同进化，而对非生物因子只有单方面适应。④生物因子一般仅直接涉及两个种和与其密切相关的物质之间的关系，而非生物因素对整个生物群落中的所有种都发生作用。

叶片正面

叶片反面

2. 植食性昆虫与植物的关系

　　（1）食性专门化：有单食性、寡食性和多食性。

　　（2）昆虫与植物的相互适应：包括化学上的相互适应，例如，植物产生烟碱可以防御多种昆虫为害，但总有一些昆虫在进化过程中会发展出能忍受或分解这些物质的机制，能够利用有毒的植物作为食物。另外，有的昆虫通过调整发育时期避开取食植物的防御物质，如冬尺蠖取食栎树，13 ℃孵化，可以取食春天幼嫩的栎树叶，而当栎树树叶老化，单宁酸积累，不利于冬尺蠖发育时，其已经完成幼虫发育，早早进入越夏和越冬，巧妙地避开了栎树化学抗虫性。有些昆虫如蚜虫，选择取食韧皮部汁液，往往可以避开植物毒素。许多传粉昆虫与显花植物在形态上有更巧妙的适应（如榕小蜂）。有些植物为了防御植食动物，还常产生小刺、软毛、组织加厚等。

蓝翅阿波罗萤叶甲 *Aplosonyx chalybaeus* 取食天南星科叶片时，先用口器在叶片上画个圆圈，沿圈切断叶脉，阻止植物产生的抗虫毒素流入圈内，保证自己在圈内安全取食

（3）昆虫与植物的"军备竞赛"：昆虫在取食植物过程中会分泌唾液，唾液中往往含有上百种唾液蛋白等物质，以帮助昆虫成功取食。植物在长期进化过程中，会发展出能识别入侵者某种唾液蛋白的机制，从而激发植物本身的抗虫免疫反应途径，包括活性氧（ROS）喷发、丝裂原活化蛋白激酶（MAPK）级联反应、茉莉酸（JA）/水杨酸（SA）激素信号途径、胼胝质积累沉淀堵塞筛管等，使得昆虫不能取食或生存率及繁殖力下降。昆虫为了适应植物的抗虫免疫反应，在进化过程中会发展出一些唾液效应蛋白（effector），干扰植物的免疫反应。而植物又会进一步进化出能识别这些效应蛋白并产生进一步抗虫反应机制（effector-triggered immunity，ETI）。有些植物被害后还会产生特殊挥发性物质吸引害虫天敌。

（4）植物抗虫三机制：①有些植物常由于生物化学特点、形态特征、组织解剖特性或物候学特性等，使某种昆虫不去产卵和取食，即不选择性（non-preference）；②植物含有某些次生物质使昆虫不能在上面很好地生长发育，即抗生性（antibiosis）；③昆虫虽能生长发育，但不为害作物的主要和关键部分，即耐害性（tolerance）。这些植物对昆虫具有良好的适应性。植物具有的这种使其免受害虫为害的特性，称之为抗虫性，可用于抗性育种。

3. 种内竞争

包括争夺和分摊竞争，减少办法是性二型、发育多态（成、幼虫吃不同食物）。

4. 其他动物

捕食者、寄生者和共生动物等。

5. 微生物

包括共生微生物和病原微生物（病毒、细菌、真菌、线虫）。

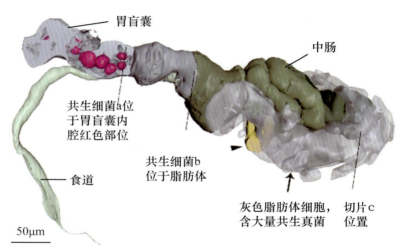

褐飞虱体内主要共生微生物的分布
a，b，c 指下方 3 张电镜切片位置

被铁线虫寄生的螳螂若虫

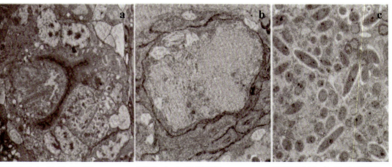

胃盲囊内共生细菌 　　肠腔内共生细菌 　　胃脂肪体内共生真菌

褐飞虱脂肪体细胞内存在 1 种真菌和多种细菌，含菌细胞占腹部体积的 22%。共生菌为褐飞虱提供必需氨基酸和多种维生素，并帮助褐飞虱合成发育必需的甾醇物质，从而形成褐飞虱—真菌—细菌共生体。

第六十章
种群生态学

种群（population）指占据一定空间的同种个体的集合，是在同一地域生活、相互影响的同一种个体组成的群体。

一、种群特征

个体有出生、死亡、寿命、性别、年龄、基因型等，种群相对应的有出生率、死亡率、平均寿命、性比、年龄结构、基因频率等。

种群与个体相比，有下列特征：①数量特征，在一定空间中有一定数量（密度）。②空间特征，占据空间的范围，个体在空间中的分布。每种昆虫都有自己的特有空间分布型。可以分为随机分布型、均匀分布型和聚集分布型。③遗传特征，种群有一定的遗传组成，以种群为单位，在环境压力下进行变化和进化。以上3个特征都是动态的，都有时间特征。例如，数量特征随季节消长，也与昆虫一年中发生代数有关，有些种类一年一个发生高峰期，有些种类一年发生有双峰或多峰。

二、昆虫生命表

生命表原来是保险公司用于计算人预期寿命的。昆虫生命表（life table）是对某种昆虫在一定生态条件下各发育阶段的存活数、死亡数和死亡原因的系统调查记载表，是分析昆虫种群数量变动原因、估计虫情发展趋势和研究种群动态的重要手段。对个体间世代不重叠的种群，可以用不同龄期或虫态作为划时间的标准（年龄特征生命表），系统记载不同年龄阶段的虫口变化和死亡原因及成虫繁殖力，分析影响种群数量的关键因子和预测种群数量动态。而对世代重叠的种群制作生命表时，在年龄组配稳定的前提下，以特定时间（日、周、月等）为间隔，制作时间特征生命表，进行出生和死亡的系统记录，分析可以估算种群内禀增长率（intrinsic rate of increase，r）、预测种群数量动态等。

小菜蛾第 3 代生命表（Harcourt，1969）

发育阶段 x	每虫期开始的生存数（百株）l_x	引起死亡的有关因子 d_xF	每一期限内的死亡数 d_x	死亡百分率 d_x/l_x ×100（100q_x）	存活率（S_x）（1- q_x）
卵（N1）	1154	未受精	14	1.2	0.99
幼虫1期L_1	1140	降雨	536	47.0	0.53
幼虫2期L_2	604	小茧蜂	140	23.2	
		降雨	77	12.7	0.64
预蛹L_3	387	姬蜂	198	51.2	0.49
蛹P	189	姬蜂	53	28.2	0.72
蛾A	136	性比（40.1%）	127	19.9	0.80
雌蛾×2	109	光周期	52.4	48.1	0.52
正常雌蛾×2	56.6	成虫死亡	48.1	85.0	0.15
全代			1145.5	99.3	

三、种群生态对策

生态对策（ecological strategy）指在进化过程中昆虫获得的有利于其种群繁衍的遗传学特性。根据昆虫种群内禀增长率（*r*）与环境容量（environmental capacity，*K*）值的大小，大致可以把种群生态对策分为 *r*- 对策和 *K*- 对策。

昆虫种群内禀增长力（*r*）是指一个昆虫物种在环境优越、资源充沛的条件下的最大种群增长率，也是该物种的种群增长潜能。

• *r*- 对策：*r*- 对策昆虫在生态进化中沿着 *r*- 选择方向演化，其 *r* 值大而 *K* 值相对小，种群密度常远远低于 *K* 的饱和值，种群数量变动大。这类昆虫如蚜虫、稻飞虱、棉铃虫，常常个体较小，繁殖能力强，但寿命较短，对环境有较强的适应能力，一般缺乏保护后代机制，个体竞争力弱，但具有很强的扩散能力，种群易暴发。

• *K*- 对策：*K*- 对策昆虫在生态进化中沿着 *K*- 选择方向演化，其 *K* 值大而 *r* 值相对小，种群密度常接近 *K* 的饱和值，种群数量较稳定。*K*- 对策生物通常个体大、世代历期长、个体通常繁殖率低、寿命长，一般扩散能力较弱，但个体竞争能力较强。很多大型哺乳动物都是此对策。常见昆虫有金龟子、天牛、采采蝇（舌蝇）等。

白尾红蚜 *Uroleucon formosanum*

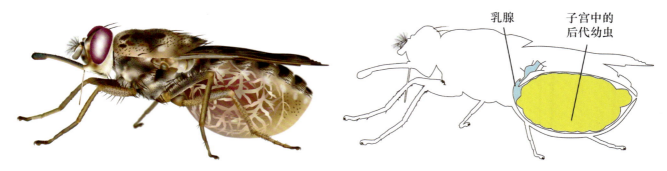

采采蝇 *Glossina* sp.

非洲的采采蝇是极端的 *K*- 对策昆虫。雌蝇交配 1 次，7-9 天后产 1 粒卵于子宫中，卵孵化仍在雌虫特殊的"子宫"内发育，由特化的母体"乳腺"供应营养，9 天后幼虫成熟后被产出体外，钻入地下直接化蛹。此后，雌蝇每 9 天产 1 幼虫。化蛹后 30 天羽化，经 12-14 天性成熟交配。采采蝇吸血，会传播锥虫病。

第六十一章
群落生态学

生物群落（biotic community）指的是占有一定空间，生活在一定面积环境中，有相似的自然资源需求的几个或多个种群的集合，是生态系统中有生命的部分，生物群落常以优势种而命名，如鼠尾草群落、水稻田群落。

一、食物链和食物网

食物链（food chain）指植物被植食动物取食，植食动物又被肉食动物取食，生物之间通过取食关系而存在的这种联系。而食物链中的一个个环节，称为营养级（trophic level）。

昆虫往往处于链的第 2、3 营养级，是食物链中极重要的组成部分，比如，玉米（第 1 营养级）- 棉铃虫（第 2 营养级）- 寄生或捕食性昆虫（第 3 营养级）- 鸟 - 鹰（顶级）食物链。

广斧螳和黑蚱蝉

澳州瓢虫 *Novius (Rodolia) cardinalis*，1888 年自澳大利亚引入北美并成功防治吹绵蚧，这被视为现代生物防治的开端

生态系统中许多纵横交错的食物链就构成了食物网（food web），牵一发而动全身，互相制约，维持了生态平衡。

这个游戏，哪个链出问题都会使系统失去平衡

例子：位于太平洋中的夏威夷是个美丽的度假岛屿。有人看到墨西哥马缨丹 *Lantana camara* 花非常漂亮，便引进夏威夷并迅速被大量种植。四季开花的马缨丹，花冠有红、黄、白等艳丽色彩，开花后花色还会发生变化。同一阶段，珠颈斑鸠 *Streptopelia chinensis* 和家八哥 *Acridotheres tristis* 也被引入夏威夷。在这个环境适宜的新"住处"，外来物种马缨丹与珠颈斑鸠和家八哥成为很好的合作伙伴。马缨丹紫黑色浆果是珠颈斑鸠和家八哥的美味佳肴，但浆果中的种子不会被消化掉。珠颈斑鸠和家八哥这两种鸟在岛上扩散飞行，把吃进消化道的种子随粪便播向全海岛。马缨丹繁殖能力极强，种子落地便迅速繁殖，很快占据了全岛农田和荒野。随着时间推移，因为牛羊并不吃马缨丹，马缨丹逐渐把牧草挤出了牧场，使牧户遭受了巨大损失。为解决马缨丹的泛滥问题，当地研究人员从世界各地引入几十种专门取食马缨丹的昆虫，以虫治草，其中有8种昆虫成功繁殖定居，阻止了马缨丹的蔓延。不过不久后人们又发现，马缨丹和鸟引进后，原先对牧草和甘蔗危害很大的一种黏虫，可能由于引进的鸟同时也捕食黏虫，黏虫为害减少了；但在马缨丹遭"围剿"后，黏虫为害又加重了。这个例子说明我们对生态系统中食物网关系还所知甚少。

马缨丹 *Lantana camara*

二、群落生态演替

生态演替（ecological succession）指群落经过一定的发展历史时期及物理环境的改变，而从一种群落类型转为另一群落类型的自然演变过程，或者说在一定区域中群落的彼此替代，一般从物种之间互不干扰阶段到相互干扰阶段，再到共摊阶段和进化阶段，最后发展为顶极群落。

顶极群落特征：

矿物质循环：开放（流失）→封闭；

生物种数：少→多；

分层现象：差→好；

稳定性：不稳定→稳定。

三、种间关系

1. 生态位和种间竞争

生态位（niche）：指昆虫在其所处的生物因子中的功能和地位。每个种在生物群落和生态系统中都有其特定的地位和功能。没有两个物种的生态位完全相同。

狭义的种间竞争专指两种生物因为具有共同的食物、空间或水等所产生的竞争关系（不包括捕食、寄生）。在进化过程中，两个生态位接近的种类的激烈竞争，从理论上说，可以往两个方向发展：①一个种完全排挤掉另一个种；②生态分离（ecological separation），两个种分别占有不同的空间（地理分隔），吃不同的食物（食性特化）或其他生态习性上分离（如活动时间不同）。

竞争排斥原理认为生态位接近的两个种是不能在同一地区生活的，如果在同一地区生活则往往栖息地、食性、活动时间或其他方面有所分化。

东方蜜蜂 Apis cerana 是我国本地种类，西方蜜蜂 A. mellifera 自 1895 年引进我国后，由于两种蜜蜂在生态位上有很大的重叠度，两者会激烈竞争食物和栖息空间，导致竞争排斥，严重影响了东方蜜蜂的分布和数量。但东方蜜蜂耐低温，是许多本土植物不可替代的传粉媒介，我们有必要在一定程度上合理限制西方蜜蜂的养殖，保护东方蜜蜂。

东方蜜蜂（左图）、西方蜜蜂（右上图）和蜂箱（右下图）

第六十二章

生态系统

生态系统（ecosystem）是指在一定空间内，所有生物因子与非生物环境之间通过物质循环、能量流动和信息传递而形成的彼此关联、相互作用和相互依存的统一整体。

物质循环、能量流动和信息传递是生态系统的三大功能。

一、生态系统的结构

1. 非生物环境（abiotic environment）包括参加物质循环的无机元素、有机质和气候等条件。

2. 生产者（producer）是能从简单的无机物制造食物的自养生物，包括植物、光合细菌、化能自养菌等。

3. 消费者（consumer）是直接或间接地依赖于生产者所制造的有机物，属异养生物，包括食草动物和肉食动物。

4. 分解者（decomposer）也是异养生物，有人称之为小型消费者，其作用是把动植物的复杂有机物分解，并释放出可以为生产者植物所利用的简单化合物。分解者在生态系统中极为重要。分解过程往往不是一类生物所能完成的，有各种无脊椎动物、细菌、真菌。甚至肉食动物等也可算是一类分解者。

昆虫属于消费者和分解者。

水池生态系统

森林生态系统

二、天敌在维护生态系统平衡中的作用

在生态系统能量流动中，寄生性或捕食性天敌起着重要作用：

• 天敌对被捕食者或宿主的种群起着调节作用；

• 天敌使被捕食者或宿主种群维持在适度状况，如捕食者捕食的猎物个体常常是老者、弱者和多余者；

• 天敌是被捕食者和宿主进化过程的选择因素，两者相互关系是在生态系统的长期进化过程中形成的复杂关系，往往由单方面的依赖性发展为双方的依赖性，甚至形成彼此难以分离的相对稳定状态，天敌变成了被捕食者种群不可缺少的生存条件。

寄生者与捕食者在种群调节、控制昆虫的种群数量上起着重大作用，在一个稳定的自然生态系统中，某一种昆虫突然大发生的概率很小。但是，当一个物种被带入一个新的环境，由于其捕食者和寄生者等天敌还没来得及进入或彼此还没建立起稳定的平衡系统，就容易暴发成灾。

三、自然生态系统和农业生态系统

自然生态系统特点（如原始森林）：

• 物种数多，稳定；

• 封闭，物质在系统内循环；

• 太阳是唯一的能量来源。

农业生态系统是人类农业生产活动干扰下的生态系统，其目的是获取最大的生产力，在生产量最大时中断循环。其特点是：

• 补充物质和营养：如施肥、耕作；

• 单种栽培：多样性低，食物链简单；

• 自我调节的能力差，不稳定；

• 开放式系统：把合成物质取走，又人工补充物质、能量；

• 净生产量高。

农业生态系统（黑龙江八五二农场，一望无际的稻田）

世界陆地动物地理区划（Wallace，1876）

1. 古北区：欧洲全部、非洲北部（撒哈拉沙漠以北的非洲部分）、亚洲北部（包括中西亚、沿喜马拉雅山脉和秦岭山脉以北的东部亚洲）。该区面积最大，在史前是很多动物类群的演化中心，但后来由于受冰川时期影响，目前自然条件较为恶劣，昆虫物种数量相对贫乏。

2. 东洋区：印度河以东、喜马拉雅山和长江以南的亚洲，代表动物有树鼠、长臂猿、猩猩、马来熊等。该区虽然面积最小，但气候温暖湿润，昆虫物种十分丰富。

3. 古热带区：撒哈拉沙漠以南的非洲中南部及阿拉伯半岛南部地区，代表动物有羚羊、斑马、长颈鹿等。

4. 澳洲区：包括澳大利亚、新西兰、巴布亚新几内亚的一部分等，代表动物为有袋类、鸭嘴兽等。澳洲区与其他大陆板块分离早，隔离时间长，物种独立性最强。

5. 新北区：包括格陵兰岛和北美墨西哥高原以北地区，代表动物有兀鹫、火鸡等，物种最少。

6. 新热带区：包括墨西哥高原以南的中美洲和南美洲地区，代表动物有蜂鸟、食蚁兽、大美鸵鸟等。由于拥有世界最大面积的热带雨林，还有热带草原，气候温暖湿润，物种最为丰富。

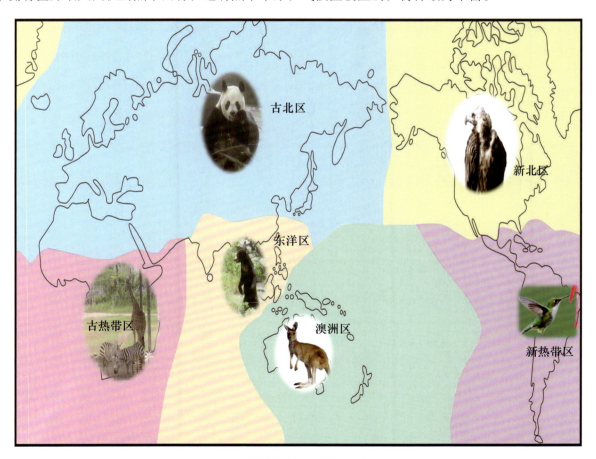

陆地动物地理区划示意图

主要参考文献

褐带凹缘跳甲 *Podontia dalmani*

北京农业大学. 1981. 昆虫学通论 (上册、下册). 北京: 农业出版社

彩万志, 庞雄飞, 花保祯, 等. 2001. 普通昆虫学. 北京: 中国农业大学出版社

蔡邦华. 1956. 昆虫分类学 (上册). 北京: 财经出版社

蔡邦华. 1973. 昆虫分类学 (中册). 北京: 科学出版社

蔡邦华. 1985. 昆虫分类学 (下册). 北京: 科学出版社

冯丽春, 沈卫德, 等. 2015. 蚕体解剖生理学. 北京: 高等教育出版社

郭郛, 陈永林, 卢宝廉. 1991. 中国飞蝗生物学. 济南: 山东科学技术出版社

雷朝亮, 荣秀兰. 2003. 普通昆虫学. 北京: 中国农业出版社

南开大学, 中山大学, 北京大学等. 1980. 昆虫学 (上、下册). 北京: 高等教育出版社

许再福. 2009. 普通昆虫学. 北京: 科学出版社

张巍巍, 李元胜. 2011. 中国昆虫生态大图鉴. 重庆: 重庆大学出版社

浙江农业大学. 1982. 农业昆虫学 (上册). 上海: 上海科学技术出版社

浙江农业大学. 1987. 农业昆虫学 (下册). 上海: 上海科学技术出版社

郑乐怡, 归鸿. 1999. 昆虫分类 (上册、下册). 南京: 南京师范大学出版社

Chapman R F. 1998. Insects: Structure and Function. 4th. Cambridge: University Press

Comstock J H, Needham J G. 1898. The wings of Insects. IX. The Venation of the Wings of Hymenoptera. The American Naturalist, 32: 413-424

Elzinga R J. 2003. Fundamentals of Entomology. 6th. New Jersey: Pearson Prentice Hall

Evangelista D A, Wipfler B, Béthoux O, et al. 2019. An integrative phylogenomic approach illuminates the evolutionary history of cockroaches and termites (Blattodea). Proc. Biol. Sci., 286: 20182076

Foottit G G, Adler P H. 2017. Insect Biodiversity. Science and Society, Vol.1. 2nd ed. New jersey: Wiley-Blackwell

Guo J S, Wang X Q, Li D T, et al. 2020. Three-dimensional architecture of a mechanoreceptor in the brown planthopper, *Nilaparvata lugens*, revealed by FIB-SEM. Cell Tissue Res, 379: 487-495

Harcourt D G. 1969. The development and use of life tables in the study of natural insect populations. Annual Review of Entomology, 14(1): 175-196

Johnson K P, Dietrich C H, Friedrich F, et al. 2018. Phylogenomics and the evolution of hemipteroid insects. PNAS, 115: 12775-12780

Kawahara A Y, Plotkin D, Espeland M, et al. 2019. Phylogenomics reveals the evolutionary timing and pattern of butterflies and moths. PNAS, 116: 22657-22663

Klowden M J. 2008. Physiological Systems in Insects (昆虫生理系统). 北京: 科学出版社

Li D T, Guo J S, Wang X Q, et al. 2021. Three-dimensional reconstruction of pore canals in the cuticle of the brown planthopper, *Nilaparvata lugens*. Science China-Life Sciences, 64: 1992-1994

Ludwig W. 1926. Untersuchungen über den Copulationsapparat der Baumwanzen. Z. Morphol. Okol Tiere, 5: 291-380

McKenna D D, Shin S, Ahrens D, et al. 2019. The evolution and genomic basis of beetle diversity. PNAS, 116: 24729-24737

Misof B, Liu S, Meusemann K, et al. 2014. Phylogenomics resolves the timing and pattern of insect evolution. Science, 346: 763-767

Mitter C, Davis D R, Cummings M P. 2017. Phylogeny and evolution of Lepidoptera. Annu. Rev. Entomol., 62: 265-283

Peters R S, Krogmann L, Mayer C et al. 2017. Evolutionary history of the Hymenoptera. Current Biology, 27: 1013-1018

Regier J C, Shultz J W, Zwick A, et al. 2010. Arthropod relationships revealed by phylogenomic analysis of nuclear protein-coding sequences. Nature, 463: 1079-1084

Smith D S. 1984. The Structure of Insect Muscles. In: King R C, Akai H. Insect Ultrastructure. Springer, Boston: MA

Snodgrass R E. 1935. Principles of insect morphology. New York: McGraw-Hill Publishing Company

Song H, Amédégnato C, Cigliano M M, et al. 2015. 300 million years of diversification: elucidating the patterns of orthopteran evolution based on comprehensive taxon and gene sampling. Cladistics, 31: 621-651

Wallace A R. 1876. The Geographical Distribution of Animals With a Study of the Relations of Living and Extinct Faunas as Elucidating the Past Changes of the Earth's Surface. London: Macmillan and Company

Wang X Q, Guo JS, Li D T, et al. 2021. Three-dimensional reconstruction of a whole insect reveals its phloem sap-sucking mechanism at nano-resolution. eLife, 10: e62875

Wiegmann B M, Trautwein M D, Winkler I S, et al. 2011. Episodic radiations in the fly tree of life. PNAS, 108: 5690-5695

Wigglesworth V B. 1965. The Principles of Insect Physiology. New York: E. P. Dutton Company

Winterton S L, Lemmon A R, Gillung J, P et al. 2018. Evolution of lacewings and allied orders using anchored phylogenomics (Neuroptera, Megaloptera, Raphidioptera). Systematic Entomology, 43: 330-354

Xu H J, Xue J, Lu B, et al. 2015. Two insulin receptors determine alternative wing morphs in planthoppers. Nature, 519: 464-467

Zhang S Q, Che L H, Li Y, et al. 2018. Evolutionary history of Coleoptera revealed by extensive sampling of genes and species. Nature Communications, 9: 205

万泉河源头一个吸引蝴蝶饮水的小石池